卓越工程师培养计划

·CAD/CAM·

实例讲解
西门子 NX1847 快速入门

褚忠　周华　纪志杰　李大平　编著

电子工业出版社
Publishing House of Electronics Industry
北京·BEIJING

内 容 简 介

本书以 NX1847 软件为蓝本，从机械行业 CAD/CAM 基础知识入手，以实例讲解的形式介绍 NX1847 软件的新特性和操作方法，以使读者快速掌握三维建模的技巧。

本书主要内容包括概述、NX1847 基本操作、草图、实体建模、曲线、曲面、装配、NX 工程图、同步建模。为了使读者更快地掌握该软件的基本功能，本书结合大量范例对软件中的命令和功能进行了讲解，并讲述了一些常见产品的设计过程。本书还详细描述了软件操作过程中对话框的参数设置、操作顺序等，使初学者能够直观、准确地学习如何使用该软件，初步学会零件建模的方法和技巧，并为进一步学习高级模块打下坚实的基础。此外，本书每章的结尾部分附有习题，便于读者自行练习。

本书内容全面、条理清晰、范例丰富、讲解详细，适合作为工程技术人员自学 NX 软件的参考书，也可作为高等学校和职业培训机构相关专业的教学用书。

未经许可，不得以任何方式复制或抄袭本书之部分或全部内容。
版权所有，侵权必究。

图书在版编目（CIP）数据

实例讲解西门子 NX1847 快速入门 / 褚忠等编著. —北京：电子工业出版社，2020.6
（卓越工程师培养计划）
ISBN 978-7-121-38974-0

Ⅰ．①实… Ⅱ．①褚… Ⅲ．①机械设计－计算机辅助设计－应用软件 Ⅳ．①TH122

中国版本图书馆 CIP 数据核字（2020）第 070719 号

责任编辑：张　剑　　　　　　　特约编辑：田学清
印　　刷：三河市双峰印刷装订有限公司
装　　订：三河市双峰印刷装订有限公司
出版发行：电子工业出版社
　　　　　北京市海淀区万寿路 173 信箱　　邮编：100036
开　　本：787×1092　1/16　　印张：24.5　　字数：673 千字
版　　次：2020 年 6 月第 1 版
印　　次：2020 年 6 月第 1 次印刷
定　　价：88.00 元

凡所购买电子工业出版社图书有缺损问题，请向购买书店调换。若书店售缺，请与本社发行部联系，联系及邮购电话：（010）88254888，88258888。
质量投诉请发邮件至 zlts@phei.com.cn，盗版侵权举报请发邮件到 dbqq@phei.com.cn。
本书咨询联系方式：zhang@phei.com.cn。

前　　言

作为 Siemens PLM Software Inc.的核心产品，功能强大的 NX 是当前世界上先进的集成 CAD/CAM 系统之一，广泛用于航空航天、汽车、家电等领域，覆盖产品的整个开发过程。NX 是产品全生命周期管理的完整解决方案，在新产品的研发制造中发挥了很大的作用。

NX 包含许多模块，其中 NX/CAD 在国内外相关行业中的应用非常普遍，因此在实际生产和学习中迫切需要对该软件的操作及技巧进行详细讲解的参考书。虽然市面上关于 NX 的书籍很多，但是对于在校学生而言，他们需要的并不是关于 NX 软件的全部知识，而是在工程实际中需要牢固掌握的 NX 软件的基础知识。在掌握 NX 软件的基础知识后，学生就可以自学其他模块。本书作者根据多年的教学培训和实际应用经验，将 CAD 原理、软件操作、机械制造工艺与实践经验相结合，精选了建模常用的命令，并讲解了建立模型后的编辑修改方法。

NX/CAD 软件中的每种操作都有非常详细的选项，如果逐一进行详细介绍，就会使本书变成操作手册，不利于学生对重点知识的掌握。所以，本书对于机械设计、模具设计等领域中常用的模型建立方法，只详细讲解其基本的命令选项，因为这些内容是必须掌握的。如果实例中涉及其他的选项或操作，还会对其进行具体讲解，以便读者循序渐进地掌握相关知识。

本书详细讲解了 NX/CAD 操作基础，包括草图、实体建模、曲线、曲面、装配、NX 工程图、同步建模等，并在重要的知识点和难点上增加了案例。这些案例都来源于实际生产过程，具有很强的实用性，有利于读者对软件的掌握。

本书由褚忠、周华、纪志杰、李大平编著。参与本书编写的还有管殿柱、李文秋、管玥、石云霞、褚诗雨、陈若凡和姜奕杰。西门子工业软件（上海）有限公司的工程师们也为本书的编写提供了不少帮助，在此一并表示感谢！

另外，读者可登录华信教育资源网（www.hxedu.com.cn），下载本书所涉及的案例文件。

编著者

目　　录

第 1 章　概述 1
　1.1　NX 简介 1
　1.2　NX 软件与 CAD 技术的发展历程 2
　　1.2.1　NX 软件的发展历程 3
　　1.2.2　CAD 技术的发展历程 6
　1.3　NX 软件的功能 9
　　1.3.1　CAD 模块 9
　　1.3.2　CAE 模块 11
　　1.3.3　CAM 模块 12

第 2 章　NX1847 基本操作 14
　2.1　NX1847 的界面 14
　　2.1.1　NX1847 的工作环境 14
　　2.1.2　用户界面的设置 16
　2.2　NX 软件的建模步骤 21
　　2.2.1　产品设计过程 21
　　2.2.2　三维造型设计方法 23
　2.3　NX 软件的文件操作 23
　2.4　零件的显示操作 27
　　2.4.1　鼠标的作用 27
　　2.4.2　视图 28
　2.5　坐标系 29
　2.6　对象 32
　　2.6.1　选择对象的方法 32
　　2.6.2　对象的几何分析 35
　2.7　图层 42
　　2.7.1　图层设置 42
　　2.7.2　移动至图层 44
　　2.7.3　复制至图层 44

第 3 章　草图 48
　3.1　入门引例 48
　3.2　草图概述 52
　3.3　草图平面的确定 56
　3.4　草图曲线的绘制 58

　　3.4.1　点 58
　　3.4.2　直线 59
　　3.4.3　圆弧 59
　　3.4.4　圆 60
　　3.4.5　轮廓 60
　　3.4.6　矩形 60
　　3.4.7　多边形 61
　　3.4.8　椭圆 61
　　3.4.9　艺术样条 62
　3.5　草图曲线的操作 63
　　3.5.1　偏置曲线 63
　　3.5.2　阵列曲线 64
　　3.5.3　镜像曲线 67
　　3.5.4　圆角 67
　　3.5.5　倒斜角 68
　　3.5.6　制作拐角 68
　　3.5.7　快速修剪 69
　　3.5.8　快速延伸 69
　3.6　草图约束 69
　　3.6.1　几何约束 71
　　3.6.2　尺寸约束 74
　　3.6.3　约束状态 76
　3.7　草图的管理 77
　3.8　直接草图 77
　3.9　综合实例——凸轮 79

第 4 章　实体建模 84
　4.1　实体建模概述 84
　　4.1.1　实体建模的一般过程 84
　　4.1.2　特征的类型 85
　　4.1.3　部件导航器 85
　4.2　基本体素特征 86
　　4.2.1　长方体 86
　　4.2.2　圆柱 87

		4.2.3 圆锥 90
		4.2.4 球 92
	4.3 布尔操作 96
		4.3.1 布尔合并操作 96
		4.3.2 布尔减去操作 97
		4.3.3 布尔求交操作 98
		4.3.4 布尔出错信息 98
	4.4 基准特征 99
		4.4.1 基准平面 99
		4.4.2 基准轴 102
	4.5 扫描特征 104
		4.5.1 拉伸特征 104
		4.5.2 旋转特征 109
		4.5.3 扫掠特征 111
	4.6 设计特征 115
		4.6.1 设计特征概述 115
		4.6.2 孔 115
		4.6.3 凸台 118
		4.6.4 腔体 122
		4.6.5 垫块 124
		4.6.6 凸起 128
		4.6.7 键槽 132
		4.6.8 槽 135
		4.6.9 螺纹 136
		4.6.10 筋板 138
	4.7 细节特征 144
		4.7.1 边倒圆 145
		4.7.2 倒斜角 149
	4.8 特征的操作 151
		4.8.1 阵列特征 151
		4.8.2 镜像特征 153
		4.8.3 阵列几何特征 154
		4.8.4 修剪体 155
		4.8.5 拆分体 157
	4.9 特征的编辑 158
		4.9.1 编辑特征参数 158
		4.9.2 编辑位置 160
		4.9.3 特征重排序 161
	4.10 综合实例 162

第 5 章 曲线 174
	5.1 入门引例 174
	5.2 曲线概述 179
	5.3 曲线的绘制 180
		5.3.1 点 180
		5.3.2 点集 180
		5.3.3 直线 182
		5.3.4 圆弧/圆 182
		5.3.5 基本曲线 183
		5.3.6 直线和圆弧 183
		5.3.7 艺术样条 184
		5.3.8 规律曲线 185
		5.3.9 螺旋线 187
		5.3.10 曲面上的曲线 189
		5.3.11 文本 190
	5.4 曲线的操作 192
		5.4.1 偏置曲线 192
		5.4.2 桥接曲线 193
		5.4.3 投影曲线 195
		5.4.4 相交曲线 196
		5.4.5 镜像曲线 198
		5.4.6 截面曲线 199
		5.4.7 缠绕/展开曲线 200
	5.5 曲线的编辑 202
		5.5.1 修剪曲线 202
		5.5.2 曲线长度 203
	5.6 综合实例 204

第 6 章 曲面 209
	6.1 曲面建模概述 209
		6.1.1 曲面建模术语 209
		6.1.2 曲面建模思路 211
	6.2 曲面建模方法 212
	6.3 由点构面 212
	6.4 由线构面 216
		6.4.1 直纹 217
		6.4.2 通过曲线组 218
		6.4.3 通过曲线网格 219
		6.4.4 扫掠 220
	6.5 由面构面 221

6.5.1 延伸曲面	221
6.5.2 桥接曲面	223
6.5.3 规律延伸	224
6.5.4 偏置曲面	226
6.5.5 扩大曲面	226
6.5.6 修剪片体	227
6.5.7 面倒圆	228
6.5.8 缝合	229
6.5.9 加厚	231
6.6 综合实例	231
6.6.1 五瓣碗设计	231
6.6.2 头盔设计	235

第 7 章 装配 ... 241

7.1 机械装配概述	241
7.2 NX 装配概述	242
7.2.1 NX 装配的特点	242
7.2.2 NX 装配界面	243
7.2.3 装配术语	244
7.3 自底向上装配	245
7.3.1 添加组件	245
7.3.2 装配约束	247
7.3.3 引用集	254
7.4 WAVE 几何链接器	261
7.5 自顶向下装配	266
7.6 创建组件阵列	274
7.7 创建镜像装配	275
7.8 装配爆炸图	276
7.8.1 建立爆炸图	277
7.8.2 编辑爆炸图	277
7.8.3 取消爆炸图	278
7.8.4 删除爆炸图	278
7.9 综合实例——钻模夹具装配	278

第 8 章 NX 工程图 ... 294

8.1 入门引例	294
8.2 工程图的管理	298
8.2.1 创建工程图	299
8.2.2 编辑工程图	301
8.2.3 删除工程图	302

8.3 工程图的设置	302
8.3.1 工程图背景	302
8.3.2 制图首选项	303
8.4 视图的管理	310
8.4.1 基本视图	310
8.4.2 投影视图	311
8.4.3 移动或复制视图	313
8.4.4 对齐视图	314
8.4.5 更新视图	315
8.4.6 局部放大图	316
8.5 剖视图的应用	317
8.5.1 剖视图	317
8.5.2 阶梯剖视图	319
8.5.3 半剖视图	321
8.5.4 旋转剖视图	323
8.5.5 断开剖视图	326
8.6 工程图的标注	328
8.6.1 尺寸标注	328
8.6.2 注释编辑器	333
8.6.3 粗糙度注释	335
8.6.4 中心线	336
8.7 综合实例——壳体工程图	337

第 9 章 同步建模 ... 346

9.1 三维实体建模方法	346
9.1.1 三维实体在计算机内部的表示方法	346
9.1.2 特征建模概述	348
9.1.3 同步建模概述	348
9.2 设计改变命令	349
9.2.1 移动面	349
9.2.2 拉出面	354
9.2.3 偏置区域	355
9.2.4 替换面	356
9.2.5 调整面大小	357
9.2.6 调整圆角大小	358
9.2.7 调整倒斜角大小	359
9.2.8 删除面	360
9.3 重用数据命令	362

9.3.1 复制面 362	9.4.3 设为相切 372
9.3.2 剪切面 364	9.4.4 设为对称 373
9.3.3 粘贴面 365	9.4.5 设为平行 375
9.3.4 镜像面 366	9.4.6 设为垂直 376
9.3.5 阵列面 368	9.5 尺寸约束变换命令 377
9.4 几何约束变换命令 370	9.5.1 线性尺寸 377
9.4.1 设为共面 370	9.5.2 角度尺寸 379
9.4.2 设为共轴 371	9.5.3 径向尺寸 380

第 1 章

概述

西门子 NX 是一款既灵活又功能强大的集成软件，主要应用于汽车与交通、航空航天、日用消费品、通用机械及电子工业等领域，有助于更高效地提供更优质的产品。NX 软件整合了 CAD、CAM、CAE 和 PDM 应用程序，是集 CAD/CAE/CAM 为一体的三维参数化软件，它提供了下一代设计、仿真和制造解决方案，支持公司实现数字孪生的价值。为了支持产品开发中从概念设计到工程和制造的各个方面，NX 软件提供了一套集成的工具集，用于协调不同学科、保持数据完整性和设计意图，以及简化整个流程。

学习目标

- 现代 CAD 技术的特点
- NX 软件与 CAD 几何建模的发展历程
- NX 软件的功能
- NX1847 新功能

1.1 NX 简介

在产品研发过程中，设计阶段决定了产品成本的 70%以上，所以先进的设计技术是先进的制造技术的核心。利用 CAD（Computer Aided Design，计算机辅助设计）软件可辅助完成产品或工程设计的建模、修改、分析和优化，使设计过程实现集成化、网络化，达到提高产品设计质量、降低产品成本和缩短设计周期的目的。现代 CAD 技术沿着"信息集成—过程集成—企业集成"的道路发展，先进的制造技术也经历了同样的发展历程。

NX 软件作为西门子（SIMENS）公司提供的在产品全生命周期解决方案中面向产品开发领域的旗舰产品，为用户提供了一套集成的、全面的产品开发解决方案，用于产品设计、分析、制造，帮助用户实现创新产品、缩短产品上市时间、降低成本、提高质量的目的。

西门子公司是全球产品全生命周期管理（PLM）领域软件与服务的市场领导者，公司的产品主要有为机械制造企业提供从设计、分析到制造应用的 NX CAD/CAM 一体化软件、基于 Windows 的设计与制图产品 SolidEdge、集团级产品数据管理系统 iMAN、产品可视化技术 ProductVision，以及被业界广泛使用的以高精度边界表示的实体建模核心 Parasolid 等。

NX 软件的 CAD/CAM/CAE 系统提供了一个基于过程的产品设计环境，使产品开发从设计到加工真正实现了数据的无缝集成。NX 软件面向过程驱动的技术是虚拟产品开发的关键技术，该技术使产品的数据模型能够在设计制造全过程的各个环节保持相关，有效地实现了并行工程。该软件不仅具有强大的实体造型、曲面造型、虚拟装配和工程图生成等设计功能，而且可以通过有限元分析、机构运动分析、动力学分析和仿真模拟，提高设计的可靠性。同时，NX 软件可以使用建立的三维模型直接生成数控代码，用于产品的加工，其处理程序支持多种类型的数控机床。另外，它所提供的二次开发语言 NXOpen、GRIP、NXopen API 等，简单易学，实现功能多，便于用户开发专用的 CAD 系统。具体来说，该软件具有以下特点：

（1）具有统一的数据库，真正实现了 CAD/CAE/CAM 等各模块之间无数据交换的自由切换，方便实施并行工程。

（2）采用复合建模技术，可将实体建模、曲面建模、线框建模、显式几何建模与参数化建模融为一体。

（3）采用基于特征（如孔、凸台、型胶、槽沟、倒角等）的建模和编辑方法作为实体造型基础，形象直观，类似于工程师传统的设计办法，并可实现参数驱动。

（4）曲面设计采用非均匀有理 B 样条作为基础，可使用多种方法生成复杂的曲面，特别适合汽车外形设计、汽轮机叶片设计等复杂曲面造型。

（5）制图功能强，可方便地从三维实体模型直接生成二维工程图。它不仅能按 ISO 标准和国标标注尺寸、形位公差和汉字说明，还能直接对实体做旋转剖视图、阶梯剖视图和轴测图，增强了绘制工程图的实用性。

（6）以 Parasolid 为实体建模核心，实体造型功能处于领先地位。目前，CAD、CAE、CAM 软件均以此作为实体造型基础。

（7）提供了界面良好的二次开发工具 GRIP（Graphical Interactive Programing）和 UFUNC（User Function），并能通过高级语言接口，使 NX 软件的图形功能与高级语言的计算功能紧密结合起来。

（8）具有良好的用户界面，绝大多数功能都可以通过图标实现，在进行对象操作时，具有自动推理功能。同时，在每个操作步骤中，都有相应的提示信息，便于用户做出正确的选择。

1.2 NX 软件与 CAD 技术的发展历程

在当今高效益、高效率、高技术竞争的时代，要适应瞬息万变的市场要求，提高产品质量，缩短生产周期，最大限度地提供满足客户需求的产品和服务，就必须采用先进的设计和制造技术。产品设计技术的发展是影响机械制造业发展的主要因素，NX 软件的发展与 CAD 技术的发展存在密切的联系。

1.2.1　NX 软件的发展历程

20 世纪 70 年代，美国麦道飞机公司为了解决自动编程的问题，成立了专门的数控小组，其研究成果逐步发展成为 CAD/CAM 一体化的 UG 软件。在 20 世纪 90 年代，该软件被 EDS 公司收并，为通用汽车公司服务，并于 2007 年 5 月正式被西门子收购。因此，UG 软件有着美国航空和汽车两大产业的发展背景。自 UG 19 版以后，此产品更名为 NX。NX 软件是西门子新一代数字化产品开发系统，它可以通过过程变更来驱动产品革新。

1．NX 软件的发展历史

（1）1960 年，McDonnell Douglas Automation 公司成立。

（2）1976 年，McDonnell Douglas Automation 公司收购 Unigraphics CAD/CAM/CAE 系统的开发商——United Computer 公司，Unigraphics 雏形产品问世。

（3）1983 年，Unigraphics II 进入市场。

（4）1986 年，Unigraphics 融合了业界领先的、为实践所证实的实体建模核心——Parasolid 的部分功能。

（5）1989 年，Unigraphics 宣布支持 UNIX 平台及开放系统结构，并将一个新的与 STEP 标准兼容的三维实体建模核心 Parasolid 引入 Unigraphics。

（6）1990 年，Unigraphics 作为 McDonnell Douglas(现在已经并入波音公司)的机械 CAD/CAM/CAE 的标准。

（7）1991 年，Unigraphics 开始了从 CAD/CAM 大型机版本到工作站版本的移植。

（8）1993 年，Unigraphics 引入复合建模的概念，可将实体建模、曲面建模、线框建模、半参数化及参数化建模融为一体。

（9）1995 年，Unigraphics 首次发布 Windows NT 版本。

（10）1996 年，Unigraphics 发布了能够自动进行干涉检查的高级装配功能模块、先进的 CAM 模块及具有 A 类曲面造型能力的工业造型模块，占领了巨大的市场份额，已成为高端、中端及商业 CAD/CAM/CAE 应用开发的常用软件。

（11）1997 年，Unigraphics 新增了包括 WAVE 在内的一系列工业领先的新功能，WAVE 这一功能可以定义、控制和评估产品模板，被认为是当时业界最有影响的新技术。

（12）2000 年，Unigraphics 发布新版本——UG V17。新版本的发布，使 UGS 成为工业界第一个可装载包含深层嵌入"基于工程知识"（KBE）语言的世界级 MCAD 软件产品的主要供应商。

（13）2001 年，Unigraphics 并购 SDRC 的 I-DEAS 软件，公司更名为 EDS PLM Solutions，同时提出了产品生命周期管理（PLM）的新概念。Unigraphics 发布新版本——UG V18，新版本对旧版本中的对话框做了大量的调整，实现了在更少的对话框中完成更多的工作，使设计更加便捷。

（14）2002 年，Unigraphics 发布新版本——UG NX1，开始将 I-DEAS 与 UG 进行融合。

（15）2003 年，Unigraphics 发布新版本——UG NX2，这也象征着世界两大领先的产品 Unigraphics 和 I-DEAS 的统一进程的第二步。

（16）2004 年，Unigraphics 发布新版本——UG NX3，该版本是将 I-DEAS 的重要功能移植入 UG 软件的第一个版本。

（17）2005 年，Unigraphics 发布新版本——UG NX4，该版本以 UG 在数字化模拟和知识工程领域的领导地位为基础，并针对产品式样、设计、模拟和制造开发了新功能，它带有数据迁移工具，能够对希望过渡到 UG 的 I-DEAS 用户提供很大的帮助。

（18）2007 年 4 月，UGS 公司发布了 UG NX 5.0——下一代数字产品开发软件，可以帮助用户以更快的速度开发创新产品，实现更高的成本效益。

（19）2007 年 5 月 10 日，全球领先的产品生命周期管理软件和服务提供商 UGS 公司宣布，西门子已经完成对 UGS 公司的收购，并于 2007 年 5 月 4 日生效。UGS 公司从此更名为 Simens PLM Software，并作为西门子自动化与驱动集团的一个全球分支机构展开运作。

（20）2008 年 6 月，Siemens PLM Software 发布了 NX 6.0，建立在新的同步建模技术基础之上的 NX 6.0 在市场上产生了重大影响。同步建模技术的发布是 NX 软件发展中的一个重要里程碑，并且向 MCAD 市场展示了西门子的郑重承诺。

（21）2009 年 10 月，Siemens PLM Software 推出其旗舰数字化产品开发解决方案——NX7。NX7 引入了"HD3D"（三维精确描述）功能，即一个开放、直观的可视化环境，有助于全球产品开发团队充分发掘 PLM 信息的价值，并显著提升其制定产品决策的能力。此外，NX7 还新增了同步建模技术的增强功能。

（22）2011 年 10 月，Siemens PLM Software 发布了 NX 8.0，NX 8.0 在其 CAE 方案中加入了大量的增强功能，包括用于解决世界上最具挑战性的仿真问题及应用广泛的 NX Nastran&reg 软件。

（23）2012 年 11 月，Siemens PLM Software 发布了 NX 8.5，NX 8.5 集成了众多以用户为中心的增强特性和新功能，可全面提升产品设计和制造环节的灵活性和生产效率。

（24）2013 年 9 月，Siemens PLM Software 发布了 NX9 正式版软件，此版软件仅支持 64 位操作系统，主要在用户交互方面引入了 Microsoft Ribbon 方法，采用了如同微软 Office 2010 的用户界面的 Ribbon（带状工具条）功能区型界面。此外，还引入了 NX "创意塑型"这种新方法来创建高度程式化的模型；在 2D 草图绘制方面引入了同步技术概念，无须预先创建约束即可更改逻辑，还可以自动识别各种关系（如相切）。

（25）2014 年 12 月，Siemens PLM Software 发布了 NX10，引入了 NX 布局，这是一种易于使用的 2D 概念设计环境，它已经被完全集成到 NX 制图应用模块中。NX 布局提供了多个专用工具来支持 2D 设计和布局。用户可以探索 2D 环境中的概念，然后使用这些数据来生成 3D 模型和装配。此外，还引入了对双监视器的支持。如果用户在两台监视器上工作，就可以将导航器放在第二个监视器上，将主监视器仅仅用于显示图形。

（26）2016 年 7 月，Siemens PLM Software 发布了产品开发解决方案——NX11，可以在协同受管环境中工作的同时提高产品开发和制造方面的生产力水平,并且通过 Web 访问帮助信息,可以从软件内部及 Windows 开始菜单访问帮助系统。

(27) 2017 年 10 月,Siemens PLM Software 发布的 NX12 可在单个多学科的平台上提供产品设计、开发和制造的高级技术。NX12 基于 NX11 中引入的主要增强功能(如 Convergent Modeling)构建,由于支持直接操作扫描的或优化的小平面几何体,因此其提供的优化工具支持创成式设计工作流程。为了支持不断普及的增材制造,本版本将高级工具与传统建模方法相结合来设计轻量级部件,以定制设计验证检查器增强新功能,从而确保可制造性。

(28) 2019 年 1 月,Siemens PLM Software 正式发布 NX1847 版本,该版本的发布是本行业的又一个重大里程碑。NX1847 是为了纪念德国西门子集团创始于 1847 年而开发的。该软件可以实现在线升级,会自动检查更新包,比较容易保持 NX 软件的最新版本,便于用户了解软件的新功能及性能改进。此外,该版本针对产品的各方面均带来了重要的新功能和增强功能,可以让用户在协同环境中工作的同时提高产品开发和制造方面的生产效率。

2. NX1847 新功能

Siemens PLM Software 使用 Continuous Release 模式交付其 NX 软件产品。这种新的交付模式可以使用户更快地获得新的增强功能和质量改进内容,同时减少有效部署 NX 所需要的工作量。西门子由此成为第一家以这种方式提供产品的主要 CAD/CAM/CAE 供应商。

1) 设计功能

在设计环境中,NX1847 建模的所有方面都有所增强,包括传统建模和 Convergent Modeling 增强功能,以及可视化和用户交互等核心功能。

NX1847 使用 3D 注释和基于模型的定义方法来交流设计意图,引入用于比较 PMI 的新功能,有利于跟踪定义模型的注释的更改。此外,引入新技术数据包(TDP)解决方案,更容易与用户和供应商共享信息,从而改善协同和供应商数据交换。

NX1847 增强了在 NX 12.0.2 中引入的嵌入式虚拟现实(VR)应用程序,其中的新工具可让用户以更高层次进行设计互动。使用嵌入式 VR 工具,可以实现数字化映射。

2) 加工功能

NX 减材制造和增材制造中的新功能能够变换制造部件的方式。NX1847 增加了增强型 CNC 编程自动化、新高速加工方法和高级机器人自动化生产等功能,有助于用户快速提供更高质量的部件;改进了增材制造,有助于用户更轻松地设置构建托盘和设计临界支撑结构,并且比以前更好控制。

3) Simcenter 3D

Simcenter 3D 是针对 3D 仿真的统一、可伸缩、开放和可扩展的环境。在 NX1847 的 Simcenter 3D 中,引入了新的尖端仿真功能,加强了与 Simcenter 产品组合的连接,并扩展了集成多学科环境以涵盖更广泛的仿真覆盖范围,主要包括用于创成式设计和增材制造过程仿真的新的和增强的仿真解算方案,使 Simcenter 3D 能够提前对工程和制造工艺进行仿真。此外,Simcenter 3D 的仿真覆盖范围已经过扩展,可涵盖传输仿真等新解算方案，这样可以使总体传输仿真处理时间减少大约 80%。NX1847 还包括通过 Simcenter 3D 和 Simcenter 产品组合（如 STAR-CCM+）之间协同而形成的数字化主线新纽带，以进行航空声学和航空声振分析。NX1847 使用基于 NX 的 Convergent Modeling 功能构建的添加增强功能，可以对收敛体直接划分网格，从而简化扫描或优化数据的分析过程。总体而言，Simcenter 3D 可以帮助工程师进行创新，并降低预测产品性能所需的工作量、成本和时间。

1.2.2 CAD 技术的发展历程

CAD 技术起步于 20 世纪 50 年代后期。在发展初期，CAD 的含义仅仅是图板的替代品，即 Computer Aided Drawing（or Drafting），而非现在的 CAD（Computer Aided Design）所包含的全部内容。此时，CAD 技术是在传统的三视图的基础上，通过在计算机屏幕上绘图来表达零件外形，并以图纸为媒介进行技术交流，也就是二维计算机绘图技术。

1. 曲面造型技术

20 世纪 60 年代出现的三维 CAD 系统只是极为简单的线框造型系统。这种初期的线框造型系统只能表达基本的几何信息，不能有效地表达几何数据间的拓扑关系，这是因为缺乏形体的表面信息，并且 CAM 及 CAE 均无法实现。

20 世纪 70 年代，正值飞机和汽车工业的蓬勃发展时期。在此期间，设计者在飞机及汽车制造中遇到了大量的自由曲面问题，当时只能采用多截面视图、特征纬线的方式来近似表达所设计的自由曲面。由于三视图方法表达的不完整性，因此经常发生在设计完成后，制作出来的样品与设计者所想象的有很大差异甚至完全不同的情况。而且，设计者对自己设计的曲面形状能否满足要求也无法保证，所以还经常需要按比例制作油泥模型，并以此作为设计评审或方案比较的依据。这种既慢且繁的制作过程大大拖延了产品的研发时间，因此要求更新设计手段的"呼声"越来越高。

此时，法国某学者提出了贝塞尔算法，使得人们在用计算机处理曲线及曲面问题时变得可以操作，同时也使得法国的达索飞机制造公司的开发者们能在二维绘图系统 CADAM 的基础上，开发出以表面模型为特点的自由曲面建模方法，推出了三维曲面造型系统 CATIA。该系统的出现，标志着计算机辅助设计技术从单纯模仿工程图纸的三视图模式中解放出来，首次实现使用计算机完整地描述产品零件的主要信息，同时也使得 CAM 技术的开发有了现实的基础。

然而，此时的 CAD 技术价格极其昂贵，而且软件商品化程度低，这主要是因为开发者本身就是 CAD 技术的大用户，要求技术保密。只有少数几家受到国家财政支持的公司，在 20 世纪 70 年代后期才有条件独立开发或依托某厂商发展 CAD 技术。例如：CADAM 由美国洛克希德（Lochheed）公司支持，CALMA 由美国通用电气（GE）公司开发，CV 由美国波音（Boeing）公司支持，I-DEAS 由美国国家航空航天局（NASA）支持，UG 由美国麦道（MD）公司开发，CATIA 由法国达索（Dassault）公司开发。这时的 CAD 技术主要应用于军品制造领域。

但受此项技术的吸引，一些民品制造企业也开始摸索开发一些曲面造型系统为自己服务，如汽车业"巨头"大众汽车公司开发的 SURF、福特汽车公司开发的 PDGS、雷诺汽车公司开发的 EUCLID，丰田、通用汽车公司等也开发了自己的 CAD 系统。但是由于无军方支持，开发经费及经验不足，他们开发出来的软件商品化程度都比军方支持的系统低，功能覆盖面和软件水平也相差较大。

曲面造型系统带来的技术革新，使汽车开发手段与旧的模式相比有了质的飞跃，新车型的开发速度也大幅度提高，许多车型的开发周期由原来的大约 6 年缩短到大约 3 年。CAD 技术给用户带来了巨大的好处及颇丰的收益，因此汽车工业开始大量采用 CAD 技术。

2. 实体造型技术

20 世纪 80 年代初期，CAD 系统的价格依然令一般企业望而却步，这使得 CAD 技术无法拥有更广阔的市场。为了使自己的产品更具特色，在有限的市场中获得更大的市场份额，以 CV、SDRC、UG 为代表的系统开始朝各自的发展方向前进。20 世纪 70 年代末期到 80 年代初期，由于计算机技术的大跨步前进，CAE、CAM 技术也开始有了较大发展。SDRC 公司在当时"星球大战计划"的背景下，由美国国家航空航天局支持，合作开发出了许多专用分析模块，用以降低巨大的太空实验费用，同时在 CAD 技术方面也进行了许多开拓；UG 则着重在曲面技术的基础上发展 CAM 技术，用以满足飞机零部件的加工需求；CV 和 CALMA 则将主要精力都放在 CAD 市场份额的争夺上。

曲面模型技术可以基本解决 CAM 的问题。但由于表面模型技术只能表达形体的表面信息，难以准确表达零件的其他特性，如质量、重心、惯性矩等，对 CAE 十分不利，最大的问题就在于分析的前处理特别困难。基于对 CAD/CAE 一体化技术发展的探索，SDRC 公司于 1979 年发布了世界上第一个完全基于实体造型技术的大型 CAD/CAE 软件——I-DEAS。实体造型技术能够精确表达零件的全部属性，在理论上有助于统一 CAD、CAE、CAM 的模型表达，给设计带来了惊人的便利性，代表着未来 CAD 技术的发展方向。基于这样的共识，各软件公司纷纷仿效，使得实体造型技术"风靡全球"。可以说，实体造型技术的普及应用，标志着 CAD 发展史上的第二次技术革命。

但是新技术的发展往往是曲折和不平衡的。实体造型技术既带来了算法的改进和未来发展的希望，也带来了数据计算量的极度膨胀。在当时的硬件条件下，实体造型的计算及显示速度很慢，在实际应用中进行设计显得比较勉强；以实体模型为前提的 CAE 属于较高层次的技术，普及面较窄；另外，在算法和系统效率的矛盾面前，许多赞成实体造型技术的公司并没有加大力量去解决这个矛盾，而是转去攻克相对容易实现的表面模型技术，各公司的技术取向再度"分道扬镳"，实体造型技术也因此没能迅速在整个行业全面推广。

3. 参数化技术

如果说在此之前的实体造型技术都属于无约束的自由造型，那么在 20 世纪 80 年代中期，有人提出了一种比无约束自由造型更新颖、更好的算法——参数化实体造型方法。从算法上来说，这是一种很好的设想，它的主要特点包括基于特征、全尺寸约束、全数据相关、尺寸驱动设计修改。但是当时的参数化技术方案还处于发展的初级阶段，很多技术难点有待于攻克。而且参数化技术核心算法与以往的系统有本质差别，若采用参数化技术，必须将全部软件重新改写，则投资及开发工作量必然很大。当时的 CAD 技术主要应用在航空和汽车工业，而这些工业对自由曲面的需求量非常大，参数化技术还不能提供解决自由曲面的有效工具（如实体曲面问题等）。在此情况下，一个新的公司成立了，即参数技术公司 PTC（Parametric Technology Corp.），并开始研发被命名为 Pro/E 的参数化软件。早期的 Pro/E 软件性能很低，只能完成简单的工作，但由于第一次实现了尺寸驱动设计修改，使人们看到了它今后将给设计者带来的便利性。

20世纪80年代末期，随着计算机技术的迅猛发展，硬件成本大幅度下降，CAD技术的硬件平台成本从二十几万美元下降到几万美元。自此CAD技术迎来了一个更加广阔的市场，很多中小型企业也开始有能力使用CAD技术。20世纪90年代，参数化技术变得更加成熟，充分体现出其在许多通用件、零部件设计上存在的简便易行的优势。可以认为，参数化技术的应用主导了CAD发展史上的第三次技术革命。

4. 变量化技术

参数化技术的成功应用，使得它几乎成为CAD业界的标准，但是技术理论上的认可并不意味着实践上的可行性。由于CATIA、CV、UG、EUCLID都在原来的非参数化模型基础上开发或集成了许多其他应用，包括CAM、PIPING和CAE接口等，在CAD方面也进行了许多应用模块开发，因此重新开发一套完全参数化的造型系统面临着很大的困难。因为这样做意味着必须将软件全部重新改写，而且他们在参数化技术上并没有完全解决好所有问题，所以他们采用的参数化系统基本上都是在原有模型技术的基础上进行局部、小块的修补。考虑到这种"参数化"的不完整性，以及需要很长时间的过渡，CV、CATIA、UG在推出自己的参数化技术以后，均宣传自己采用的是复合建模技术，并强调复合建模技术的优越性。

这种把线框模型、曲面模型及实体模型叠加在一起的复合建模技术，并非完全基于实体，只是主模型技术的"雏形"，难以全面应用参数化技术。由于参数化技术和非参数化技术的内核本质不同，在使用参数化技术造型后，进入非参数化系统还要进行内部转换，才能被系统接受，而大量的转换极易导致数据丢失或其他不利条件。因此，这样的系统在参数化技术上和非参数化技术上均不具备优势，系统整体竞争力自然不高，只能依靠某些实用性模块上的特殊能力来增强竞争力。

在参数化技术的发展过程中，开发人员发现该技术尚有许多不足之处。首先，"全尺寸约束"这一硬性规定就干扰和制约着设计者创造力及想象力的发挥。全尺寸约束，即设计者在设计初期及全过程中，必须将形状和尺寸联合起来考虑，并且通过尺寸约束来控制形状，通过尺寸的改变来驱动形状的改变，一切均以尺寸（即所谓的"参数"）为出发点。一旦所设计的零件形状过于复杂，设计者通过修改大量尺寸以获得所需要的形状就很不直观；再者，如果在设计中关键形体的拓扑关系发生改变，失去了某些约束的几何特征就会造成系统数据混乱。

一种比参数化技术更为先进的实体造型技术——变量化技术，可以弥补参数化技术的不足。变量化技术既保持了参数化技术原有的优点，又克服了参数化技术的许多不足。变量化技术的成功应用，为CAD技术的发展提供了更大的空间和机遇。

CAD技术基础理论的每次重大进展，均带动了CAD/CAM/CAE整体技术的提高及制造手段的更新。技术发展永无止境，没有一种技术是"常青树"，CAD技术一直处于不断的发展与探索之中。正是这种"此消彼长"的互动与交替，推动了CAD技术的发展与应用，促进了工业的高速发展。

1.3 NX 软件的功能

NX 软件的强大功能是基于各功能模块实现的,主要包括 CAD、CAE 和 CAM 模块,各模块分别完成产品设计制造过程中的不同任务,从而实现高效、科学的设计制造过程。下面简要介绍常用的模块。

1.3.1 CAD 模块

NX 设计是业界强大、灵活而又颇具创新性的产品开发解决方案,其特性和功能都有助于将产品快速推向市场。NX 设计能够增加虚拟产品模型的使用,减少昂贵的物理原型,从而交付"一次性满足市场需求"的产品。

1. NX/Gateway（入口）

NX/Gateway 是其他应用的必要基础。

该模块是 NX 软件的基本模块,包括打开、创建、存储等文件操作;着色、消隐、缩放等视图操作;视图布局;图层管理;绘图及绘图机队列管理;空间漫游（可以定义漫游路径,生成电影文件）;表达式查询;特征查询;模型信息查询、坐标查询、距离测量;曲线曲率分析;曲面光顺分析;实体物理特性自动计算;用于定义标准化零件族的电子表格功能;按可用于互联网主页的图片文件格式（包括 CGM、VRML、TIFF、MPEG、GIF 和 JPEG 等格式）生成 NX 零件或装配模型的图片文件;输入、输出 CGM、NX/Parasolid 等几何数据;Macro 宏命令自动记录、回放功能;User Tools 用户自定义菜单功能,使用户可以快速访问其常用功能或二次开发的功能。

2. NX/Solid Modeling（实体建模）

NX/Solid Modeling 提供了业界最强的复合建模功能。NX/Solid Modeling 通过无缝地集成基于约束的特征建模和显式几何建模,可以使用户获得集成于一个高级的基于特征环境内的传统实体。NX/Solid Modeling 具有曲线和框线建模的功能,能够方便地建立二维和三维线框模型,扫掠和旋转实体,进行布尔运算及参数化编辑。NX/Solid Modeling 包括对快速和有效的概念设计的变量化的草图绘制工具,以及更通用的建模和编辑任务的工具。

NX/Solid Modeling 提供了草图设计、各种曲线生成、编辑、布尔运算、扫掠实体、旋转实体、沿导轨扫掠、尺寸驱动、定义、编辑变量及其表达式、非参数化模型后参数化等工具。

3. NX/Features Modeling（特征建模）

NX/Features Modeling 用工程特征来定义设计信息,在 NX/Solid Modeling 的基础上提高了表达用户设计意图的能力。该模块支持标准设计特征的生成和编辑,包括各种圆柱、方块、圆锥、球体,以及各种孔、凸台、键槽、管、倒圆、倒角等,同时具有抽空实体模型,产生薄壁实体的能力。这些特征均被参数化定义,可对其大小及位置进行尺寸驱动编辑。所有特征均可相对其他特征或几何体定位,可以编辑、删除、抑制、复制、粘贴、引用及改变特征时序,并提供特征历史树记录的所有特征相关参数,便于特征查询和编辑。

4. NX/Freeform Modeling（自由形状建模）

NX/Freeform Modeling 独创地把实体和曲面建模技术融合在一组强大的工具中，提供生成、编辑和评估复杂曲面的强大功能，可以方便地设计飞机、汽车、电视机及其他工业造型设计产品上的复杂自由曲面形状。例如：

- 从有界平面生成实体。
- 基本扫掠曲面。
- 基本放样，包括规则曲面、网格曲面。
- 特殊曲面创建，包括曲面延长和 N 边曲面，以及有界平面、偏置面。
- 曲面操作工具，包括曲面延长和曲面法向控制。
- 实体方式的修剪。
- 使用曲线进行曲面修剪。

5. NX/User Defined Features（用户定义的特征）

NX/User Defined Features 提供了交互式方法来定义和存储基于用户自定义特征的概念，便于调用和编辑零件库，形成用户专用的 UDF 库，提高用户设计建模的效率。该模块包括从已生成的 NX 参数化实体模型中提取参数、定义特征变量、建立参数间关系、设置变量默认值、定义代表该 UDF 库的图标菜单的全部工具。在 UDF 库生成之后，UDF 库就变成可通过图标菜单被所有用户调用的用户专用特征库，当把某特征添加到设计模型中时，其所有预设变量参数均可编辑并将按 UDF 库建立时的设计意图而变化。

6. NX/Drafting（制图）

NX/Drafting 使得任何设计师、工程师或制图员都能够以实体模型去绘制产品的工程图。基于复合建模技术，NX/Drafting 可以建立与几何模型相关的尺寸，确保在一个模型改变时，会更新图，并减少更新图所需的时间。视图包括消隐线和相关的模截面视图，当模型修改时也会自动更新。自动的视图布局功能可以提供快速的图布局，包括正交视图投影、截面图、辅助视图和细节视图。NX/Drafting 支持在主要业界制图标准，如 ANSI、ISO、DIN 和 JIS 中建立图，利用由 NX/Assembly Modeling 创建的装配信息可以方便地建立装配图，以及快速地建立装配分解视图。无论是制作单一视图还是制作复杂的装配和组件工程图，NX/Drafting 都可以减少工程图生成的时间。NX/Drafting 不仅提供了自动视图布置（包括剖视图、各向视图、局部放大图、局部剖视图等视图）、尺寸标注、形位公差标注、粗糙度标注等功能，还支持标准汉字输入和视图编辑，以及装配图、剖视图、爆炸图和明细表自动生成等功能。

7. NX/Assembly Modeling（装配建模）

NX/Assembly Modeling 具有如下特点：提供并行的自顶向下和自底向上的产品装配方法；装配模型中的零件数据是对零件本身的链接映象，可以保证装配模型和零件设计完全双向相关，减少了存储空间的需求，在修改零件设计后装配模型中的零件会自动更新，同时可在装配环境下直接修改零件设计；坐标系定位、逻辑对齐、贴合、偏移等灵活的定位方式和约束关系，便于在装配中添加零件或子装配件，并可定义不同零件或组件间的参数关系；参数化的装配建模提供描述组件间配合关系的附加功能，可用于说明通用紧固件组和其他重复部件；装配导航、零件搜索、装配部分着色显示、标准件库调用等在装配层次中快速切换，方便直接访问任何零件或子装配件；生成支持汉字的装配明细表，当装配结构变化时装配明细表可自动更新；并行计算能力，支持多 CPU 硬件平台。

8．NX/WAVE Control（控制）

NX/WAVE（What if Alternative Value Engineering）是产品级参数化设计技术，适用于汽车、飞机等复杂产品的设计。NX/WAVE 技术使产品总体设计更改自上而下自动传递，可用于从产品初步设计到详细设计的每个阶段。NX/WAVE 技术可帮助用户找出驱动产品设计变化的关键设计变量，并将这些变量放入 NX/WAVE 顶层控制结构中，而子部件和零件的设计与这些变量相关，对这些变量的更改会自动更新顶层结构和与其相关的子部件和零件。由于 NX 软件采用基于几何变量的复合建模技术，这些关键设计变量既可以是数值变量，也可以是像样条曲线或空间曲面一样的广义变量。数值变化、形状变化都能使用 NX/WAVE 技术传递到相关的子部件和零件设计中去。NX/WAVE 技术的使用符合参数化产品的设计过程和规则，即先总体设计后详细设计，局部设计决策服从总体设计决策。而以往的参数化技术大部分是进行零件本身的参数化，对整个产品的参数关系进行管理非常困难。NX/WAVE Control 提供了解决大型产品设计中的设计更改控制问题的方案，是面向产品级的并行工程技术，有利于提高设计的重复利用率。

9．NX/Sheet Metal Design（钣金设计）

NX/Sheet Metal Design 可实现如下功能：复杂钣金零件生成、参数化编辑、定义和仿真钣金零件的制造过程、展开和折叠的模拟动作、生成精确的二维展开图样数据。其展开功能可考虑可展和不可展曲面情况，并根据材料中性层特性进行补偿。

NX/Sheet Metal Design 提供了基于参数、特征方式的钣金零件建模功能，可生成复杂的钣金零件，并可对其进行参数化编辑。该模块能够定义和仿真钣金零件的制造过程，对钣金零件模型进行展开、折叠和模拟操作，同时根据三维钣金模型，可以为后续的应用（如 NX 钣金模具设计）生成精确的二维展开图样数据。

10．其他模块

其他相关模块还有 NX/Open（NX 二次开发）、NX/Data Exchange（NX 数据交换）、NX/CAST Online（NX 联机自学软件）、NX/Die Engineering（NX 冲压模具工程）、NX/MoldWizard（NX 注塑模具设计向导）、Progressive Die Wizard（多工位级进模设计过程向导）车身设计、Hinge Location Wizard（车门铰链定位设计自动导引模块）、Glass Drop Wizard（玻璃升降器设计自动导引模块）、B Pillar Wizard（车身 B 柱设计自动导引模块）、汽车总布置设计、焊接向导等。

1.3.2 CAE 模块

1．NX/Scenario for FEA（有限元前后置处理）

NX/Scenario for FEA 是一个集成化、全相关、直观易用的 CAE 工具，可对零件和装配体进行快速的有限元前后置处理。该模块主要用于设计过程中的有限元分析计算和优化，以得到优化的高质量产品，并缩短产品开发时间。该模块提供了将几何模型转化为有限元分析模型的全套工具，既可以在实体模型上进行全自动网格划分，又可以进行交互式划分，还提供了材料特性定义、载荷定义和约束条件定义等功能。该模块生成的有限元前后置处理结果可以直接提供给 NX/FEA 有限元线性解算器或 NASTRAN 软件进行有限元计算，也可以通过 NX ANSYS Interface 模块输出到 ANSYS 软件进行计算。该模块还能对有限元分析结果进行图形化显示和动画模拟，提供输出等值线图、云图、动态仿真和数据输出等功能。

NX/Scenario for FEA 可完成如下功能：全自动网格划分、交互式网格划分、材料特性定义、载荷定义和约束条件定义、NASTRAN 接口、有限元分析结果图形化显示、结果动画模拟、输出等值线图和云图，以及进行动态仿真和数据输出。

2. NX/Scenario for Motion（运动机构）

NX/Scenario for Motion 提供了机构设计、分析、仿真和文档生成功能，可在实体模型或装配环境中定义机构，包括铰链、连杆、弹簧、阻尼、初始运动条件等机构定义要素，定义好的机构可直接在 NX 软件中进行分析，可进行各种研究，包括最小距离、干涉检查和轨迹包络线等选项，同时可实际仿真机构运动。用户可以分析反作用力，图解合成位移、速度、加速度曲线。反作用力可输入有限元分析，并可提供一个综合的机构运动连接元素库。NX/Mechanisms 与 MDI/ADAMS 无缝连接，可将前处理结果直接传递到 MDI/ADAMS 进行分析。

1.3.3 CAM 模块

NX CAM 通过数字化促进高效的端到端零件制造工序，并交付高精度的零件，使用单个软件系统对 CNC 机床进行编程，控制机器人单元，驱动 3D 打印机并监控质量，使零件制造业务实现数字化转型，提高生产效率和增加盈利能力。

NX 软件强大的加工功能是由多个加工模块所组成的，常用的有 CAM 基础、车加工、型腔铣、固定轴铣、清根切削、可变轴铣、顺序铣、制造资源管理系统、切削仿真、线切割、后置处理、机床仿真等子模块。其中，型腔铣模块可沿任意形状走刀，产生复杂的刀具路径。当检测到异常的切削区域时，它可修改刀具路径，或者在规定的公差范围内加工出型腔或型芯。固定轴铣与可变轴铣模块用于对表面轮廓进行精加工。它们提供了多种驱动方法和走刀方式，可根据零件表面轮廓选择切削路径和切削方法。在可变轴铣中，可对刀轴与投射矢量进行灵活控制，从而满足复杂零件表面轮廓的加工要求，生成 3 轴至 5 轴数控机床的加工程序。此外，它们还可控制顺铣和逆铣切削方式，按用户指定的方向进行铣削加工，对于零件中的陡峭区域和前道工序没有切除的区域，系统能自动识别并清理这些区域。顺序铣模块可连续加工一系列相接表面，用于在切削过程中需要精确控制每段刀具路径的场合，可以保证各相接表面光顺过渡。其循环功能可在一个操作中连续完成零件底面与侧面的加工，可用于叶片等复杂零件的加工。

后置处理模块包括图形后置处理器和通用后置处理器，可格式化刀具路径文件，生成指定机床可以识别的 NC 程序，支持 2～5 轴铣削加工、2～4 轴车削加工和 2～4 轴线切割加工。基中 NX 后置处理器可以直接提取内部刀具路径进行后置处理，并支持用户定义的后置处理命令。

NX1847 新增的增材制造（即 3D 打印）是指使用 3D 打印机逐层堆积材料来构建产品的过程，其中粉体熔化成型工艺作用于多个时间和长度比例，需要开发专用的方法。此新方法已在 Simcenter 3D 增材制造（AM）中实施。该解决方案与现有 CAM 解决方案完全集成，从而形成全面的端到端解决方案，这对于 AM 的工业化至关重要。在 Simcenter 3D AM 中可以执行多个计算，它们通过此应用模块自动设置并链接在一起，可以对复杂模型的每个打印层进行计算。

在 Simcenter 3D 中，可以计算：

- 不同的构建高度处的稳态温度分布及局部过热估计值。
- 从热到力学网格的温度场的映射。
- 宏观层的刚度。

打印过程造成的变形，包括收缩线，它们与温度和刚度相关。在仿真结束时，可以对所有结果进行后处理，包括估计的涂敷机碰撞。最后，可以对初始几何体进行预变形以补偿过程引起的变形。此预变形的几何体可以重新集成到 NX CAM 模块，然后再发送到打印机。

 本章小结

现代设计方法需要强有力的软件平台作为支持，NX 软件经过几十年的发展，在建模方法和理念上取得了长足的进步，为用户搭建了先进的设计、分析和制造的平台。本章着重叙述 NX 软件及 CAD 技术的发展历程，讲述了 NX 各功能模块的作用及特点。

 思考与练习

1. 简述 NX 软件的发展历程。
2. 简述 CAD 技术的发展历程。
3. NX1847 有哪些常用模块？有哪些新功能？

第 2 章

NX1847 基本操作

NX 软件具有良好的人机交互界面，在利用该软件进行特征建模操作时，只有熟练掌握基本的建模操作方法，并定制适合自己的界面，才能高效地完成满足要求的设计。本章将简要介绍 NX1847 的基本操作方法和常用工具，包括首选项设置、视图、坐标系、图层等。设计者掌握软件的基本操作和常用的工具，能够为今后的建模、装配和编辑等工作奠定扎实的基础。

✎ 学习目标

- NX1847 的界面
- NX 软件的建模步骤
- NX 软件的文件操作
- 零件显示操作
- 坐标系
- 选择对象的方法
- 对象的几何分析
- 图层的操作方法

2.1 NX1847 的界面

NX1847 具有良好的绘图界面和形象、生动、操作简捷的设计环境，并且提供了高效、灵活的工具栏，以提高产品开发效率。用户也可以自行定制界面，调整常用命令图标的显示方式、位置，以适应不同工作内容的需要。

2.1.1 NX1847 的工作环境

在启动 NX1847 后，打开现存的一个部件，软件界面如图 2-1 所示。软件界面包括标题栏、快速访问工具条、主页选项卡、命令组工具条、导航器和绘图区等。

第 2 章 NX1847 基本操作

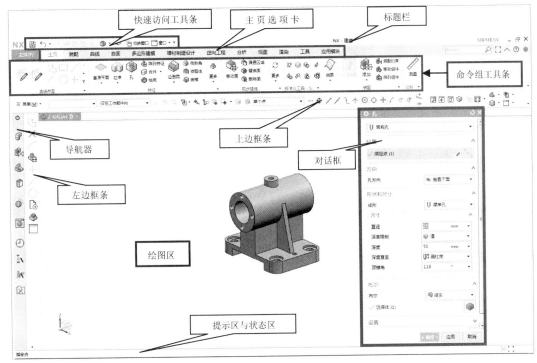

图 2-1 打开一个部件的软件界面

1．标题栏

NX1847 的标题栏只显示软件的子模块，不再有版本号。

2．快速访问工具条

快速访问工具条包含常用的命令，如保存、后退、剪切、复制等，可通过单击工具条最右侧的 图标来显示或关闭快速访问工具条的内容。

3．主页选项卡

主页选项卡包括了 NX1847 的主要功能，直接显示在图形窗口顶部标题栏下，同时每个选项卡对应一个 NX1847 的功能类别。主页选项卡默认显示的是"主页""装配""曲线""分析""视图""工具""应用模块"等选项卡，"多边形建模""增材制造设计""逆向工程"等选项卡可通过鼠标右键选择增加。每个选项卡都包含所有与该功能有关的命令。但有些命令在命令组工具条中并不显现，可通过右键打开或关闭。

4．命令组工具条

命令组工具条是一组图标，每个图标代表一个功能，其内容与选项卡中的命令相对应，用户可到功能区选项组中打开或关闭相应的命令组工具条，如图 2-2 所示。

5．导航器

导航器记录草图、特征的创建过程，用户可以查看和编辑该创建过程。导航器可以位于窗口的左侧，也可以位于窗口的右侧。单击导航器上的图标可以调用装配导航器、部件导航器、重用库、Internet、角

15

色和历史记录等。

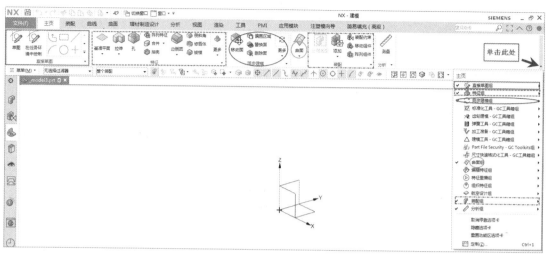

图 2-2　命令组工具条的显示管理

6．上边框条

上边框条包括过滤器、图形快速捕捉器和视图显示组。上边框条所显示的内容可以通过单击右侧的 ▼ 图标来控制其打开或关闭。

7．左边框条

左边框条是 NX1847 新增的功能。除此之外，还有右边框条。左边框条除了通过下方的 ▼ 图标控制"预设命令组"内容，还可以记录最近使用的命令。

8．提示区与状态区

提示区显示关于当前操作过程的提示信息，提示下一步应进行的操作。状态区默认在提示区的右侧，用于显示系统状态及功能执行情况。在执行某项功能时，其执行结果会显示在状态栏中。软件操作过程的提示信息和状态如图 2-3 所示。

选择对象并使用 MB3，双击，按下左键并拖动来移动，或按住 Ctrl 键和左键拖动来复制	草图已被 4 个自动尺寸完全约束

图 2-3　提示信息和状态

9．绘图区

绘图区即工作区，是创建、显示和编辑图形的区域，也是进行结果分析和模拟仿真的窗口。

2.1.2　用户界面的设置

NX1847 默认的工作界面是一种通用的设计界面，可满足大多数用户的需要。但面对不同的应用情况和个人喜好，该界面可能并不是最适合的。因此，NX1847 提供了方便的界面定制方式，可以按照个人需要对主菜单及工具条进行个性化定制。

1．工作界面

在启动 NX1847 后，即可进入建模模块。由于个人喜好或工作性质的需要，用户可对工作界面进行个性化定制，包括快速访问工具条、主页选项卡、命令组工具条和上边框条等。它们的定制方法比较简单，都可以通过右键进行显示和隐藏的设置。

1) 快速访问工具条

快速访问工具条是为快速访问常用的操作而设计的特殊对话框，是一组图标，每个图标代表一个功能。在默认状态下，快速访问工具条只显示一些常用工具，位于工作界面的最上方，可以在其下拉菜单中查看所有命令，如图 2-4 所示。

图 2-4 快速访问工具条

单击快速访问工具条最右侧的▼图标，即可弹出如图 2-5 所示的下拉菜单。勾选下拉菜单中的选项，可以使快速访问工具条显示或隐藏对应的选项。

右击快速访问工具条最右侧的▼图标，即可弹出如图 2-6 所示的快捷菜单。勾选菜单中的选项，可以使主页选项卡显示或隐藏对应的选项。

图 2-5 下拉菜单　　　　　　　图 2-6 快捷菜单

2) 主页选项卡

右击快速访问工具条最右侧的▼图标或者右击主页选项卡右侧空白区域，可以设置主页选项卡显示或者隐藏的选项。

3) 命令组工具条

单击命令组工具条右侧的▼图标，可以通过取消勾选来隐藏不常用的命令组，如"齿轮建模""弹簧工具"等，如图 2-7 所示，也可以通过勾选将这些命令组显示出来。

4) 上边框条

上边框条内容的显示与隐藏方法与命令组工具条的操作方法基本一致。

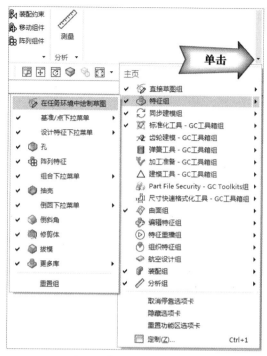

图 2-7 命令组工具条的设置

🔔 特别提示

> 右击主页选项卡或命令组工具条的空白区域,在弹出的快捷菜单中选择"定制"命令,会弹出如图 2-8 所示的"定制"对话框。单击"选项卡/条"选项卡,会显示很多复选框,勾选其中的选项,对应的选项卡或工具条将出现在绘图界面。比如,在勾选"装配"复选框后,会出现"装配"选项卡。

图 2-8 "定制"对话框

2．角色

按作业功能定制用户界面，可以在指派的角色下保存用户界面设置。NX1847根据用户的经验水平、行业或者公司标准提供了一种先进的界面控制方式。使用角色即可简化NX软件的用户界面，因此该界面可以仅保留用户当前任务所需要的命令。在第一次启动NX1847时，系统默认使用的角色为基本功能角色。基本功能角色提供了一些常用命令，适用于新手用户或临时用户。NX1847中常用的角色含义如表2-1所示。

表2-1　NX1847中常用的角色含义

角　　色	NX技术级别	描　　述
基本功能	初学者	提供完成简单任务所需的所有命令。 建议大多数用户选择此角色，尤其是不需要定期使用NX软件的新用户。 如果用户需要更多的命令，则可以使用高级功能角色
高级功能	有经验者	提供的工具比基本功能角色更完整，并且支持更多任务
CAM基本功能	初学者	在功能区上显示完成基本制图任务所需的一套精简命令。如果用户需要更多的命令，则可以使用CAM高级功能角色
CAM高级功能	有经验者	支持与Solid Edge文件合并。功能区会显示与高级功能角色相同的一套命令
布局	有经验者	在功能区上会显示一套更齐全的工具

3．基本环境

基本环境参数包括常规、用户界面、对象、显示、导航器、基本光等。NX1847提供了两种用于定义基本环境参数的命令，分别是"用户默认设置"对话框和"首选项"子菜单中的命令，默认的设置对设置后的各部件文件均有效，但偏重于一些基本环境的设置。通过"首选项"子菜单中的命令设置的参数，绝大多数只对当前进程有效，当退出并重新进入NX1847后将恢复默认设置。

选择"文件"→"实用工具"→"默认设置"命令，即可弹出"用户默认设置"对话框，如图2-9所示。用户可在该对话框中对基本环境和各应用模块进行详细的设置。虽然该对话框中的设置项很多，但大部分设置项可以采用默认值。

4．首选项设置

首选项设置可以对一些模块的默认控制参数进行设置，如定义新对象、界面、资源板、选择、可视化、调色板、背景等。在不同的应用模块下，"首选项"子菜单会相应地发生改变。"首选项"子菜单中的大部分命令参数与"用户默认设置"对话框中的命令参数相同，但在"首选项"子菜单中进行的设置只对当前文件有效，保存当前文件，即可保存当前的环境设置到文件中。在退出NX1847后再打开其他文件时，将恢复系统默认的状态。

1）用户界面设置

选择"文件"→"首选项"→"用户界面"命令，即可弹出"用户界面首选项"对话框，如图2-10所示。"用户界面首选项"对话框中共有7个选项卡，即"布局"、"主题"、"资源条"、"触控"、"角色"、"选项"和"工具"选项卡，其中"资源条"选项卡可对资源条的放置位置（左侧或右侧）等进行设置，其他可选用默认值。

图 2-9 "用户默认设置"对话框

图 2-10 "用户界面首选项"对话框

2）背景设置

背景设置用于设置绘制模型的背景颜色，选择"文件"→"首选项"→"背景"命令，即可弹出"编辑背景"对话框，如图 2-11 所示。该对话框分为两种视图的设置，分别为"着色视图"和"线框视图"

的设置。"着色视图"的设置是指对着色视图工作区背景的设置，包括"纯色"和"渐变"两种模式。"纯色"模式用单颜色显示背景，"渐变"模式用两种颜色的渐变形式显示背景。当选中"渐变"单选按钮后，"顶部"和"底部"选项会被激活，单击"顶部"或"底部"后面的图标，可以打开如图 2-12 所示的"颜色"对话框，在该对话框中选择颜色即可设置顶部和底部的颜色，背景的颜色就会在顶部和底部颜色之间逐渐变化。

图 2-11　"编辑背景"对话框

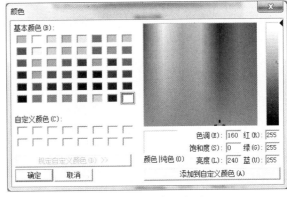

图 2-12　"颜色"对话框

"线框视图"的设置是指对线框视图工作区背景的设置，也包括"纯色"和"渐变"两种模式，其设置和"着色视图"相同。

2.2　NX 软件的建模步骤

基于 NX 软件可以完成产品的创意设计、数字样机设计与虚拟装配，可以完成产品加工的手板编程，也可以利用增材制造手段快速制造产品原型，从而对新品进行全方位的评估和预判，为量产做好准备。

2.2.1　产品设计过程

合理的设计流程应该在保证产品必备功能的前提下，在设计初期就考虑零件的加工工艺，尽量降低产品的制造成本。现代设计方法中的并行工程就可以满足这方面的需求。

（1）符合国家的产业发展政策和有关的法令、法规。

（2）符合社会对环境保护的要求。

（3）符合技术创新的规律，重视对知识产权的保护。

（4）坚持标准化、通用化、系列化的"三化"原则。

（5）从企业的实际工艺水平和生产能力出发，强调设计与工艺、生产相结合。

（6）产品设计必须满足用户对产品功能和服务的要求。企业供给用户的不仅是产品的功能，还包括支持这些功能的售后服务。因此，产品设计既要针对产品的不同功能特点，又要使产品具有良好的维修方便性。

产品设计不仅包括三维数字模型设计，还包括产品的工艺设计和生产管理。产品设计的一般过程分为两部分：准备工作和设计工作。

1．准备工作

（1）了解设计目标和设计资源。

（2）搜索可以使用的设计数据。

（3）定义关键参数和结构草图。

（4）了解产品的装配结构。

（5）编写设计说明书。

（6）保存相关的设计数据和设计说明书。

2．设计工作

（1）建立主要的产品装配结构。使用自上而下的设计方法，建立产品装配结构。如果一些原有的设计可以用于现在的设计操作，则将其纳入产品装配树中。

（2）定义产品设计的主要控制参数和主要设计结构描述。这些模型数据将被用于以后的零部件设计，同时用于最终产品的控制和修改。

（3）将以上参数引入相关下属零部件的设计文件中。

（4）对不同的子部件和零件进行细节设计。

（5）在零件设计过程中，检查各零部件，并在需要时进行适当修改。

综上所述，产品设计流程如图 2-13 所示。

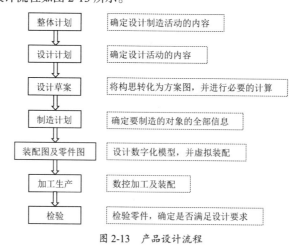

图 2-13　产品设计流程

2.2.2 三维造型设计方法

1．NX 软件的建模模式

NX 软件的建模将传统的显式几何建模、基于约束的草绘和参数化建模无缝集合为一体，形成了复合建模功能，包含以下方法。

（1）显式建模。显式建模是非参数化建模，对象是相对于模型空间而不是相对于彼此建立的。对一个或多个对象所进行的改变不影响其他对象或最终模型。

（2）参数化建模。为了进一步编辑，参数化建模将用于模型定义的参数值随模型存储。参数可以彼此引用，以建立模型各个特征间的关系。例如，设计者可以设置孔的深度恒等于凸垫的高度。

（3）基于约束的建模。模型的几何体是从作用到定义模型几何体的一组设计规则来驱动或求解的，这些设计规则被称为约束。这些约束可以是尺寸约束（如草图尺寸或定位尺寸）或几何约束（如平行或相切）。设计者可以设置在设计改变时仍保持约束，如相切、正交等。

2．NX 软件的建模步骤

（1）建立一个新的 NX 部件文件或打开一个已存的部件文件。

（2）选择一个应用："应用模块"→"建模""装配"……

（3）检查/预设置参数："首选项"→"对象""建模""草图"……

（4）建立少数关键设计变量："工具"→"表达式"……

（5）建立对象："主页"→"直接草图""特征"……

（6）分析对象："分析"→"测量""曲线分析"……

（7）修改对象："编辑"→"特征"……

（8）保存 NX 部件文件："菜单"→"文件"→"保存"。

2.3 NX 软件的文件操作

NX 软件的文件操作包括新建文件、打开文件、保存文件和关闭文件，以及导入文件和导出文件等。

文件管理是 NX 软件中最基本和常用的操作，下面介绍文件管理的基本操作方法。

1．新建文件

在利用 NX 软件建立模型时，需要新建一个文件，其操作步骤如下所述。

单击快速访问工具条中的 图标，或者选择"菜单"→"文件"→"新建"命令，弹出如图 2-14 所示的"新建"对话框，在此输入文件名及路径即可。此处选用默认的"模型"选项卡。

模型文件的路径可在如图 2-9 所示的"用户默认设置"对话框中设置。选择"基本环境"→"常规"选项，在如图 2-15 所示的对话框中，单击"目录"选项卡，在想要指定的盘符中新建文件夹，并在该对话框的"部件文件目录"中指定该文件夹。以后新建的模型，默认都会在该路径下保存。

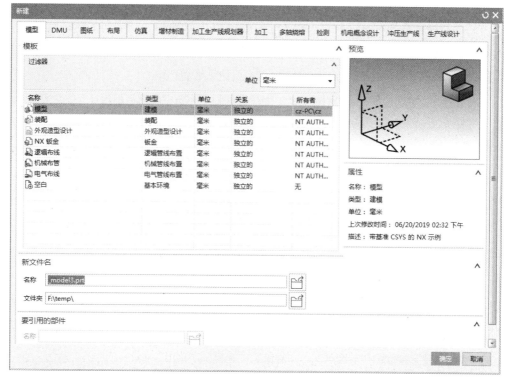

图 2-14 "新建"对话框

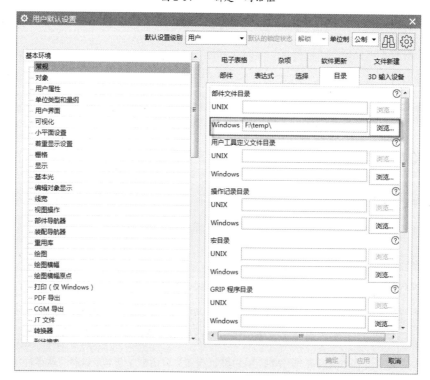

图 2-15 "用户默认设置"对话框

2. 打开文件

要打开文件，可以单击快速访问工具条上的 ☞（打开）图标或者选择"菜单"→"文件"→"打开"命令，进入"打开"对话框，如图2-16所示。

图 2-16 "打开"对话框

在该对话框的文件列表框中选择需要打开的文件，会在"预览"窗口显示所选模型，然后单击"OK"按钮，即可打开选中的文件。

3. 保存文件

一般在建模过程中，为了避免发生意外事故造成文件丢失，需要用户及时保存文件。NX软件中常用的保存方式有以下4种。

（1）保存工作部件和已经修改的部件。

（2）仅保存工作部件。

（3）另存为。

（4）全部保存。

4. 关闭文件

当建模完成后，一般需要保存文件，然后关闭文件。NX软件中常用的关闭文件的方式有以下6种。

（1）关闭选定的部件。

（2）关闭所有文件。

（3）保存并关闭。

（4）另存为并关闭。

(5)全部保存并关闭。

(6)全部保存并退出。

5．导入文件

导入文件是指把其他格式的文件导入 NX 软件中，NX 软件提供了多种格式的导入形式，包括 DXF/DWG、CGM、VRML、STL、IGES、STEP203、STEP214 等，此处以导入 STEP 格式的文件为例介绍导入文件的操作方法，具体操作步骤如下所述。

(1)选择"菜单"→"文件"→"导入"→"STEP214"命令，弹出"导入 STEP214"对话框，如图 2-17 所示。

(2)单击该对话框中的 ❐（打开）图标，弹出如图 2-18 所示的对话框，选择正确的路径，并选择"文件类型"为"STEP 文件（*.stp）"，单击"OK"按钮，然后继续单击图 2-17 中的"确定"按钮，即可导入所要的模型文件。

图 2-17 "导入 STEP214"对话框

图 2-18 "STEP214 文件"对话框

6．导出文件

导出文件与导入文件类似，利用导出功能可将现有模型导出为其他格式的文件。下面以导出 3D 打印常用的 STL 文件为例，说明导出文件的过程。

(1)选择"菜单"→"文件"→"导出"→"STL"命令，弹出"STL 导出"对话框，如图 2-19 所示。在绘图区中选择要导出的实体模型，并设置保存路径。"输出文件类型"包括"二进制"和"文本"两种。

(2)在该对话框中单击"确定"按钮，即可导出所要的模型文件。

图 2-19 "STL 导出"对话框

2.4 零件的显示操作

2.4.1 鼠标的作用

鼠标是在设计过程中进行信息输入的主要工具，利用三键鼠标可方便、快捷地实现设计过程中的一系列操作，鼠标各键的功能如下所述。

（1）左键（MB1）：单击、选择、拖曳。

（2）中键（MB2）：长按中键可旋转实体，使用中键滚轮可缩放视图显示区域。

（3）右键（MB3）：显示快捷菜单。随着版本的升级，快捷菜单的功能不断增加，可以显示一些常用的工具。

右击绘图区的空白区域，弹出的快捷菜单如图 2-20 所示，可结合过滤器，对视图进行缩放、旋转、平移等操作。

右击一个实体，在弹出的快捷菜单中，可对当前实体进行编辑、显示或隐藏等操作，如图 2-21 所示。

在绘图区长按右键，会弹出九宫格快捷按钮，主要是关于视图和实体着色方面的快捷工具，如图 2-22 所示，可切换模型的显示状态为着色、带边着色或艺术外观。在一般情况下，会用到左下角的适合窗口和实体着色，正上方的带棱边着色，右上角的无棱边着色，正下方的线框着色等。

此外，也可组合使用鼠标的两个键：

- MB2+MB3——平移对象。
- MB1+MB2——缩放。

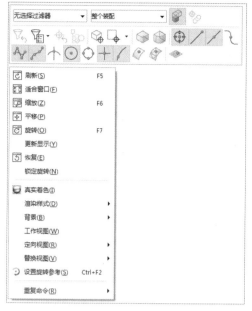

图 2-20 右击空白区域弹出快捷菜单

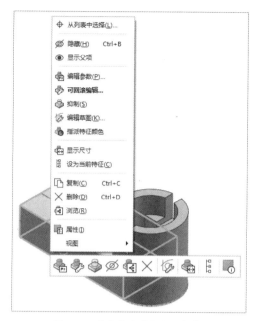

图 2-21 右击实体弹出快捷菜单

图 2-22 长按右键弹出快捷按钮

2.4.2 视图

在设计过程中，经常需要从不同的视角观察设计的三维模型。设计者从指定的视角沿着某个特定的方向所看到的平面图就是视图。对视图的操作主要是通过"视图"选项卡中的命令实现的，包括旋转、缩放、移动和刷新等，视图的"操作"命令组如图 2-23 所示。视图的方向取决于当前的绝对坐标系，与工作坐标系无关。对视图的各种操作，都不会影响模型的参数，如平移、旋转、缩放等都没有改变模型的参数，只是将当前的绝对坐标系进行了变换。

在 NX 软件中，每一个视图都有一个名称，即视图名。系统自定义的视图称为标准视图。标准视图主要有"正三轴测图"、"正等测图"、"前视图"、"俯视图"、"仰视图"、"左视图"、"右视图"和"后视图"。视图的"样式"命令组如图 2-24 所示。

图 2-23 "操作"命令组

图 2-24 "样式"命令组

三维模型外观的显示方式有很多种，具体含义如图 2-25 所示。

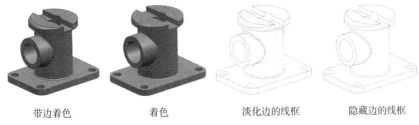

| 带边着色 | 着色 | 淡化边的线框 | 隐藏边的线框 |

图 2-25 三维模型外观的显示方式

2.5 坐标系

坐标系是构建三维模型的基础，也是进行视图变换和几何变换的基础，通常的变换都是与坐标系相关的。在 NX 软件中，坐标系是笛卡儿坐标系统，并且遵守右手定则，由原点、X 轴、Y 轴、Z 轴组成。NX 软件的建模环境常用两种坐标系：绝对坐标系、工作坐标系。

1. 绝对坐标系（Absolute Coordinate System，ACS）

系统默认的坐标系，其原点位置和各坐标轴线的方向永远保持不变，是固定坐标系，用 X、Y、Z 表示。绝对坐标系是一个抽象空间的固定位置，可以作为零件和装配的基准。

2. 工作坐标系（Work Coordinate System，WCS）

NX 软件提供给用户的坐标系，也是经常使用的坐标系，用 XC、YC、ZC 表示。用户可以根据需要任意移动或选择，也可以设置属于自己的工作坐标系。绝对坐标系是基准坐标系，工作坐标系都是通过绝对坐标系变化而来的，所以就衍生了坐标变换。在默认情况下，绝对坐标系与工作坐标系是重合的。工作坐标系是建模时的零部件或者全局的参考坐标系，它仅有一个，不能被删除，也不可以被创建，但可以任意旋转、移动等。

选择"菜单"→"格式"→"WCS"→"定向"命令，弹出如图 2-26 所示的对话框。工作坐标系的构建方法有很多种，下面介绍常用的几种。

图 2-26 "坐标系"对话框

1) 动态

在选择该选项后，当前坐标系会被激活，可以利用鼠标左键手动拖动坐标系上原点位置的小球，将 WCS 移动到任何想要的位置或方位，如图 2-27 所示。

图 2-27　WCS 的动态移动图

2) 原点，X 点，Y 点

先选择一个点作为坐标系的原点，然后在模型的棱边上或其他位置选择 X 点和 Y 点，所构成的两条直线即为 X 轴和 Y 轴。X 轴是原点到 X 点的矢量，Y 轴是原点到 Y 点的矢量，Y 轴与 X 轴垂直，Z 轴按照右手定则建立，如图 2-28 所示。

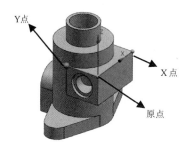

图 2-28　通过原点、X 点、Y 点指定坐标系

3) X 轴，Y 轴

该方法只需要选择 X 轴和 Y 轴，系统会自动判断原点。首先选择模型上的一条棱线，系统会自动产生一个方向作为 X 轴方向，然后选择另外一条棱线作为 Y 轴方向，该操作只是规定了 X 轴和 Y 轴的正方向，单击 ⊠ 图标可改变其方向。Y 轴是垂直于 X 轴的，所以当产生的 X 轴与 Y 轴不能相交时就会产生错误，而 Z 轴是按照右手定则建立的，如图 2-29 所示。

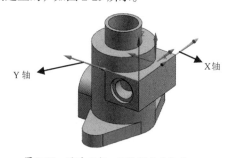

图 2-29　通过 X 轴、Y 轴指定坐标系

4) X轴，Y轴，原点

与上面的方法类似，只是多了一个原点的选择，相当于将上述自动产生的坐标系的原点移动到指定的点，如图 2-30 所示。坐标系各轴的方向可通过单击 图标来改变。另外的两种方法是通过 Z 轴、X 轴、原点，或者通过 Z 轴、Y 轴、原点来指定坐标系，方法同上。

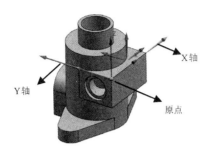

图 2-30　通过 X 轴、Y 轴、原点指定坐标系

5) 绝对坐标系

工作坐标系的初始位置和方位与绝对坐标系重合。但在建模过程中，工作坐标系可能会根据需要进行移动和转动，这时可以通过以下操作使工作坐标系恢复到原来的位置和方位。

选择"菜单"→"格式"→"WCS"→"定向"命令，弹出如图 2-31 所示的对话框。在"类型"下拉列表中选择"绝对坐标系"选项，单击"确定"按钮，工作坐标系即可恢复到原来的位置，并且与绝对坐标系完全重合，如图 2-32 所示。

图 2-31　"坐标系"对话框

图 2-32　"类型"下拉列表

新建或编辑模型需要确定工作坐标系并移动、旋转该坐标系。之后还可对该坐标系进行显示（隐藏）操作。这个功能可以控制当前活动的工作坐标系的显示与隐藏。如果当前的工作空间中只有一个工作坐标系，这个功能就可以控制这个工作坐标系的显示与隐藏。如果当前的工作空间中有多个工作坐标系，当前活动的工作坐标系就会以灰色显示，不再以三色显示。

2.6 对象

2.6.1 选择对象的方法

在 NX 软件中选择对象时，可以通过类选择过滤器来完成。类选择过滤器通常用来选择绘图过程中的一些几何体，通过对其类型进行指定，可以快速地选择所需要的零件。NX 软件的类选择过滤器的种类有类型过滤器、图层过滤器、颜色过滤器等。熟练掌握 NX 软件的类选择过滤器可以提高绘图效率。

选择"菜单"→"编辑"→"对象显示"命令，打开"类选择"对话框，如图 2-33 所示。通过该对话框可对对象进行不同方式的选择，具体如下所述。

图 2-33 "类选择"对话框

（1）类型过滤器：在如图 2-33 所示的对话框中单击"类型过滤器"后面的图标，弹出如图 2-34 所示的"按类型选择"对话框，在该对话框中可根据类型进行对象的选择，如"草图""基准"等。

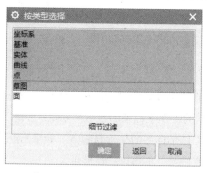

图 2-34 "按类型选择"对话框

（2）图层过滤器：在如图 2-33 所示的对话框中单击"图层过滤器"后面的图标，弹出如图 2-35 所示的"按图层选择"对话框，在该对话框中可以设置是否选择对象的所在图层。

图 2-35 "按图层选择"对话框

（3）颜色过滤器：顾名思义，颜色过滤器是用来改变选取对象的颜色的。

【应用案例 2-1】

本例用来说明隐藏实体模型中基准平面、草图的操作方法。

（1）打开案例文件"\chapter2\part\exmp1.prt"，基座三维模型如图 2-36 所示。

（2）单击"视图"选项卡，然后单击"可见性"命令组中的 移动至图层 图标，或者选择"菜单"→"格式"→"移动至图层"命令，弹出"类选择"对话框，如图 2-37 所示。

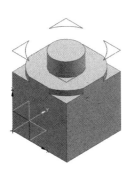

图 2-36 基座三维模型

图 2-37 "类选择"对话框

（3）单击"类型过滤器"后面的图标，弹出"按类型选择"对话框，并选择对话框中的"草图"选项，如图 2-38 所示，单击"确定"按钮。

（4）单击图 2-37 中的（全选）图标，会选中绘图区中的全部草绘图形，如图 2-39 所示，同时弹出如图 2-40 所示的"图层移动"对话框。

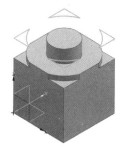

图 2-38 "按类型选择"对话框　　　　图 2-39 选中全部草绘图形

（5）在"目标图层或类别"文本框中输入"21"，单击"确定"按钮。

（6）单击"可见性"命令组中的图标，或者选择"菜单"→"格式"→"图层设置"命令，弹出"图层设置"对话框，如图 2-41 所示，取消勾选"图层"中"21"前面的复选框，效果如图 2-42 所示。

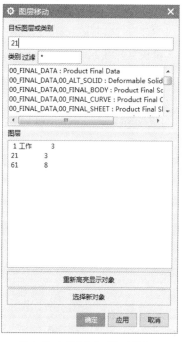

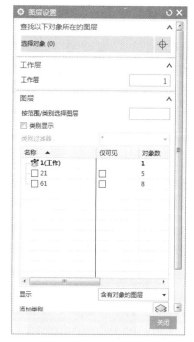

图 2-40 "图层移动"对话框　　　　图 2-41 "图层设置"对话框

（7）使用同样的方法，在图 2-38 中选择"基准"选项，可将全部基准放置在 62 层，然后关闭该层即可。

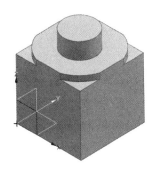

图 2-42 关闭草图图层结果

2.6.2 对象的几何分析

在产品设计过程中，经常需要计算三维模型的边长、体积等，NX 软件的分析功能可以为用户提供有用的帮助工具，可以实现对模型的各种特性的数学分析。

NX 软件提供默认的单位为 kg 和 mm，即质量单位是千克，长度单位是毫米。本书所涉及的数据均采用默认单位，用户可选择"实用工具"→"基本环境"→"单位类型和量纲"命令，然后修改单位。

NX12 和 NX1847 的测量功能与过去的版本相比，变化较大，将过去的单个测量命令，如距离、长度、半径等整合在一起，而且在测量时会显示一个对象的多种信息。

在主页选项卡中单击"分析"选项卡，进入"分析"命令组工具条，当前显示的是最新版本的测量方法，对其进行以下设置，可在测量中显示低版本的测量方法。

单击命令组工具条右侧的▼图标，选择"测量组"→"更多库"→"简单库"和"常规库"命令，在"常规库"子菜单中勾选"测量距离（即将失效）"等 4 个命令，如图 2-43 所示。

图 2-43 测量菜单设置

设置完毕后，再次进入"分析"命令组工具条，单击"测量"命令组中的"更多"按钮，即可显示低版本中的"简单距离""简单角度"等选项，如图 2-44 所示。

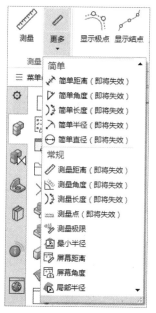

图 2-44 "测量"命令组的"更多"下拉菜单

1. 简单测量

1) 简单距离

简单距离可分析两个对象之间的距离、曲线长度、圆或圆弧的半径等。

选择"更多"→"简单距离（即将失效）"命令，弹出如图 2-45 所示的"简单距离（即将失效）"对话框。选取模型上的两个点或对象，可测量其距离。

2) 简单角度

简单角度用于计算两个对象之间或由 3 个点定义的两条直线之间的夹角。

选择"更多"→"简单角度（即将失效）"命令，弹出如图 2-46 所示的"简单角度（即将失效）"对话框。选取模型上的两个对象，可测量其角度。

图 2-45 "简单距离（即将失效）"对话框

图 2-46 "简单角度（即将失效）"对话框

3) 简单半径/直径

选择"更多"→"简单半径（即将失效）"命令，弹出如图 2-47 所示的"简单半径（即将失效）"

对话框。选取模型上的对象,即可显示对象的半径。直径的测量方法与半径一致,如图 2-48 所示。

图 2-47 "简单半径(即将失效)"对话框

图 2-48 "简单直径(即将失效)"对话框

【应用案例 2-2】

本例用来说明测量实体零件的边长及孔半径的操作方法。

(1)打开案例文件"\chapter2\part\exmp2.prt",实体模型如图 2-49 所示。

(2)单击"分析"选项卡,选择"测量"→"更多"→"简单距离(即将失效)"命令,弹出如图 2-45 所示的对话框。

(3)选择要测量的直线的起点和终点,系统会自动测量并显示该距离,结果如图 2-50 所示。

(4)测量半径的方法与上述步骤相同,结果如图 2-51 所示。

图 2-49 实体模型

图 2-50 测量并显示直线距离

图 2-51 测量并显示半径

2. 测量

与低版本(NX 10.0 之前的版本)相比,NX 12.0 及 NX1847 的分析命令比较少,实际上,新版本的测量命令是将多个命令,如测量距离、测量面、测量体、投影距离、弧长等整合,并通过选项切换的形式来替代之前的很多命令。

使用测量命令可以分析模型中的对象的各种信息,可以选择不同的测量对象来显示想要的结果。

(1)根据所选内容,软件将自动判断可能会感兴趣的测量结果,并将其显示在图形窗口中。

(2)可以控制软件处理选定的对象及过滤可用测量结果的方式,仅显示需要的测量结果。

单击"分析"选项卡,然后单击"测量"命令组中的 ⌀ 图标,弹出如图 2-52 所示的对话框。

由图 2-52 可以看出,在 NX1847 的测量信息中提供了更多的数据信息,下面简单介绍 NX1847 的测量命令的使用方法。

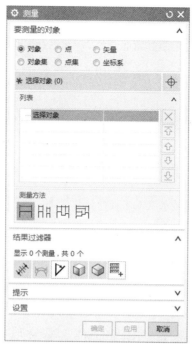

图 2-52 "测量"对话框

(1)要测量的对象。这里提供了 6 种对象类型,可以用第一种类型来映射其他 5 种类型,比如,用"对象"选不到一个圆弧曲线的中点,用"点"就能选到。

(2)列表。这里可以选择多个对象进行对象与对象之间的数据测量,列表里的对象排序也会影响测试的结果,对对象与对象进行直接测量,总是会测量列表里相邻的对象。

(3)测量方法。这里可以选择测量的方式,从左到右分别是自由、对象对、对象链、通过参考对象。

- 自由:可以选择两个对象进行测量,在出现第三个对象时会被提示切换测量方法。
- 对象对:可以测量多组对象,两个为一组。
- 对象链:在列表中相邻的对象之间进行测量。
- 通过参考对象:分别与第一个参考对象进行对比测量。

(4)结果过滤器。这里可以显示测量结果,从左到右分别是距离、曲线/边、角度、面、体等,可以进行开启和关闭结果的显示。

(5)提示。这里可以显示对用户操作的一些提示。

【应用案例 2-3】

本例用来说明测量实体零件的多种信息的操作方法。

(1)打开案例文件"\chapter2\part\exmp2.prt",测量实体如图 2-53 所示。

(2)在上边框条中,将过滤器切换为"实体",如图 2-54 所示。

图 2-53 测量实体

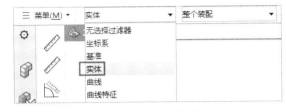

图 2-54 过滤器切换

（3）单击"分析"选项卡，然后单击"测量"命令组中的图标，选择绘图区中的实体，实体对象测量结果如图 2-55 所示。在测量结果中会显示实体体积、质量等信息。

图 2-55 实体对象测量结果

【应用案例 2-4】

本例用来说明测量实体零件的多种信息的操作方法。

（1）打开案例文件"\chapter2\part\exmp3.prt"，实体模型如图 2-56 所示。

（2）单击"分析"选项卡，然后单击"测量"命令组中的图标，弹出如图 2-57 所示的"测量"对话框。

（3）选择"要测量的对象"为"点"，并选择绘图区中实体模型下侧孔的中心点，测量对象的相关信息和测量结果分别如图 2-58 和 2-59 所示。

图 2-56 实体模型

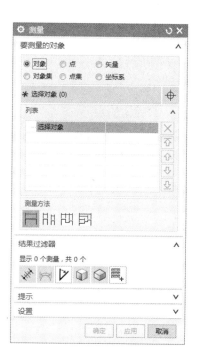

图 2-57 "测量"对话框

图 2-58 测量对象的相关信息

图 2-59 测量对象的测量结果

（4）继续选择另外一个孔的中心点，测量结果会显示两个孔的中心点的距离，如图 2-60 所示。该距离就是投影距离。

（5）将"测量"对话框中的"测量方法"切换为 ▦ （对象对），如图 2-61 所示。选择实体模型的另外两个孔的中心点，测量结果如图 2-62 所示。该距离也是投影距离。

40

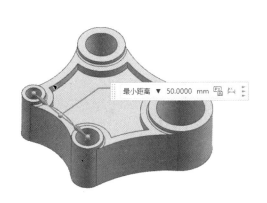

图 2-60 测量孔间距的结果

图 2-61 "测量方法"切换为对象对

（6）将"测量"对话框中的"测量方法"切换为 ▣（对象链），其他设置不变，测量结果如图 2-63 所示。此时测量结果以链状显示 3 个中心点的距离。

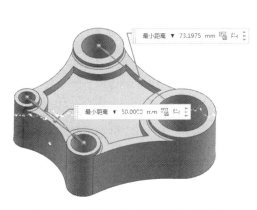

图 2-62 "测量方法"为对象对的测量结果

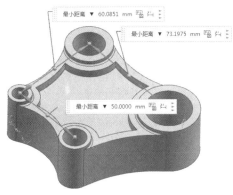

图 2-63 "测量方法"为对象链的测量结果

（7）将"测量"对话框中的"测量方法"切换为 ▣（通过参考对象），其他设置不变，测量结果如图 2-64 所示。此时测量结果以第一个点为参考点，显示其与其他中心点的距离。

（8）单击"测量"对话框中的"应用"按钮，选择"要测量的对象"为"对象"，单击实体模型的上表面，测量结果如图 2-65 所示，显示实体模型的表面信息。

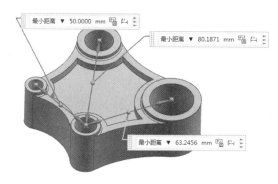
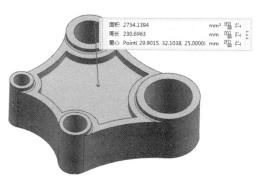

图 2-64 "测量方法"为通过参考对象的测量结果　　图 2-65 实体模型表面信息的测量结果

2.7 图层

在 NX 软件中，为了方便对图形对象进行管理，设置了 256 个图层，不仅每个图层都放置了不同属性的内容，如草图、曲线、基准、特征等，还可以把每个图层设置为显示或隐藏。在每个组件的所有图层中，只能设置一个图层为工作层，并在该图层上进行所有的工作。另外，可以通过设置其他图层的可见性、可选择性等来辅助建模工作。

NX 软件推荐的常用图层放置内容如表 2-2 所示。

表 2-2　NX 软件推荐的常用图层放置内容

层	对　　象	类　别　名
1～20	实体几何（Solid Geometry）	SOLIDS
21～40	草图（Sketch Geometry）	SKETCHES
41～60	曲线（Developed Curves）	3DCURVE
61～80	参考几何（Reference Geometry）	DATUMS
81～100	钣金实体（Sheet Bodies）	SHEETS

2.7.1 图层设置

在"视图"选项卡中，单击"可见性"命令组中的 图层设置 图标，弹出"图层设置"对话框，如图 2-66 所示。

在该对话框中，可以对部件中的图层进行工作层的设置，或者对图层的显示和隐藏进行设置，或者对图层信息进行查询，或者对图层所属的种类进行编辑操作。

（1）工作层：将指定的一个图层设置为工作层。可以键入 1～256 的数字以更改工作层。

（2）按范围/类别选择图层：用于输入范围或图层种类的名称，可以输入一个数字范围（如 1～22）

或类别名称。另外，可以单击某一图层，然后按住 Shift 键单击范围内要选择的最后一个图层，从而选择一系列图层。

图 2-66 "图层设置"对话框

（3）图层：显示所有图层的列表，以及类别、关联的图层和它们的当前状态。

（4）名称：显示图层号并指示当前工作层。其中某个图层的可见性示意如下所述。

- ☑图层可见且可选。
- ☐图层不可见。
- 图层可见但不可选。表示该类别中的图层是可选、仅可见和不可见图层的组合。

（5）显示：控制要在图层表中显示的图层。

- 所有图层：显示所有图层。
- 含有对象的图层：只显示包含对象的图层。
- 所有可选图层：只显示可选图层。
- 所有可见图层：只显示可见或可选图层。

（6）图层控制。

- 可选：指定的图层可见且可被选中。
- 设为工作层：把指定的图层设置为工作层。

- 仅可见：对象可见但不可选择它的属性。
- 不可见：对象不可见且不可选择。

2.7.2 移动至图层

"移动至图层"命令是指将选取的对象从一个图层移动到另一个指定的图层中，并且原图层中不再包含选定的对象。

在"视图"选项卡中，单击"可见性"命令组中的 移动至图层 图标，弹出如图 2-67 所示的"类选择"对话框。在该对话框中选取需移动图层的对象，并且将其移动到指定的图层中，具体方法参见本章应用案例 2-1。

图 2-67 "类选择"对话框

2.7.3 复制至图层

"复制至图层"命令是指将选取的对象从一个图层复制到另一个指定的图层中。其操作方法与"移动至图层"命令的操作方法类似，二者的不同在于在执行"复制至图层"操作后，选取的对象会同时保留在原图层和指定的图层。

【应用案例 2-5】

本例用来说明图层的设置及操作方法。

（1）打开案例文件"\chapter2\part\exmp4.prt"，实体模型如图 2-68 所示。

（2）在"视图"选项卡中，单击"可见性"命令组中的 图层设置 图标，弹出如图 2-69 所示的"图层设置"对话框,一般系统默认工作层为1层。单击"关闭"按钮关闭对话框。

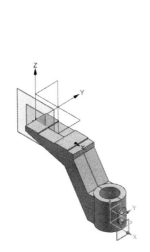

图 2-68 实体模型

图 2-69 "图层"设置对话框

(3) 在"视图"选项卡中,单击"可见性"命令组中的 移动至图层 图标,弹出如图 2-70 所示的"类选择"对话框。

(4) 单击"类型过滤器"后面的 图标,弹出"按类型选择"对话框,选择对话框中的"草图"选项,如图 2-71 所示,单击"确定"按钮。

图 2-70 "类选择"对话框

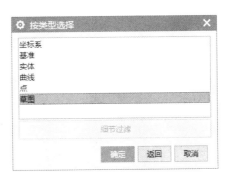

图 2-71 "按类型选择"对话框

（5）单击图 2-70 中的 ⊕（全选）图标，会选中绘图区中的全部草绘图形，如图 2-72 所示。同时弹出如图 2-73 所示的"图层移动"对话框。

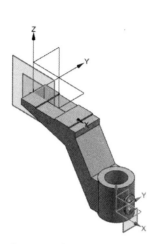

图 2-72　选中全部草绘图形　　　　图 2-73　"图层移动"对话框

（6）在"目标图层或类别"文本框中输入"21"，单击"确定"按钮。

（7）单击"可见性"命令组中的 移动至图层 图标，在弹出的"类选择"对话框中单击"类型过滤器"后面的 图标，在弹出的"按类型选择"对话框中选择"基准"选项，并将"目标图层或类别"设置为"62"，单击"确定"按钮，即可将所有基准移入图层 62。

（8）单击"可见性"命令组中的 图层设置 图标，弹出如图 2-74 所示的"图层设置"对话框，将图层 21 和图层 61、图层 62 设置为不可见，单击"关闭"按钮，保留实体的模型如图 2-75 所示。

图 2-74　"图层设置"对话框　　　　图 2-75　保留实体的模型

本章小结

NX 软件具有强大的建模功能和友好的人机界面。本章介绍了 NX1847 的基本操作方法和常用工具，包括首选项设置、视图、坐标系、图层等。其中首选项设置、坐标系和图层在建模、装配乃至数控加工中被频繁应用，熟练掌握其使用技巧有利于建模及后续模块的应用。

 思考与练习

1. 简述 NX 首选项的内容、作用及设置方法。

2. 简述 NX 软件中坐标系的种类及作用。

3. 简述图层的概念，说明图层的通用操作及规则。

第 3 章

草图

草图是轮廓曲线的集合，是一种二维成形特征。应用草图工具，用户可以先绘制近似的曲线轮廓，然后添加约束，从而完整表达设计的意图。建立的草图还可用实体造型工具进行拉伸、旋转等操作，生成与草图相关联的实体模型。在修改草图时，关联的实体模型也会自动更新。

✎ 学习目标

- ○ 草图的建立与编辑
- ○ 草图平面的确定
- ○ 草图曲线的绘制
- ○ 草图曲线的操作
- ○ 草图约束
- ○ 草图曲线的编辑

3.1 入门引例

【设计要求】

绘制如图 3-1 所示的草图图形。

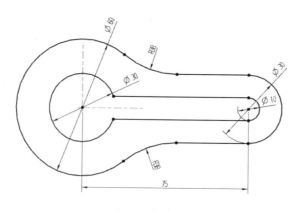

图 3-1 草图图形

【设计步骤】

（1）启动 NX1847 软件。双击桌面上的图标，启动 NX1847。

（2）单击"主页"选项卡，然后单击"特征"命令组中的（在任务环境中绘制）图标，弹出如图 3-2 所示的"创建草图"对话框，全部采用默认设置，单击"确定"按钮，进入草绘环境。

（3）绘制圆。单击"曲线"命令组中的图标，以坐标原点为圆心绘制直径为 60 的圆，再绘制一个直径为 30 的圆，圆心与 Y 轴距离为 75，如图 3-3 所示。

图 3-2 "创建草图"对话框　　　　图 3-3 绘制两个圆

（4）添加约束。单击"约束"命令组中的图标，弹出如图 3-4 所示的"几何约束"对话框。单击（点在直线上）图标，勾选"自动选择递进"复选框。依次选择小圆圆心和 X 轴，该圆圆心被约束在 X 轴上，如图 3-5 所示。

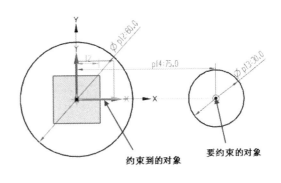

图 3-4 "几何约束"对话框　　　　图 3-5 绘制两个圆

（5）绘制直线。单击"曲线"命令组中的（生产线）图标，弹出如图 3-6 所示的"直线"对话框，全部采用默认设置，在小圆的上方绘制一条直线，如图 3-7 所示。

（6）添加约束。单击"约束"命令组中的图标，弹出如图 3-8 所示的对话框。单击（相切）图标，勾选"自动选择递进"复选框。依次选择直线和小圆的上方部位，该直线与小圆产生相切约束，如图 3-9 所示。

49

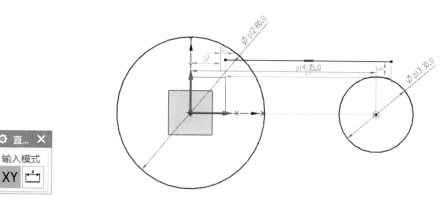

图 3-6 "直线"对话框

图 3-7 绘制直线

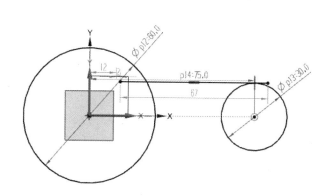

图 3-8 "几何约束"对话框

图 3-9 直线与圆相切

（7）镜像曲线。单击"曲线"命令组中的 镜像曲线 图标，弹出如图 3-10 所示的对话框。选择上面绘制的直线为"要镜像的曲线"，X 轴为中心线，结果如图 3-11 所示。

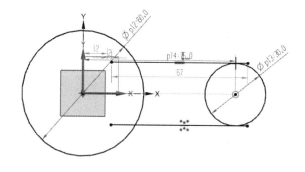

图 3-10 "镜像曲线"对话框

图 3-11 镜像曲线后的结果

（8）修剪直线。单击"曲线"命令组中的 ✕（快速修剪）图标，弹出如图 3-12 所示的对话框。单击直线的两端及圆，修剪多余的部分，如图 3-13 所示。

图 3-12 "快速修剪"对话框

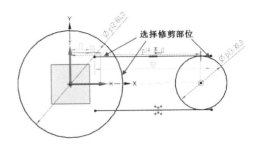

图 3-13 修剪直线

（9）重复步骤（3）到步骤（8），依据尺寸绘制图形中间部分，如图 3-14 和图 3-15 所示。

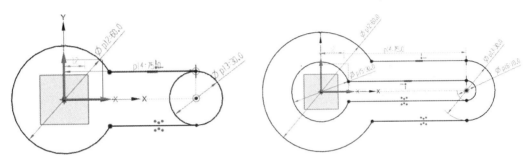

图 3-14 绘制图形的外轮廓　　　　　　　图 3-15 绘制图形的内轮廓

（10）倒圆角。单击"曲线"命令组中的 圆角 图标，弹出如图 3-16 所示的对话框。单击圆和直线，设置圆角半径为"38"，如图 3-17 所示。重复倒下部圆角，草绘图形如图 3-18 所示。

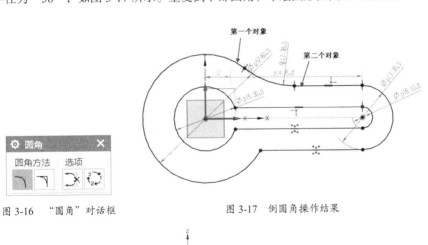

图 3-16 "圆角"对话框　　　　　　　图 3-17 倒圆角操作结果

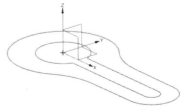

图 3-18 草绘图形

（11）保存文件。

3.2 草图概述

草图是轮廓曲线的集合，是一种二维成形特征。轮廓可以用于拉伸或旋转特征，也可以用于定义自由形状的特征或片体的截面。草图与由它创建的特征是关联的，改变草图尺寸或几何约束会引起模型发生相应改变。

1. 草图的特点

草图具有"全相关"和"全参数化"的特点，与由它创建的特征相关，根据尺寸和几何约束，并结合工程师设计意图，可以修改草图的参数。草图的特点如下所述。

（1）在特征树上显示为一个特征，具有参数化和便于编辑修改的特点。

（2）可以快速手绘出大概的形状，在添加尺寸和约束后完成轮廓的设计，可以较好地表达设计意图。

（3）草图及其生成的实体是相关联的，当设计项目需要优化修改时，修改草图上的尺寸和替换线条可以很方便地更新最终的设计。

（4）可以方便地管理曲线。

2. 草图使用的场合

草图是三维造型的基础，绘制草图是创建零件的第一步。草图大多是二维的，也有三维的。草图使用的场合如下所述。

（1）当需要参数化地控制曲线时。

（2）当模型形状容易进行拉伸、旋转或扫掠时。

（3）当使用一组特征去建立希望的形状而使该形状较难编辑时。

（4）当 NX 软件的成形特征无法构造形状时。

（5）从部件到部件尺寸发生改变，但有共同的形状时，草图应考虑作为一个用户定义特征的一部分。

草图应用实例如图 3-19 所示。

（a）草图拉伸　　　　（b）草图旋转　　　　（c）草图扫掠　　　　（d）草图构建曲面

图 3-19　草图应用实例

3. 二维草图的创建步骤

在创建二维草图时，必须先确定草图所依附的平面，即草图坐标系确定的坐标面，这样的平面可以是一种"可变的、可关联的、用户自定义的坐标面"。二维草图的创建步骤如下所述。

(1)确定在什么地方建立草图平面,并创建草图平面。

(2)为了便于管理,草图的命名和放置的图层要符合有关规定。

(3)检查和修改草图参数设置。

(4)快速手绘出大概的草图形状或将外部几何对象添加到草图中。

(5)按照要求对草图先进行几何约束,再加上尽可能少的尺寸(应当以几何约束为主,尺寸约束尽可能少)。

(6)利用草图建立所需要的特征。

(7)根据建模的情况,编辑草图,最终得到所需要的模型。

4.草图界面

NX 软件的草绘环境可通过两个命令启动:"草图"和"在任务环境中绘制草图",如图 3-20 所示。如果用户的界面未出现"在任务环境中绘制草图"的命令图标,则可单击"特征"命令组右下方的 ▾ 图标,在其下拉菜单中勾选"在任务环境中绘制草图",即可在"特征"命令组中显示该命令,如图 3-21 所示。

图 3-20 两个草绘命令

图 3-21 "特征"下拉菜单

两个草绘命令的本质区别不大,使用"草图"命令可在建模环境下添加草图,草绘平面可以选择现有实体的表面,或参考坐标系平面。建议初学者使用"在任务环境中绘制草图"命令进入草绘环境,草绘界面如图 3-22 所示。

NX1847 的草绘界面包含草图管理、草图命令与编辑、草图约束等区域。导航器用于管理草绘特征,可进行编辑、删除等操作;信息状态区用于在草绘过程中显示草绘图形的约束状态,如欠约束、过约束或完全约束。

5.草图预设值

草图预设值是指改变草图参数默认值和控制某些草图对象的显示。在绘制草图之前,可对草图样式、草图尺寸标注样式及线条颜色进行设置,使草图绘制更容易控制,草绘界面更加简洁直观。在建模环境下,选择"菜单"→"首选项"→"草图"命令,或者在草绘环境下,选择"菜单"→"首选项"→"草图"命令,弹出如图 3-23 所示的对话框。

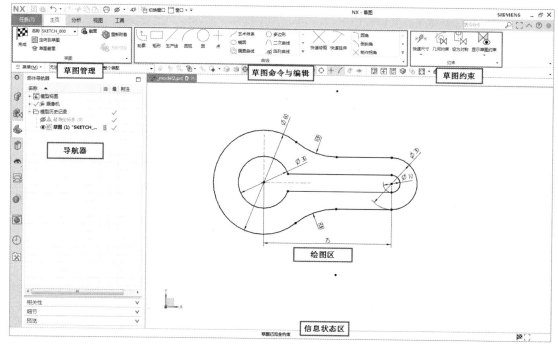

图 3-22 草绘界面

图 3-23 "草图首选项"对话框

1) 草图设置

在"草图设置"选项卡中,可以对草图文本高度、草图尺寸标注样式等基本参数进行设置。

使用"尺寸标签"下拉列表中的 3 个选项,如图 3-24 所示,可以对草图中尺寸的样式进行设置,如图 3-25 所示。

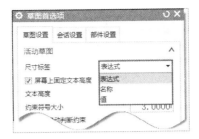

图 3-24 尺寸标签

（a）表达式　　　　　　　　（b）名称　　　　　　　　（c）值

图 3-25 不同的尺寸样式

勾选"屏幕上固定文本高度"复选框，可在下面的"文本高度"文本框中输入文本高度；勾选"创建自动判断约束"复选框，可在绘制草图时由系统自动判断约束；勾选"显示对象颜色"复选框，可在绘制草图时显示对象颜色。

2) 会话设置

在"会话设置"选项卡中，可以对绘制草图时的角度捕捉精度、草图显示状态和默认名称前缀等基本参数进行设置，如图 3-26 所示。

在该选项卡的"对齐角"文本框中，可以设置捕捉误差允许的角度范围，其含义如图 3-27 所示。

图 3-26 "会话设置"选项卡

图 3-27 对齐角设置图

- "显示自由度箭头"复选框用于控制是否显示草图的自由度箭头。
- "动态草图显示"复选框用于控制当几何元素的尺寸较小时是否显示约束标识。
- "任务环境"下拉列表中的 3 个选项可以设置任务环境的状态。

3）部件设置

在"部件设置"选项卡中，可以设置图中几何元素和尺寸的颜色。单击各类曲线后面的颜色图标，即可打开"颜色"对话框，并从中选择想要的颜色；此外，单击"继承自用户默认设置"按钮，即可恢复各曲线的颜色为系统默认的颜色，如图 3-28 所示。

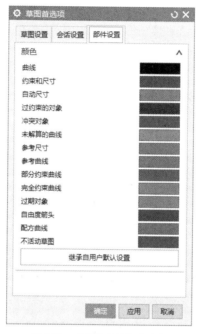

图 3-28 "部件设置"选项卡

6. 使用 NX 软件创建草图的一般步骤

在 NX 软件的建模环境下，创建草图的过程可分为以下 4 个步骤。

（1）定义草图工作层（通常取 21~40 层）。

（2）进入草绘环境。

（3）定义草图工作面。

（4）命名草图，绘制图形。

3.3 草图平面的确定

在一般情况下，从零开始建模时，第一张草图的平面应选择参考坐标系的某个平面，然后通过拉伸或旋转建立毛坯，第二张草图的平面应选择实体表面或其他坐标面。而在从已有实体上建立草图时，如果安放草图的实体表面为平面，则可直接选择其为草图平面；如果安放草图的实体表面为非平面，则可先建立相对基准平面，再选择基准平面为草图平面。

在"主页"选项卡中，单击"特征"命令组中的 （在任务环境中绘制草图）图标，弹出如图 3-29 所示的"创建草图"对话框。

图 3-29 "创建草图"对话框

1. 在平面上

"在平面上"是默认选项，用于指定草图平面。用户可以选择实体的平面表面、工作坐标系平面、基准平面或基准坐标系上的一个平面作为草图平面，如果不选择，则系统会默认指定 XC-YC 平面作为草图平面。

另外，参考方向（水平或垂直）决定了草图的 X 轴、Y 轴方向，可以选择实体边缘或基准轴作为参考方向。

2. 基于路径

在使用"基于路径"选项创建草图平面时，需要先绘制一条曲线，草图平面为该曲线某一点的法平面，如图 3-30 所示。

图 3-30 "创建草图"对话框（基于路径）

3.4 草图曲线的绘制

在草绘环境下，可绘制点、直线、弧等，这些基本图形相互组合、编辑，可以满足不同场合下的设计需求。

3.4.1 点

点是草图中最小的图形元素，可以以现有的点为参考点来绘制点，也可以新创建一个或多个点。

单击"曲线"命令组中的 ＋（点）图标，弹出如图 3-31 所示的"草图点"对话框。在该对话框中，图标为"点构造器"，用于创建点。 图标为"点位置"，用于指定新建点的位置或坐标。

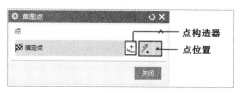

图 3-31 "草图点"对话框

单击图 3-31 中的 （点构造器）图标，弹出如图 3-32 所示的"点"对话框，该对话框包含"点位置"、"输出坐标"和"偏置"三部分内容。这里重点介绍前两个。

1）点位置

"点位置"用于捕捉相应点的位置，并以此作为参考位置，在选定位置后，"输出坐标"栏的文本框中就会显示相应的数值。其捕捉方式有多种，如图 3-33 所示，可以根据需要随时切换。

图 3-32 "点"对话框　　　　　　　　图 3-33 不同的捕捉方式

（1）光标位置：在鼠标单击的位置创建一个点。

（2）现有点：在现有的单个点的位置上创建一个点，该点同原来的点重合。

（3）端点：在曲线的端点上创建一个点。

（4）交点：在两曲线的交点处创建一个点。

（5）圆弧中心/椭圆中心/球心：在圆弧、椭圆、球中心点上创建一个点。

（6）象限点：在圆、椭圆的象限点的位置上创建一个点，在鼠标单击时识别最近处的象限点。

（7）曲线/边上的点：在曲线的某一位置上创建一个点，其位置通过在弹出的对话框中输入长度或百分比数值来确定。

2）输出坐标

"输出坐标"需要参考某一坐标系，这里有3种坐标系供选择，分别是"绝对坐标系-工作部件"、"绝对坐标系-显示部件"和"WCS"（工作坐标系）。为了使点与其他特征关联，可选择"WCS"作为参考坐标系。这时，点的坐标是以WCS为零点进行计算的。

在"输出坐标"栏的文本框中输入点的 X、Y 坐标值（Z 坐标值始终为0，输入其他值不起作用），单击"确定"按钮或单击鼠标中键创建一个新的点。

基于上述点的创建方法，用户可以顺利掌握一批 NX 命令的操作。需要注意的是，在创建点时应尽量添加关联性，这样有利于模型的修改，在某一个模型参数改变后，其他的依靠该模型中某些点进行的操作也会随之发生改变，这是十分方便的。

3.4.2 直线

单击"曲线"命令组中的 ╱（生产线）图标，弹出如图 3-34 所示的"直线"对话框。绘制直线需要捕捉两个端点，捕捉端点有两种模式：单击左边的 XY 图标为"坐标模式"（直角坐标模式），在动态输入框内输入 XC、YC 坐标值（用 Tab 键切换进行 XC、YC 值的输入），按 Enter 键确定点的捕捉，如图 3-35 所示；单击右边的 图标为"参数模式"，在动态输入框内输入线段的长度与倾斜的角度，角度以 X 轴正向为起点，逆时针方向为正，按 Enter 键确定点的捕捉，如图 3-36 所示。如果不想在动态输入框内输入参数值，也可将光标放置在合适的位置并直接单击来确定绘制直线。

图 3-34　"直线"对话框　　　图 3-35　坐标模式　　　图 3-36　参数模式

3.4.3 圆弧

单击"曲线"命令组中的 ╱（圆弧）图标，弹出如图 3-37 所示的"圆弧"对话框。绘制圆弧有两种方法："三点定圆弧" 和 "中心和端点定圆弧" ，如图 3-38 和图 3-39 所示。在使用这两种方法进行端点的捕捉时，均可采用"坐标模式" XY 或"参数模式" 。

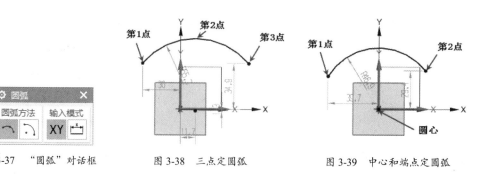

图 3-37 "圆弧"对话框   图 3-38 三点定圆弧   图 3-39 中心和端点定圆弧

3.4.4 圆

单击"曲线"命令组中的○（圆）图标，弹出如图 3-40 所示的"圆"对话框。绘制圆有两种方法："圆心和直径定圆" ⊙ 和"三点定圆" ○，点的捕捉采用"坐标模式" XY，直径的输入采用"参数模式" 。操作方法与圆弧相似。

图 3-40 "圆"对话框

3.4.5 轮廓

单击"曲线"命令组中的 （轮廓）图标，弹出如图 3-41 所示的"轮廓"对话框。轮廓绘制命令可以多次连续交替绘制直线和圆弧，在绘制直线时单击 ／（直线）图标，在绘制圆弧时单击 ⌒（圆弧）图标，其端点的捕捉均可采用"坐标模式" XY 或"参数模式" 。连续绘制图形如图 3-41 所示。

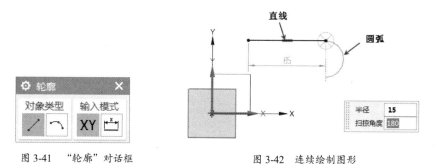

图 3-41 "轮廓"对话框   图 3-42 连续绘制图形

3.4.6 矩形

单击"曲线"命令组中的 □（矩形）图标，弹出如图 3-43 所示的"矩形"对话框。绘制矩形有 3 种方法："按 2 点" 为通过 2 个对角点确定矩形，如图 3-44 所示；"按 3 点" 为通过矩形的 3 个顶点确定矩形，如图 3-45 所示；"从中心" 为通过中心点、顶点和边中分点确定矩形。点可以全部通过"坐标模式" XY 捕捉，矩形的宽度、高度和倾斜角度可以通过"参数模式" 输入。

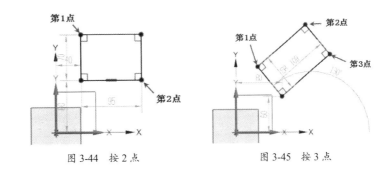

图 3-43 "矩形"对话框　　图 3-44 按 2 点　　图 3-45 按 3 点

3.4.7 多边形

单击"曲线"命令组中的 ○（多边形）图标，弹出如图 3-46 所示的"多边形"对话框。在对话框的"边数"文本框中输入多边形的边数；在"大小"下拉列表中选择"内切圆半径"、"外接圆半径"或"边长"来绘制多边形，然后输入半径、旋转角度等数值；在"中心点"栏中单击 ⊕（点构造器）图标，创建一个点作为多边形的中心位置放置点。在绘制多边形后单击"关闭"按钮或鼠标中键执行退出命令。绘制的六边形如图 3-47 所示。

图 3-46 "多边形"对话框

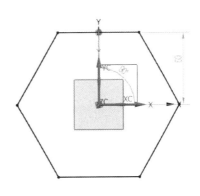

图 3-47 绘制的六边形

3.4.8 椭圆

单击"曲线"命令组中的 ○（椭圆）图标，弹出如图 3-48 所示的"椭圆"对话框。在"大半径""小半径""角度"文本框中输入相应的数值；在"限制"栏中勾选"封闭"复选框可以绘制完整椭圆，取消勾选"封闭"复选框可以绘制不完整椭圆，同时要输入"起始角"与"终止角"数值；在"中心"栏中单击 ⊕（点构造器）图标，创建一个点作为椭圆中心位置放置点；最后单击"确定"按钮或鼠标中键完成椭圆的绘制。绘制的椭圆如图 3-49 所示。

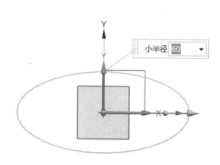

图 3-48 "椭圆"对话框   图 3-49 绘制的椭圆

3.4.9 艺术样条

单击"曲线"命令组中的 ✎（艺术样条）图标，弹出如图 3-50 所示的"艺术样条"对话框，可以绘制样条曲线。

图 3-50 "艺术样条"对话框

绘制样条曲线有两种方法：在类型下拉列表中选择"通过点"，表示绘制的样条曲线会经过所有指定的点；选择"根据极点"，表示绘制的样条曲线除首位两个点外，其余的点只是控制样条曲线的形状和趋势，而不在样条曲线上。在"参数化"栏的"次数"文本框中输入样条曲线的阶次数，勾选"封闭"复选框表示绘制封闭式的样条曲线，勾选"匹配的结点位置"复选框表示根据 UG NX 内部限定条件绘制样条曲线。在"点位置"栏中单击 （点构造器）图标，创建足够多的点（至少阶次加 1）来绘制样条曲线。最后单击"确定"按钮或鼠标中键完成样条曲线的绘制。

NX1847 的样条曲线是按阶次控制其复杂程度的，曲线的阶次在数学上是曲线方程的最高幂指数，这里可以简单地将样条曲线理解为由多条线段连接而成的曲线，线段的数量即为曲线的阶次，曲线的阶次越高，曲线的段数就越多，曲线就越复杂、光滑、细致。比如，三阶次样条曲线由 3 条线段连接而成，共有 4 个点，所以要绘制三阶次的样条曲线，需要至少 3 条线段，即需要至少 4 个点。也就是说，绘制样条曲线的控制点数至少是曲线阶次加 1。

"通过点"和"根据极点"绘制的样条曲线如图 3-51 和图 3-52 所示。

图 3-51　"通过点"绘制的样条曲线　　图 3-52　"根据极点"绘制的样条曲线

3.5　草图曲线的操作

草图曲线的操作是对现有的曲线进行相关操作以生成一系列草图曲线的方法，如阵列、镜像、派生等。草图曲线的操作命令只有在草图平面内才可用，在定义草图平面前，该命令是灰色的，不可用。

3.5.1　偏置曲线

"偏置曲线"命令可按一定的距离复制一条或多条平行曲线。单击"曲线"命令组中的 （偏置曲线）图标，弹出如图 3-53 所示的"偏置曲线"对话框，然后对相关草图曲线进行一定距离和数量等偏置设置。

图 3-53　"偏置曲线"对话框

在"偏置曲线"对话框中的"偏置"栏中,在"距离"文本框中输入"10",在"副本数"文本框中输入"1",曲线偏置的效果如图3-54所示。单击"反向"后面的⊠图标,可以对曲线进行垂直反方向的平行复制。在"端盖选项"下拉列表中选择"圆弧帽形体"选项,偏置效果如图3-55所示,可见,锐角折线在偏置后角度变成圆弧。勾选"对称偏置"复选框,表示对选择的曲线进行垂直正反方向的多重复制。

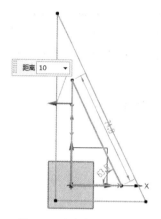
图 3-54 曲线偏置的效果

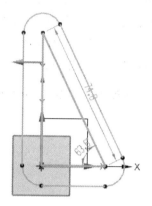
图 3-55 "圆弧帽形体"的偏置效果

3.5.2 阵列曲线

"阵列曲线"命令可对草图曲线进行有规律的多重复制,如矩形阵列或圆周阵列。

单击"曲线"命令组中的 （阵列曲线）图标,弹出如图3-56所示的"阵列曲线"对话框。在最上方"要阵列的曲线"栏中选择需要阵列复制的曲线,若要阵列的对象是点时,则单击 图标并选择要阵列的点。"布局"有3种阵列方式可选择:"线性"、"圆形"与"常规"。

图 3-56 "阵列曲线"对话框（线性）

"线性"阵列类似于矩形阵列，可沿 X 轴和 Y 轴方向进行矩形阵列复制，也可沿指定的两个方向（可以不垂直）进行多重复制，当没有勾选"使用方向 2"复选框时，只沿单一方向进行阵列复制。

当选择"圆形"阵列方式时，"阵列曲线"对话框会发生改变，如图 3-57 所示，在"指定点"处单击图标可选择或创建圆形阵列的圆心，单击（反向）图标可控制圆形阵列按顺时针或逆时针方向复制，在"斜角方向"栏中可设置阵列的"数量"与"节距角"。

图 3-57　"阵列曲线"对话框（圆形）

【应用案例 3-1】阵列曲线

（1）启动 NX1847，打开案例文件"\chapter3\part\exmp1.prt"，要阵列的曲线如图 3-58 所示。

（2）激活草图。打开"部件导航器"，右击"草图（1）"，在弹出的快捷菜单中选择"可回滚编辑"命令，如图 3-59 所示。这时草图被激活，进入草绘环境，激活后的草图如图 3-60 所示。

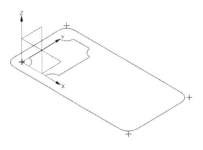

图 3-58　要阵列的曲线

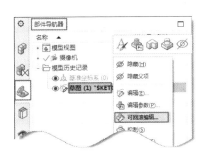

图 3-59　激活草图操作

（3）阵列曲线。单击"曲线"命令组的（阵列曲线）图标，弹出"阵列曲线"对话框，选择阵列布局为"线性"，如图 3-56 所示。

（4）设置参数。指定"方向 1"为 X 轴正向，"数量"为"3"，"节距"为"38"。选择要阵列的对象为图中内部的 8 条直线和圆弧，单击"确定"按钮，结果如图 3-61 所示。

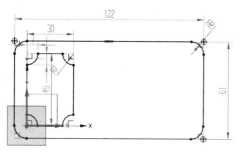 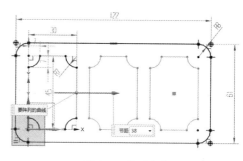

图 3-60 激活后的草图　　　　　　图 3-61 阵列曲线

(5) 完成草图绘制，保存文件。

【应用案例 3-2】阵列曲线

(1) 启动 NX1847，打开案例文件 "\chapter3\part\exmp2.prt"，要阵列的曲线如图 3-62 所示。

(2) 激活草图。打开"部件导航器"，右击"草图（1）"，在弹出的快捷菜单中选择"可回滚编辑"命令，如图 3-63 所示。这时草图被激活，进入草绘环境，激活后的草图如图 3-64 所示。

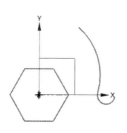 

图 3-62 要阵列的曲线　　　　　　图 3-63 激活草图操作

(3) 阵列曲线。单击"曲线"命令组的（阵列曲线）图标，弹出"阵列曲线"对话框，选择阵列布局为"圆形"，如图 3-57 所示。

(4) 设置参数。指定阵列中心为坐标原点，"数量"为"6"，"节距角"为"60"。选择阵列对象为图中的两条圆弧，结果如图 3-65 所示。

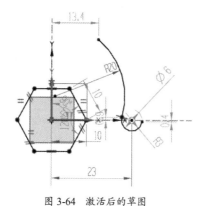 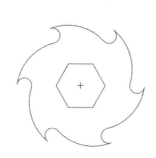

图 3-64 激活后的草图　　　　　　图 3-65 阵列曲线

(5) 完成草图绘制，保存文件。

3.5.3 镜像曲线

"镜像曲线"命令可对曲线按某一中心线进行对称复制。

单击"曲线"命令组中的 (镜像曲线)图标,弹出如图 3-66 所示的"镜像曲线"对话框。在"要镜像的曲线"栏选择需要镜像的曲线,或者单击 图标选择要镜像的点,然后在"中心线"栏选择某一直线或坐标轴作为镜像中心线,此时会动态显示曲线镜像的结果,最后单击"确定"按钮或鼠标中键完成镜像曲线的绘制,结果如图 3-67 所示。

图 3-66 "镜像曲线"对话框

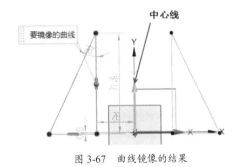

图 3-67 曲线镜像的结果

3.5.4 圆角

"圆"命令可对相交的曲线拐角生成具有一定半径值的圆角曲线,相交的曲线可以是直线,也可以是曲线圆弧。单击"曲线"命令组中的 (圆角)图标,弹出如图 3-68 所示的"圆角"对话框。

图 3-68 "圆角"对话框

在该对话框中,提供了两种"圆角方法"。

(1)"修剪" ,指在创建圆角曲线时修剪原来的角边部分。

(2)"取消修剪" ,指在创建圆角曲线后仍保留原来的角边部分。

选择两条角边线,在动态输入框中输入合适数值,依次单击两条曲线,当鼠标中心落在角边线的内侧、外侧、左侧或右侧时,分别生成内侧圆角、外侧圆角、左侧圆角或右侧圆角,如图 3-69 所示。

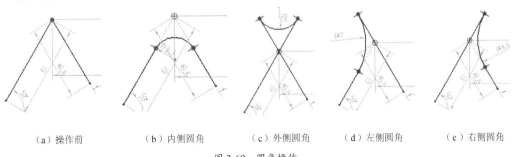

(a)操作前   (b)内侧圆角   (c)外侧圆角   (d)左侧圆角   (e)右侧圆角

图 3-69 圆角操作

在对三条角边线创建圆角曲线时，单击 ⌒（圆角）图标，再单击 ⊃×（删除第三条曲线）图标，并依次单击左侧边线、右侧边线、中间的边线，生成圆角曲线，如图 3-70 所示，原来拐角的第三条边线被删除。

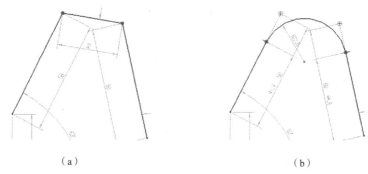

（a）　　　　　　　　　（b）

图 3-70　对三条角边线创建圆角曲线

3.5.5　倒斜角

"倒斜角"命令可对相交的曲线拐角生成一定角度的倒斜角。

单击"曲线"命令组中的 ⌒（倒斜角）图标，弹出如图 3-71 所示的"倒斜角"对话框。在"偏置"栏中可以选择倒斜角方式，并输入偏置的距离，对相交曲线进行倒斜角操作。

图 3-71　"倒斜角"对话框

3.5.6　制作拐角

"制作拐角"命令可通过曲线的修剪或延伸创建两条曲线的交角。

单击"曲线"命令组中的 ╳（制作拐角）图标，弹出如图 3-72 所示的"制作拐角"对话框。单击拐角的两条边线创建拐角，单击"关闭"按钮或鼠标中键完成拐角的制作，如图 3-73 所示。

图 3-72 "制作拐角"对话框　　　　图 3-73 制作拐角

3.5.7 快速修剪

"快速修剪"命令可对绘制的草图曲线按边界进行修剪。

单击"曲线"命令组中的 ×（快速修剪）图标，弹出如图 3-74 所示的"快速修剪"对话框。此时"选择曲线"默认在"要修剪的曲线"栏中，直接单击要修剪的曲线部分，或者在绘图区连续按左键，使形成的轨迹与要修剪的曲线相交，可快速修剪多余曲线。另外，可以先单击"边界曲线"栏，并单击边界曲线，然后单击"要修剪的曲线"栏，并单击要修剪的曲线。在曲线修剪完成后，单击"关闭"按钮或鼠标中键完成快速修剪操作，如图 3-75 所示。

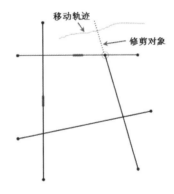

图 3-74 "快速修剪"对话框　　　　图 3-75 快速修剪操作

3.5.8 快速延伸

"快速延伸"命令可对绘制的草图曲线按边界进行延伸。

单击"曲线"命令组中的 >（快速延伸）图标，弹出"快速延伸"对话框。操作方法与快速修剪相同，此处不再赘述。值得注意的是，当选择要延伸的曲线的不同部位时，会产生不同的效果。

3.6　草图约束

对草图曲线指定条件，草图曲线就会随指定条件的变化而变化，这些指定条件被称为约束。在草图中，不同的对象有不同数量的自由度，如图 3-76 所示，通过约束控制草图对象的自由度，可以精确控制草图中的对象。

（1）点：2 个自由度，即沿 X 轴和 Y 轴方向移动。

（2）直线：4个自由度，每个端点有2个。

（3）圆：3个自由度，圆心有2个，半径有1个。

（4）圆弧：5个自由度，圆心有2个，半径有1个，起始角度和终止角度有2个。

（5）椭圆：5个自由度，中心有2个，方向有1个，主半径和次半径有2个。

（6）部分椭圆：7个自由度，中心有2个，方向有1个，主半径和次半径有2个，起始角度和终止角度有2个。

（7）二次曲线：6个自由度，每个端点有2个，锚点有2个。

（8）极点样条：4个自由度，每个端点有2个。

（9）过点样条：在它的每个定义点处有2个自由度。

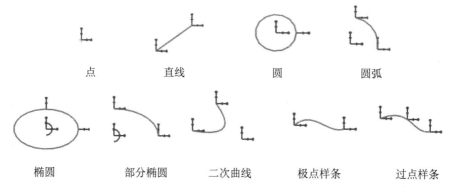

图 3-76 草图对象的自由度

在绘制草图的初期不必考虑草图曲线的精确位置与尺寸，在完成草图对象的绘制后，再统一对草图对象进行约束控制。对草图进行合理的约束是实现草图参数化的关键。因此，在完成草图绘制后，应认真分析，到底需要加入哪些约束。

草图约束有两种类型：几何约束和尺寸约束，其含义如图 3-77 和图 3-78 所示。约束状态分为欠约束、完全约束和过约束 3 种。

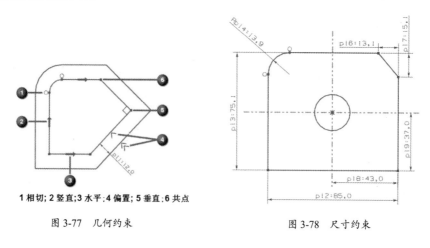

1 相切；2 竖直；3 水平；4 偏置；5 垂直；6 共点

图 3-77 几何约束　　　　　图 3-78 尺寸约束

3.6.1 几何约束

几何约束可以确定图形元素之间的特定位置关系，如垂直、平行、相切等。

单击"约束"命令组中的 ⊠（几何约束）图标，弹出如图 3-79 所示的"几何约束"对话框。在"约束"栏中，选择需要使用的几何约束，然后选择需要定义位置关系的一个或多个图形元素。在"几何约束"对话框的"约束"栏和"设置"栏中列出了全部的 20 种几何约束类型，其含义如表 3-1 所示。

图 3-79 "几何约束"对话框

表 3-1 草图几何约束

几何约束类型	释　义
┌ 重合	定义两个对象的点重合，如单独的点、线端点、线中点、圆心等
↧ 点在曲线上	定义一个对象的点按最短距离（沿垂直方向）落到曲线或其延长线上，该点包括单独的点、线端点、线中点、圆心等
⌒ 相切	定义两个对象相切，如线与圆、圆弧相切，圆与圆弧相切
∥ 平行	定义两条直线平行
⊥ 垂直	定义两条直线垂直
— 水平	定义直线为水平线（与 X 轴平行）
｜ 竖直	定义直线为竖直线（与 Y 轴平行）
⊢ 中点	定义一个对象的点按最短距离落在曲线的垂直中分线上
／ 共线	定义两条直线共线
◎ 同心	定义两个圆或圆弧的圆心重合
= 等长	定义两条曲线的长度相等
≈ 等半径	定义两个圆或圆弧的半径相等
⊥ 固定	定义一个对象的位置固定不变，但大小可以变化，通常作为参考的对象，不希望变动位置的对象以该约束进行固定
⊥⊥ 完全固定	定义一个对象的大小和位置都固定不变
∠ 定角	定义直线的角度固定不变，位置和长度可以变化
↔ 定长	定义直线的长度固定不变，位置与角度可以变化

续表

几何约束类型	释　义
点在线串上	定义一个对象的点按最短距离落在空间曲线向草图平面的投影曲线上，如果点按垂直方向只能落到投影线的延长线上，则该点会落在投影线最近的端点上，该约束类型不常用
均匀比例	定义样条曲线在移动首尾两端点时，曲线会整体缩放、转动但形状保持不变
非均匀比例	定义样条曲线在进行移动、缩放、旋转操作时都是整体发生变化
曲线的斜率	定义样条曲线的某一控制点与直线的斜率相等

在几何约束的相关操作中，为了实现草图曲线元素的某一位置关系，经常需要执行多次几何约束。

【应用案例 3-3】几何约束

（1）启动 NX1847，打开案例文件"\chapter3\part\exmp3.prt"。

（2）激活草图。打开"部件导航器"，右击"草图（1）"，在弹出的快捷菜单中选择"可回滚编辑"命令，如图 3-80 所示。这时草图被激活，进入草绘环境，结果如图 3-81 所示。

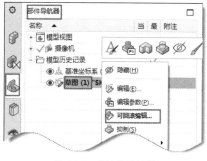

图 3-80　激活草图操作

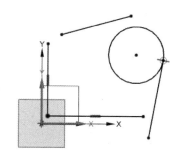

图 3-81　激活的草图

（3）添加共线约束。单击"约束"命令组中的 ⊥（几何约束）图标，弹出如图 3-82 所示的"几何约束"对话框，单击 ╱（共线）图标，勾选"自动选择递进"复选框，分别选择垂直线和 Y 轴、水平线和 X 轴，使这两条线分别与 Y 轴和 X 轴重合，如图 3-83 和图 3-84 所示。

图 3-82　"几何约束"对话框

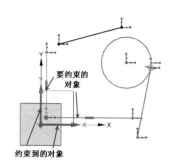

图 3-83　共线约束操作

（4）添加重合约束。单击 ╱（重合）图标，选择左上角两条线的端点，结果如图 3-85 所示。

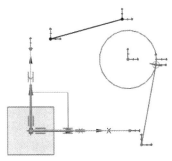

图 3-84 共线约束结果　　　　图 3-85 重合约束结果

（5）添加相切约束。单击 ⌒（相切）图标，选择上方线条和圆，结果如图 3-86 所示。

（6）添加竖直约束。单击｜（竖直）图标，选择右侧线条，结果如图 3-87 所示。单击"关闭"按钮，关闭"几何约束"对话框。

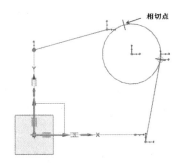 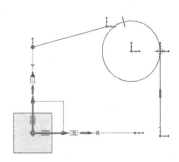

图 3-86 相切约束结果　　　　图 3-87 竖直约束结果

（7）延长线条。单击"曲线"命令组中的 ⌒（快速延伸）图标，弹出如图 3-88 的"快速延伸"对话框。延长结果如图 3-89 所示。

 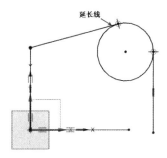

图 3-88 "快速延伸"对话框　　　　图 3-89 延长结果

（8）制作拐角。单击"曲线"命令组中的 ×（制作拐角）图标，弹出如图 3-90 所示的"制作拐角"对话框。单击右下角的两条边线创建拐角，结果如图 3-91 所示。

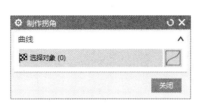
图 3-90 "制作拐角"对话框

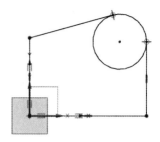
图 3-91 图形结果

（9）保存文件。

3.6.2 尺寸约束

尺寸约束可以定义草图对象的尺寸（如直线长度、圆弧半径等）或两个对象的关系（如两点间距离）。尺寸约束看上去像在工程图上标注尺寸，可以改变草图尺寸值，改变所控制的草图对象或尺寸。它也会改变草图曲线控制的实体特征。

尺寸约束可以确定草图元素自身的长度、宽度、高度、角度、半径、直径、周长等尺寸。

单击"约束"命令组中的 （快速尺寸）图标，弹出如图 3-92 所示的"快速尺寸"对话框。尺寸约束的方法有 8 种，可以选择相应选项对图形元素进行尺寸约束。使用尺寸约束可以动态驱动草图元素的尺寸和位置关系。如果"菜单"→"工具"→"草图约束"→"连续自动标注尺寸"处于打开状态，则在绘制草图过程中，系统会自动标注其自身形状尺寸，以及相对于坐标原点的位置尺寸。

图 3-92 "快速尺寸"对话框

【应用案例 3-4】尺寸约束

（1）启动 NX1847，打开案例文件"\chapter3\part\exmp4.prt"。

（2）激活草图。打开"部件导航器"，右击"草图（1）"，在弹出的快捷菜单中选择"可回滚编辑"命令。这时草图被激活，进入草绘环境，结果如图3-93所示。

（3）标注竖直尺寸。单击"约束"命令组中的 ⚡（快速尺寸）图标，弹出"快速尺寸"对话框。选择"测量"栏中的"方法"为"自动判断"，单击图3-93中的竖直线条并左移鼠标，显示其长度尺寸，并在动态输入框中输入"50"，单击鼠标中键结束当前操作。相同的方法标注水平尺寸，长度值输入"80"，如图3-94和3-95所示。

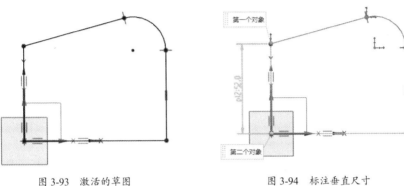

图3-93 激活的草图　　　　　　图3-94 标注垂直尺寸

（4）标注角度。连续选择两条直线，软件会自动显示角度尺寸，更改数值为"110"，如图3-96所示。

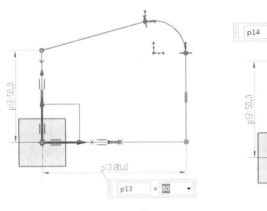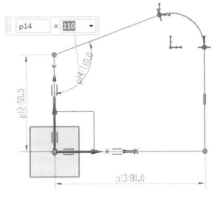

图3-95 标注水平尺寸　　　　　　图3-96 标注角度

（5）标注半径。将"快速尺寸"对话框中"测量"栏中的"方法"改为"径向"，如图3-97所示，单击圆弧，更改数值为"20"，结果如图3-98所示。

（6）保存文件。

图 3-97　测量径向尺寸

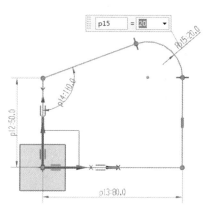
图 3-98　标注半径

3.6.3　约束状态

在草绘环境下，选择"任务"→"草图设置"命令，弹出如图 3-99 所示的对话框，取消勾选"连续自动标注尺寸"复选项，关闭该对话框。然后绘制草图，单击 （几何约束）图标，信息状态区会显示关于当前草图的约束信息提示，如图 3-100 所示。

打开"几何约束"对话框，约束的状态行会显示以下信息。

（1）欠约束草图。草图上尚有自由度箭头存在，状态行显示：草图需要 N 个约束。

（2）充分约束草图。草图上已无自由度箭头存在，状态行显示：草图已完全约束。

（3）过约束草图。多余约束被添加，草图曲线和尺寸变成黄色，状态行显示：草图包含过约束的几何体。

图 3-99　"草图设置"对话框

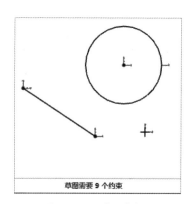
图 3-100　约束信息提示

注意事项如下所述。

（1）每添加一个约束，草图计算器都会及时求解几何体并更新。

（2）NX 允许欠约束草图参与拉伸、旋转、自由形状扫描等操作。

（3）可通过显示/移去约束（Show/Remove Constraint）取消过约束。

3.7 草图的管理

草图的管理主要是利用"草图"命令组中的一些命令来进行的。如图 3-101 所示，用于管理草图的命令主要有"完成"、"名称"、"定向到草图"、"定向到模型"、"重新附着"、"延迟评估"和"更新模型"。

图 3-101 "草图"命令组

（1）完成：使用此命令可以退出草图任务环境并返回到之前的应用模块中。

（2）定向到草图：将视图定向到草图平面，便于观察和草绘。单击鼠标右键弹出的快捷菜单中也有此选项。

（3）定向到模型：将视图定向到当前的建模视图，单击鼠标右键弹出的快捷菜单中也有此选项。

（4）重新附着：可以更改草图的类型、附着平面等参数。"重新附着"和"创建草图"对话框类似，重新附着的过程也类似于创建草图的过程。

（5）更新模型：用于更新模型，反映用户对草图进行的更改。

在草图绘制过程中，需要注意以下几点。

（1）一旦遇到过约束或发生冲突的约束状态，应该通过删除某些尺寸或约束的方法解决问题。

（2）不要使用负值尺寸。在计算草图时，草图仅使用尺寸的绝对值。

（3）尽量避免零值尺寸。用零值尺寸会导致相对于其他曲线位置不明确的问题。零值尺寸在更改为非零值尺寸时，会引起意外的结果。

（4）避免链式尺寸。尽可能尝试基于同一对象创建基准线尺寸。

3.8 直接草图

直接草图的优点是在建模环境下绘制草图，绘图及编辑图形的效率更高。

在"主页"选项卡中提供了一个"直接草图"命令组，如图 3-102 所示。使用该命令组中的命令，无须进入草绘环境，即可在当前的建模环境下创建和编辑草图。

单击"直接草图"命令组中的 （草图）图标，弹出"创建草图"对话框，在指定草图平面后就可以创建草图了。这时命令组中会展开更多命令，如图3-103所示。

图3-102　"直接草图"命令组（1）

图3-103　"直接草图"命令组（2）

"直接草图"命令组中的命令与"在任务环境中绘制草图"中的命令及操作方式一样，这里不再赘述。

"直接草图"一般用于实体建模过程中，以下是其一般应用场合。

（1）"建模"、"外观造型设计"及"钣金"应用模块中。

（2）查看草图更改对实体模型产生的实时效果。

在实际工作中，NX草图可以在两种模式下绘制，可以根据实际情况和个人偏好来决定。在草图绘制结束后，编辑草图也有两种模式，系统默认的是"直接草图"，但在编辑草图时该模式下的命令有限，影响编辑效率，一般可以改为"在任务环境中绘制草图"。

在建模环境下，选择"文件"→"使用工具"→"用户默认设置"命令，弹出"用户默认设置"对话框，选择左侧区域中的"建模"→"常规"，在对话框右侧区域中设置"双击操作（草图）"为"可回滚编辑"，设置"编辑草图操作"为"任务环境"，如图3-104所示。

图3-104　"用户默认设置"对话框

在设置完成后,在部件导航器中双击草图特征,会自动进入"在任务环境中绘制草图",即可自行编辑草图。

3.9 综合实例——凸轮

【设计要求】

绘制凸轮截面的草图曲线。

凸轮是机械传动装置经常用到的运动零件,如图 3-105(a)所示,凸轮外轮廓线决定了运动零件的间歇运动规律。该凸轮可以被看作端面轮廓线沿所在平面的法线方向拉伸一定厚度而生成的。该凸轮的截面轮廓线的尺寸如图 3-105(b)所示,需要按尺寸绘制凸轮截面轮廓的草图曲线。

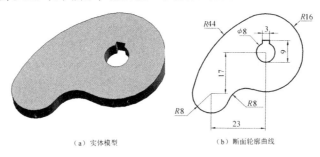

(a)实体模型　　　　(b)断面轮廓曲线

图 3-105　凸轮块

【设计步骤】

(1)启动 NX1847。双击桌面上的图标,启动 NX1847。新建文件"exer1.prt",并进入"在任务环境中绘制草图"。

(2)确定草图平面。选择"菜单"→"插入"→"草图"命令,弹出"创建草图"对话框,如图 3-106 所示,在类型栏中选择"在平面上","平面方法"选择"自动判断",系统默认基准坐标系的 XOY 基准平面为草图绘制平面,单击"确定"按钮或鼠标中键进入草绘环境。

(3)绘制圆。单击"曲线"命令组中的○(圆)图标,弹出"圆"对话框,单击(圆心和直径定圆)图标,设置基准坐标系的原点为圆心,绘制两个同心圆,直径分别为 32 和 8,在原点左下方绘制直径为 16 的圆,距原点距离为 23 和 17。完成 3 个圆的绘制,如图 3-107 所示。

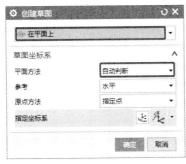

图 3-106　"创建草图"对话框

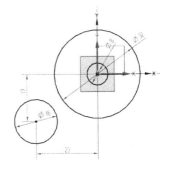

图 3-107　绘制 3 个圆

（4）绘制圆弧。单击"曲线"命令组中的 （圆弧）图标，弹出如图 3-108 所示的"圆弧"对话框，默认"圆弧方法"为"三点定圆弧" ，分别单击大圆（$\phi 32$）和圆（$\phi 16$）的大约相切位置点，然后在动态输入框中输入半径值为"44"；以同样的方法绘制圆弧，输入半径值为"8"，如图 3-109 所示。

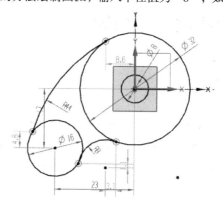

图 3-108　创建圆弧对话框

图 3-109　绘制两个圆弧

（5）添加相切约束。单击"约束"命令组中的 （几何约束）图标，弹出如图 3-110 所示的"几何约束"对话框。单击 （相切）图标，分别选择两条圆弧和两个圆，使其相切，结果如图 3-111 所示。

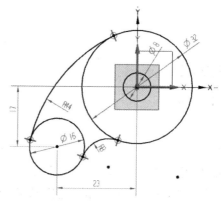

图 3-110　"几何约束"对话框

图 3-111　圆弧与圆相切

（6）绘制矩形。单击"曲线"命令组中的 （矩形）图标，弹出如图 3-112 所示的"矩形"对话框。绘制矩形并标注尺寸，如图 3-113 所示。

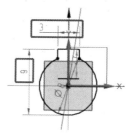

图 3-112　"矩形"对话框

图 3-113　绘制矩形并标注尺寸

（7）添加对称约束。单击"约束"命令组中的 ![icon]（设为对称）图标，弹出如图 3-114 所示的"设为对称"对话框，选择矩形左右两条边为主次对象，Y 轴为中心线，结果如图 3-115 所示。

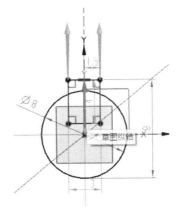

图 3-114　"设为对称"对话框　　　图 3-115　矩形两条边对称

（8）修剪多余线段。单击"曲线"命令组中的 ×（快速修剪）图标，弹出如图 3-116 所示的"快速修剪"对话框。依次单击圆需要修剪的部分，将其修剪，如图 3-117 所示。

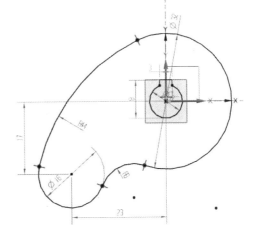

图 3-116　"快速修剪"对话框　　　图 3-117　修剪多余线段

（9）隐藏基准坐标系与工作坐标系，完成凸轮草图曲线的绘制。单击"草图"命令组中的 ![icon]（完成）图标，返回到建模环境。单击"视图"选项卡，并单击"可见性"命令组中的 ![icon] 图层设置 图标，弹出如图 3-118 所示的"图层设置"对话框。取消勾选图层 61 前面的复选框，隐藏基准坐标系。单击"操作"命令组中的 ![icon]（父视图）图标，结果如图 3-119 所示。

图 3-118 "图层设置"对话框

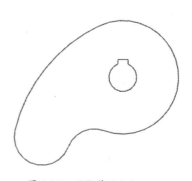

图 3-119 凸轮草图曲线

本章小结

本章学习了草图平面的建立与编辑,以及草图曲线的绘制、操作与编辑。草图平面确定是本章的难点内容,特别是关于创建草图平面的方法,要求我们熟练掌握。草图约束是本章的重点内容,约束的合理设置直接决定了草图绘制的效率与准确性,要求我们学会联合使用"自动判断约束和尺寸"与"创建自动判断约束"命令快捷绘制草图曲线。另外,我们要理解并掌握几何约束对点与点、点与线、线与线的位置关系的确定,从而合理选择,正确定义。

思考与练习

1. 草图绘制平面确定方法有哪几种?

2. "派生曲线"命令的作用是什么?

3. 在绘制草图之后设置首选项,对该草图是否起作用?

4. 什么是草图约束?草图约束分为哪两类?

5. "自动约束"与"自动判断约束"有何区别?

6. 如何使用"创建自动判断约束"命令?

7. 按图示尺寸绘制如图 3-120 和图 3-121 所示的草图。

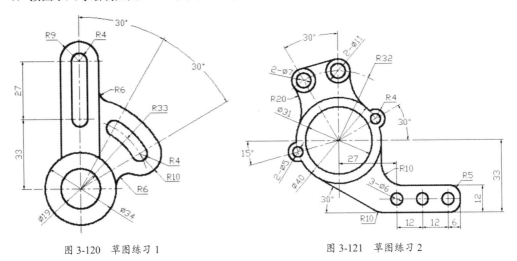

图 3-120　草图练习 1　　　　　图 3-121　草图练习 2

第 4 章

实体建模

NX1847实体建模是基于特征的参数化系统，具有交互创建和编辑复杂实体模型的能力，能够帮助用户快速进行概念设计和细节结构设计。它提供了特征的创建模块、特征的操作模块和特征的编辑模块，具有强大的实体建模功能。

学习目标

- 基本体素特征
- 布尔操作
- 基准特征
- 扫描特征
- 设计特征
- 细节特征
- 特征的操作
- 特征的编辑

4.1 实体建模概述

4.1.1 实体建模的一般过程

NX1847的实体建模是指根据零件设计意图，在完成草图轮廓设计的基础上，运用实体建模的各种工具（如拉伸、旋转、扫掠、抽壳等）完成三维零件模型的过程。实体建模流程如下所述。

（1）选择或创建基准平面，绘制草图，如图 4-1（a）所示。

（2）拉伸、旋转或扫掠创建实体模型，如图 4-1（b）所示。

（3）细节建模，如拔模、倒圆/倒角、抽壳等，如图 4-1（c）所示。

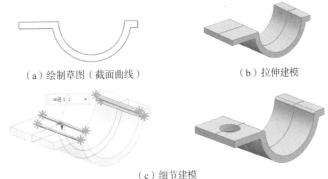

(a) 绘制草图（截面曲线）　　(b) 拉伸建模

(c) 细节建模

图 4-1　实体建模流程

4.1.2　特征的类型

特征作为 NX 实体建模的基础，一般分为以下四大类型。

（1）基本体素特征：长方体、圆柱、圆锥和球。

（2）基准特征：基准平面、基准轴和基准 CSYS。

（3）成形特征：孔、凸台、腔体、垫块、凸起、键槽和坡口焊等。

（4）扫描特征：拉伸、回转、变化的扫掠、沿导引线扫掠和管道。

常用的特征操作命令有：边倒圆、面倒圆、软倒圆、倒斜角、抽壳、缝合、修剪体、实例特征、镜像特征和镜像体等。

4.1.3　部件导航器

"部件导航器"提供了部件可视化功能，可以利用它组织、选择和控制建模数据的可见性并简单浏览这些数据，包括建模过程的特征、参数及其特征之间的父子关系等新消息，如图 4-2 所示。

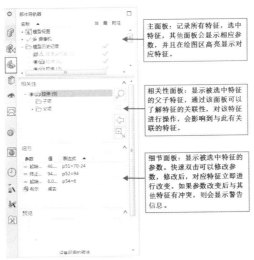

图 4-2　部件导航器

4.2 基本体素特征

基本体素特征是指可以独立存在的规则实体，它可以作为实体建模初期的基本形状，包括长方体、圆柱、圆锥和球 4 种。下面分别介绍以上 4 种基本体素特征的创建方法。

4.2.1 长方体

在进入建模环境后，单击"主页"选项卡，在"特征"命令组的"设计特征"下拉菜单中单击 长方体 图标，弹出如图 4-3 所示的"块"对话框，在类型下拉列表中可以选择创建长方体的方法。创建长方体的方法有 3 种，通常使用前两种方法建立长方体。

图 4-3 "块"对话框

1. "原点和边长"法

"原点和边长"法通过定义每条边的长度和顶点来创建长方体。下面以如图 4-4 所示的长方体为例，说明使用"原点和边长"法创建长方体的操作步骤。

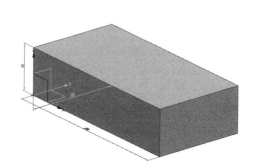

图 4-4 长方体 1

（1）选择创建长方体的方法：在"块"对话框的类型下拉列表中选择"原点和边长"选项。

（2）定义长方体的原点：系统默认选择坐标原点为长方体的顶点，此外，还可以通过自动判断点、光标位置、现有点、终点、控制点、交点等方式来确定长方体的一个顶点。

（3）确定长方体的参数：在"尺寸"下的"长度""宽度""高度"文本框中分别输入"200""100""50"。

（4）单击"确定"按钮，完成长方体的创建。

2．"两点和高度"法

"两点和高度"法通过底面的高度和底面上的两个对角点来创建长方体。下面以如图 4-5 所示的长方体为例，说明使用"两点和高度"法创建长方体的操作步骤。

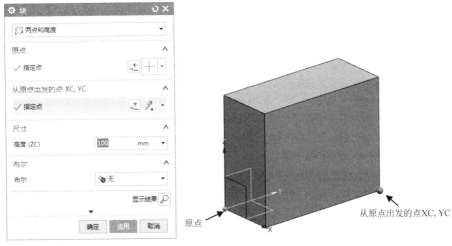

图 4-5　长方体 2

（1）选择创建长方体的方法：在"块"对话框的类型下拉列表中选择"两点和高度"选项。

（2）定义长方体的底面对角点：在"块"对话框中的"原点"和"从原点出发的点 XC，YC"中分别确定长方体底面上的两个对角点的位置。确定点位置的方法有自动判断点、光标位置、现有点、终点、控制点、交点等。

（3）定义长方体的高度：在"尺寸"栏的"高度"文本框中输入"100"。

（4）单击"确定"按钮，完成长方体的创建。

4.2.2　圆柱

在建模环境下，单击"主页"选项卡，在"特征"命令组的"设计特征"下拉菜单中单击 圆柱 图标，弹出如图 4-6 所示的"圆柱"对话框，在类型下拉列表中可以选择创建圆柱的方法。

图 4-6 "圆柱"对话框

1. "轴、直径和高度"法

"轴、直径和高度"法通过指定方向矢量并定义直径和高度值来创建圆柱。下面以如图 4-9 所示的圆柱为例，说明使用"轴、直径和高度"法创建圆柱的操作步骤。

（1）选择创建圆柱的方法：在"圆柱"对话框中的类型下拉列表中选择"轴、直径和高度"选项。

（2）设置圆柱的轴线方向：单击"指定矢量"后的 （矢量构造器）图标，弹出如图 4-7 所示的"矢量"对话框，在该对话框的类型下拉列表中选择矢量的构造方法，本例选择 ZC 轴。单击"确定"按钮，完成轴线方向的建立。如果建立的轴线方向与现有轴线方向相反，则可以单击"指定矢量"后的 （反向）图标，或者双击已建立的矢量。

图 4-7 "矢量"对话框

（3）确定圆柱的底面中心位置：单击"指定点"后的 （点构造器）图标，弹出如图 4-8 所示的"点"对话框，在该对话框的类型下拉列表中可以选择用点捕捉的方式建立点，也可以通过在"坐标"栏中输入创建点的坐标值的方法建立点。本例在"坐标"栏中设置"XC"为"100"，"YC"为"100"，"ZC"为"100"，然后单击"确定"按钮，完成圆柱底面中心位置的确定。

（4）定义圆柱的尺寸：在"尺寸"栏的"直径"文本框中输入"100"，在"高度"文本框中输入"150"，如图 4-9 所示。

（5）单击"确定"按钮，完成圆柱的创建。

第 4 章 实体建模

图 4-8 "点"对话框

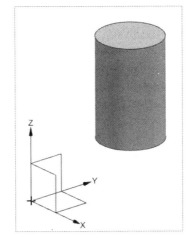

图 4-9 圆柱 1

2. "圆弧和高度"法

"圆弧和高度"法通过选择圆弧并输入高度值来创建圆柱。下面以如图 4-10 所示的圆柱为例，说明使用"圆弧和高度"法创建圆柱的操作步骤。

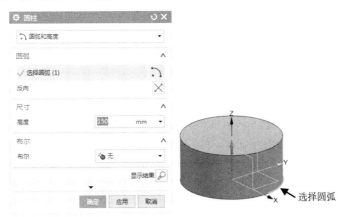

图 4-10 圆柱 2

（1）选择创建圆柱的方法：在"圆柱"对话框中的类型下拉列表中选择"圆弧和高度"选项。

（2）选择圆弧：首先通过草图工具创建一个圆弧，如图 4-11 所示，进入"圆柱"对话框，在"圆弧"栏单击"选择圆弧"，并选择刚刚创建的圆弧图形。

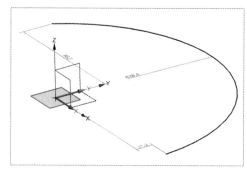

图 4-11　通过草图工具创建一个圆弧

（3）确定圆柱的高度：在"尺寸"栏的"高度"文本框中输入"150"。

（4）单击"确定"按钮，完成圆柱的创建。

4.2.3　圆锥

在建模环境下，单击"主页"选项卡，在"特征"命令组的"设计特征"下拉菜单中单击 圆锥 图标，弹出如图 4-12 所示的"圆锥"对话框，在类型下拉列表中可以选择创建圆锥的方法。

图 4-12　"圆锥"对话框

1．"直径和高度"法

"直径和高度"法通过定义底部直径、顶部直径和高度值创建如图 4-13 所示的实体圆锥，操作步骤如下所述。

（1）选择创建圆锥的方法：在"圆锥"对话框的类型下拉列表中选择"直径和高度"选项。

（2）定义圆锥的轴线方向：单击"指定矢量"后的 （矢量构造器）图标，选择矢量的构造方法，本例选择 ZC 轴。

（3）定义圆锥底面圆心位置：单击"指定点"后的 （点构造器）图标，选择点的构造方法，本例在"坐标"栏中设置"XC"为"100"，"YC"为"100"，"ZC"为 100。

（4）定义圆锥参数：在"尺寸"栏的"底部直径"、"顶部直径"和"高度"文本框中分别输入"200"、"100"和"200"。

（5）单击"确定"按钮，完成圆锥的创建。

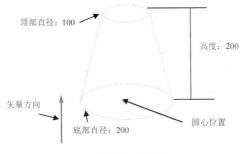

图 4-13　圆锥 1

2．"直径和半角"法

"直径和半角"法通过定义底部直径、顶部直径和半角的值来创建如图 4-14 所示的实体圆锥，操作步骤如下所述。

（1）选择创建圆锥的方法：在"圆锥"对话框的类型下拉列表中选择"直径和半角"选项。

（2）定义圆锥的轴线方向：单击"指定矢量"后的 （矢量构造器）图标，选择矢量的构造方法，本例选择 ZC 轴。

（3）定义圆锥底面圆心位置：单击"指定点"后的 （点构造器）图标，选择点的构造方法，本例在"坐标"栏中设置"XC"为"0"，"YC"为"0"，"ZC"为"0"。

（4）定义圆锥参数：在"尺寸"栏的"底部直径"、"顶部直径"和"半角"文本框中分别输入"200"、"0"和"50"。

（5）单击"确定"按钮，完成圆锥的创建。

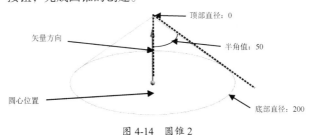

图 4-14　圆锥 2

3. "底部直径，高度和半角"法

"底部直径，高度和半角"法通过定义顶部直径、高度和半角的值来创建如图 4-15 所示的实体圆锥，操作步骤如下所述。

（1）选择创建圆锥的方法：在"圆锥"对话框的类型下拉列表中选择"底部直径，高度和半角"选项。

（2）定义圆锥的轴线方向：单击"指定矢量"后的 （矢量构造器）图标，选择矢量的构造方法，本例选择 ZC 轴。

（3）定义圆锥底面圆心位置：单击"指定点"后的 （点构造器）图标，选择点的构造方法，本例在"坐标"栏中设置"XC"为"0"，"YC"为"0"，"ZC"为"0"。

（4）定义圆锥参数：在"尺寸"栏的"底部直径"、"高度"和"半角值"文本框中分别输入"200"、"100"和"30"。

> 注意
>
> 如果半角值输入不当，则会出现"圆锥顶面直径必须大于或等于 0"的警告。

（5）单击"确定"按钮，完成圆锥的创建。

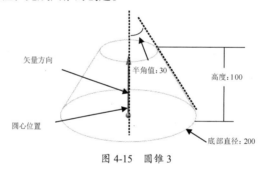

图 4-15　圆锥 3

4.2.4 球

在建模环境下，单击"主页"选项卡，在"特征"命令组的"设计特征"下拉菜单中单击 图标，弹出如图 4-16 所示的"球"对话框，在类型下拉列表中可以选择创建球的方法。

1. "中心点和直径"法

"中心点和直径"法通过定义直径值和中心点来创建如图 4-17 所示的球，操作步骤如下所述。

（1）选择创建球的方法：在"球"对话框的类型下拉列表中选择"中心点和直径"选项。

（2）确定球的中心点：单击"指定点"后的 （点构造器）图标，选择点的构造方法，本例在"坐标"栏中设置"XC"为"0"，"YC"为"0"，"ZC"为"0"。

（3）确定球的直径：在"尺寸"栏的"直径"文本框中输入"100"。

（4）单击"确定"按钮，完成球的创建。

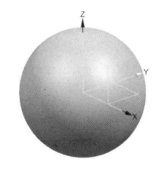

图 4-16 "球"对话框　　　图 4-17 球 1

2. "圆弧"法

"圆弧"法通过选择圆弧来创建如图 4-18 所示的球,操作步骤如下所述。

(1)选择创建球的方法:在"球"对话框的类型下拉列表中选择"圆弧"选项。

(2)选择圆弧:单击"圆弧"栏的"选择圆弧",选择已绘制完成的一条圆弧。

(3)单击"确定"按钮,完成球的创建。

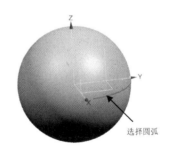

图 4-18 球 2

【应用案例 4-1】

【设计要求】

创建如图 4-19 所示的玩具模型。

图 4-19 玩具模型

【设计步骤】

（1）进入建模界面。启动NX1847，设定文件名称为"ludeng.prt"，并选定文件所在目录。

（2）创建长方体。单击"主页"选项卡，在"特征"命令组的"设计特征"下拉菜单中单击 长方体 图标，进入"块"对话框。在类型下拉列表中选择"原点和边长"选项。单击"原点"栏的 （点构造器）图标，在弹出的"点"对话框的"X""Y""Z"文本框中输入"0""0""0"；在"尺寸"栏设置"长度"为"100"，"宽度"为"100"，"高度"为"20"，如图4-20所示；单击"确定"按钮完成长方体的创建。

图 4-20　长方体操作

（3）创建圆锥并进行合并。单击"主页"选项卡，在"特征"命令组的"设计特征"下拉菜单中单击 圆锥 图标，进入"圆锥"对话框。在类型下拉列表中选择"直径和高度"选项，在"轴"栏的"指定矢量"处选择ZC轴为矢量构造方法，单击"指定点"后的 （点构造器）图标，在"点"对话框的"XC""YC""ZC"文本框中输入"50""50""20"。在"尺寸"栏设置"底部直径"为"50"，"顶部直径"为"30"，"高度"为"10"，在"布尔"下拉列表中选择"合并"选项，如图4-21所示，单击"确定"按钮完成圆锥的创建与合并。

图 4-21　圆锥操作

(4)创建圆柱并合并。单击"主页"选项卡,在"特征"命令组的"设计特征"下拉菜单中单击圆柱图标,进入"圆柱"对话框。在类型下拉列表中选择"轴、直径和高度"选项,在"轴"栏的"指定矢量"处选择ZC轴为矢量构造方法,在"指定点"处选择圆弧中心,并在绘图区选择圆台的上表面圆弧,在"尺寸"栏设置"直径"为"30","高度"为"200",在"布尔"下拉列表中选择"合并"选项,如图4-22所示,单击"确定"按钮完成圆柱的创建与合并。

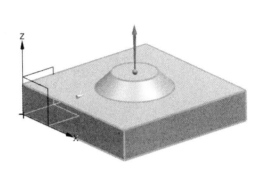

图4-22 圆柱操作

(5)创建球体并合并。单击"主页"选项卡,在"特征"命令组的"设计特征"下拉菜单中单击球图标,进入"球"对话框,在类型下拉列表中选择"中心点和直径"选项,在"中心点"栏的"指定点"处选择圆弧中心,并在绘图区选择圆柱体上表面圆弧,在"尺寸"栏设置"直径"为"80",在"布尔"下拉列表中选择"合并"选项,如图4-23所示,单击"确定"按钮完成整个模型的创建。

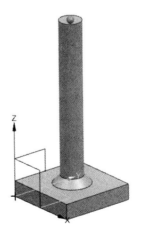

图4-23 球体操作

4.3 布尔操作

布尔运算允许将原来存在的实体或多个片体结合起来。在现有的对象上可以应用以下布尔运算：布尔合并操作、布尔减去操作和布尔求交操作。

4.3.1 布尔合并操作

布尔合并操作可将两个或多个工具体组合为一个目标体。目标体和工具体必须重叠或共享面，这样才会生成有效的实体。

在进入建模环境后，单击"主页"选项卡，在"特征"命令组的"组合"下拉菜单中单击 合并 图标，弹出如图4-24所示的"合并"对话框。

图4-24 "合并"对话框

下面以如图4-25所示的实体模型为例，介绍布尔合并操作的一般过程。

（1）打开"合并"对话框。

（2）选择目标体：在"目标"栏单击"选择体"，在图形区域选取目标体，如图4-25（a）所示的长方体。

（3）选择工具体：在"工具"栏单击"选择体"，在图形区域选取一个或多个工具体，如图4-25（a）所示的4个小圆柱体。

（4）单击"确定"按钮，将目标体与4个工具体组合，实现布尔合并操作，如图4-25（b）所示。

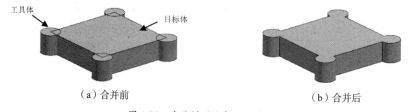

图4-25 实体模型的布尔合并操作

特别提示

要保存未修改的目标体副本,需要在"设置"栏中勾选"保存目标"复选框;要保存未修改的工具体副本,需要在"设置"栏中勾选"保存工具"复选框。

4.3.2 布尔减去操作

布尔减去操作可以从目标体(实体)的体积中减去一个或多个工具体(实体)的体积,留下空隙。

在进入建模环境后,单击"主页"选项卡,在"特征"命令组的"组合"下拉菜单中单击 减去 图标,弹出如图 4-26 所示的"减去"对话框。

图 4-26 "减去"对话框

下面以如图 4-27 所示的实体模型为例,介绍布尔减去操作的一般过程。

(1)打开"减去"对话框。

(2)选择目标体:在"目标"栏单击"选择体",在图形区域选取目标体,如图 4-27(a)所示的长方体。

(3)选择工具体:在"工具"栏单击"选择体",在图形区域选取一个或多个工具体,如图 4-27(a)所示的 4 个小圆柱体。

(4)单击"确定"按钮,从目标体的体积中减去 4 个工具体的体积,实现布尔减去操作,如图 4-27(b)所示。

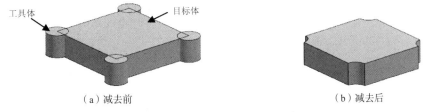

(a)减去前   (b)减去后

图 4-27 实体模型的布尔减去操作

4.3.3 布尔求交操作

布尔求交操作用于创建两个或两个以上的不同实体的共同部分。在进行布尔求交运算时，工具体与目标体必须相交。

在进入建模环境后，单击"主页"选项卡，在"特征"命令组的"组合"下拉菜单中单击 相交 图标，弹出如图4-28所示的"求交"对话框。

图4-28 "求交"对话框

下面以如图4-29所示的实体模型为例，介绍布尔求交操作的一般过程。

（1）打开"求交"对话框。

（2）选择目标体：在"目标"栏单击"选择体"，在图形区域选取目标实体，如图4-29（a）所示的长方体。

（3）选择工具体：在"工具"栏单击"选择体"，在图形区域选取一个或多个工具实体，如图4-29（a）所示的小圆柱体。

（4）单击"确定"按钮，创建目标体和工具体的共享体积的相交体，实现布尔求交操作，如图4-29（b）所示。

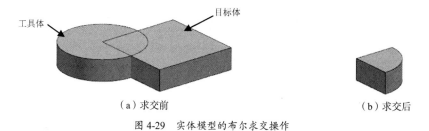

（a）求交前　　　　　　　　　　　（b）求交后

图4-29 实体模型的布尔求交操作

4.3.4 布尔出错信息

如果布尔运算的使用不正确，就可能出现错误，出错信息如下所述。

（1）在进行实体的布尔减去操作和布尔求交操作时，所选工具体必须与目标体相交，否则系统会发布警告信息："工具体完全在目标体外"。

（2）在执行一个片体与另一个片体的布尔减去操作时，系统会发布警告信息："非歧义实体"。

（3）在执行一个片体与另一个片体的布尔求交操作时，系统会发布警告信息："无法执行布尔运算"。

> **特别提示**
>
> 如果创建的是第一个特征，此时不会存在布尔运算，布尔操作为灰色。从创建第二个特征开始，以后加入的特征都可以选择布尔操作，而且对于一个独立的部件，每一个添加的特征都需要选择布尔操作，系统默认选中"创建"类型。

4.4 基准特征

基准特征是零件建模的参考特征，它的主要用途是为实体造型提供参考，也可以作为绘制草图时的参考面。基准特征包括相对基准与固定基准。相对基准与被引用的对象具有相关性，而固定基准没有。

4.4.1 基准平面

在进入建模环境后，单击"主页"选项卡，在"特征"命令组的"基准/点"下拉菜单中单击 基准平面 图标，弹出如图4-30所示的"基准平面"对话框。基准平面的创建方式有很多种，下面介绍常用的几种。

图4-30 "基准平面"对话框

1. 自动判断

根据所选的对象确定要使用的最佳平面类型。

2. 按某一距离

通过输入偏置值创建与已知平面（实体模型的平面或基准平面）平行的基准平面。在类型下拉列表中选择"按某一距离"选项；在"偏置"栏的"距离"文本框内输入偏置距离；单击"偏置"栏的 图标，改变偏置箭头方向，如图 4-31 所示。

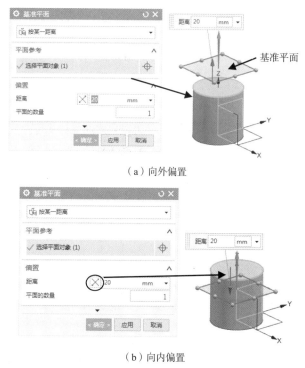

（a）向外偏置

（b）向内偏置

图 4-31 按某一距离偏置基准平面

3. 成一角度

通过输入角度值来创建与已知平面成一角度的基准平面。在操作时先选择一个平面或基准平面，然后选择一个与所选平面平行的线性曲线或基准轴作为轴，输入角度值即可创建一个成一角度的基准平面，如果在对话框中输入距离值，则可创建一个与成一角度的基准平面相平行的基准平面，如图 4-32 所示。

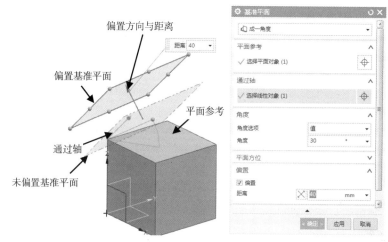

图 4-32 成一角度偏置基准平面

4. 二等分

创建与两个平行平面距离相等的基准平面（对称面），或创建与两个相交平面所成角度相等的基准平面（角平分面），如图4-33所示。

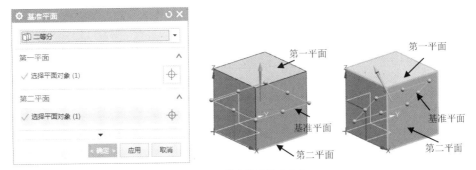

图4-33 二等分偏置基准平面

5. 相切

（1）通过点创建相切面。选择圆柱或圆锥的表面，再选择一个点，可以创建通过该点与圆柱或圆锥相切的基准平面，如图4-34所示。

图4-34 通过点创建相切面

（2）通过线条创建相切面。选择圆柱或圆锥的表面，再选择一条相关线，可以创建通过该线与圆柱或圆锥相切的基准平面，如图4-35所示。

图4-35 通过线条创建相切面

（3）创建与平面成一角度的相切面。选择圆柱或圆锥的表面，再选择一个平面，输入角度值，可以创建与该平面成一角度且与圆柱或圆锥表面相切的基准平面，如图 4-36 所示。

图 4-36　创建与平面成一角度的相切面

6．YC-ZC 平面、XC-ZC 平面、XC-YC 平面

沿工作坐标系（WCS）或绝对坐标系（ACS）创建平行于 YC-ZC 平面、XC-ZC 平面、XC-YC 平面的固定基准平面。

4.4.2　基准轴

在进入建模环境后，单击"主页"选项卡，在"特征"命令组的"基准/点"下拉菜单中单击 基准轴 图标，弹出如图 4-37 所示的"基准轴"对话框。

图 4-37　"基准轴"对话框

1．自动判断

根据所选的对象确定要使用的最佳轴类型。

2. 曲线/面轴

根据所选择的圆柱、圆锥或旋转体的曲线或面创建基准轴，如图 4-38 所示。

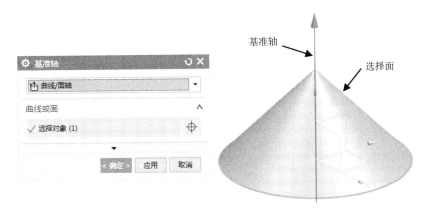

图 4-38　根据曲线/面轴创建基准轴

3. 曲线上矢量

选择一条曲线，通过选择曲线的点来创建切向、法向、副法向、垂直于对象和平行于对象方向的基准轴。点的位置可通过弧长或弧长百分比确定，单击 ⊠（反向）图标可以改变切线的方向，如图 4-39 所示。

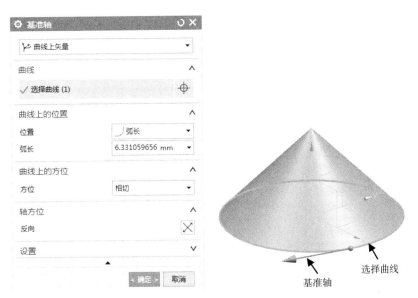

图 4-39　通过曲线上矢量创建基准轴

4. XC 轴、YC 轴、ZC 轴

沿工作坐标系（WCS）或绝对坐标系（ACS）的 X 轴、Y 轴或 Z 轴创建基准平面。

5. 两点

通过两点创建基准轴，如图 4-40 所示。

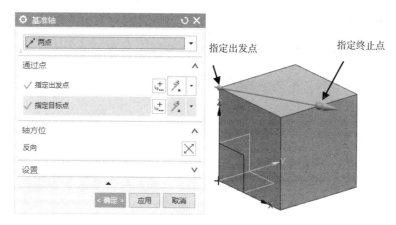

图 4-40 通过两点创建基准轴

6．点和方向

通过选择指定点和相应的矢量方向来创建基准轴，如图 4-41 所示。

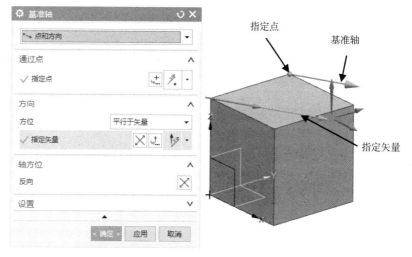

图 4-41 通过点和方向创建基准轴

4.5 扫描特征

扫描特征是指一条截面线移动所扫掠过的区域构成的实体。扫描特征的类型主要有拉伸特征、旋转特征、扫掠特征和管道特征。

4.5.1 拉伸特征

在进入建模环境后，单击"主页"选项卡，在"特征"命令组的"设计特征"下拉菜单中单击 拉伸图标，弹出如图 4-42 所示的"拉伸"对话框。

第4章 实体建模

图 4-42 "拉伸"对话框

下面说明创建拉伸特征的一般步骤。

1. 定义拉伸特征的截面

单击"截面线"栏的 (曲线)图标,选择已有草图作为截面草图;也可以单击 (绘制截面)图标,绘制新草图作为截面草图。

2. 定义拉伸特征的方向

默认的拉伸矢量方向和截面线所在的面相互垂直。在设置矢量方向后,拉伸方向为指定的矢量方向。单击"方向"栏的 (反向)图标,可以改变拉伸方向。采用不同拉伸矢量方向时的拉伸特征如图 4-43 所示。

 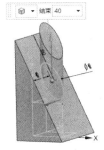 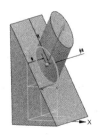

(a)默认拉伸矢量　　　　(b)拉伸矢量 ZC　　　　(c)指定矢量方向

图 4-43 不同拉伸矢量方向时的拉伸特征

3. 设置限制

确定拉伸特征的开始和终点位置。

（1）值：设置值，确定拉伸特征的开始或终点位置。在截面上方的值为正数，在截面下方的值为负数，如图 4-44（a）所示。

（2）对称值：向两个方向对称拉伸，如图 4-44（b）所示。

（3）直至下一个：终点位置沿箭头方向，开始位置沿箭头反方向，拉伸到最近的实体表面，如图 4-44（c）所示。

（4）直至选定对象：终点位置沿箭头方向，开始位置沿箭头反方向，拉伸到选定对象，如图 4-44（d）所示。

（5）贯通：当有多个实体时，通过全部实体，如图 4-44（e）所示。

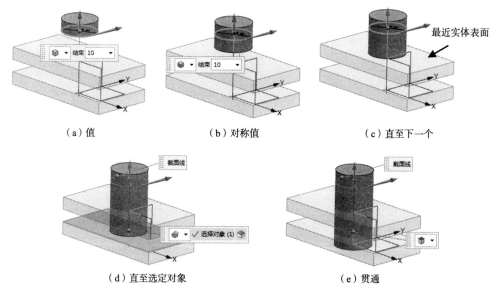

图 4-44 采用不同限制方式时的拉伸特征

4. 选择布尔操作

指定拉伸特征与创建该特征时所接触的其他体之间交互的方式。

（1）无：创建独立的拉伸实体。

（2）合并：将两个或多个体的拉伸体合成一个单独的体。

（3）减去：从目标体移除拉伸体。

（4）求交：创建一个体，这个体包含由拉伸特征和与之相交的现有体共享的体积。

5. 设置拔模

（1）无：不创建任何拔模，如图 4-45（a）所示。

（2）从起始：创建一个拔模，拉伸形状在起始限制处保持不变，从该固定形状处将拔模角应用于侧面，如图 4-45（b）所示。

（3）从截面：创建一个拔模，拉伸形状在截面处保持不变，从该截面处将拔模角应用于侧面，如图 4-45（c）所示。

（4）从截面非对称角度：在截面前后允许不同的拔模角，仅从截面的两侧同时拉伸时可用，如图 4-45（d）所示。

（5）从截面对称角度：在截面的前后使用相同的拔模角，仅从截面的两侧同时拉伸时可用，如图 4-45（e）所示。

（6）从截面匹配的终止处：调整后拔模角，使前后端盖匹配，仅从截面的两侧同时拉伸时可用，如图 4-45（f）所示。

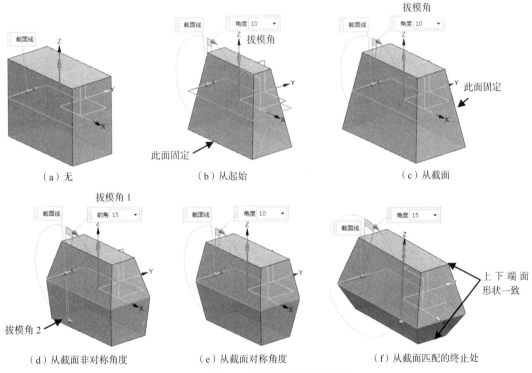

图 4-45　采用不同拔模方式时的拉伸特征

6．设置偏置

（1）无：不创建任何偏置。

（2）单侧：只有封闭、连续的截面线，才能使用该项。只有在终点偏置值，才能形成一个偏置的实体，如图 4-46（a）所示。

（3）两侧：偏置为开始、结束两条边，偏置值可以为负数，如图 4-46（b）所示。

（4）对称：向截面线的两个方向偏置，偏置值相等，如图 4-46（c）所示。

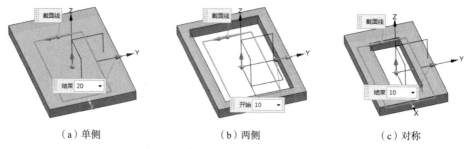

（a）单侧　　　　　　　　　（b）两侧　　　　　　　　　（c）对称

图 4-46　采用不同偏置方式时的拉伸特征

【应用案例 4-2】

本例用来说明如何进行拉伸操作。

（1）打开草图文件。启动 NX1847，打开文件"拉伸实例.prt"。

（2）打开"拉伸"对话框。单击"主页"选项卡，在"特征"命令组的"设计特征"下拉菜单中单击 拉伸 图标，弹出"拉伸"对话框。

（3）选择拉伸截面。在绘图区选择草图曲线。

（4）确定拉伸方向。默认为 （面/平面法线）。

（5）确定拉伸体的起始面和终止面位置。在"限制"栏的"结束"下拉列表中选择"对称值"选项，在"距离"文本框中输入"30"。

（6）单击"确定"按钮，完成拉伸特征的创建，如图 4-47 所示。

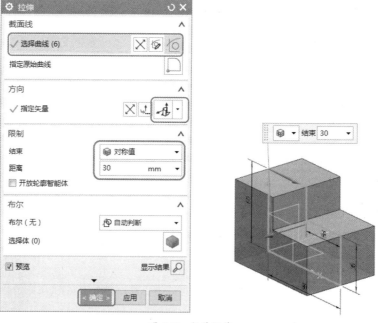

图 4-47　拉伸操作

4.5.2 旋转特征

旋转特征是指将截面曲线绕指定轴旋转一定角度,生成的实体或片体。

在进入建模环境后,单击"主页"选项卡,在"特征"命令组的"设计特征"下拉菜单中单击 旋转 图标,弹出如图 4-48 所示的"旋转"对话框。

图 4-48 "旋转"对话框

下面说明创建旋转特征的一般步骤。

1. 定义旋转特征的截面

单击"截面线"栏的 (曲线)图标,选择已有草图作为截面草图;也可以单击 (绘制截面)图标,绘制新草图作为截面草图。

2. 定义旋转轴

指定矢量作为旋转轴,可以使用曲线或边来指定旋转轴。单击"指定矢量"处的 (矢量构造器)图标来确定旋转轴的方向,单击"指定点"处的 (点构造器)图标来确定旋转轴的位置。

> 🔔 注意
>
> 旋转体和旋转轴之间存在关联性,如果在创建旋转体之后更改旋转轴的位置,则旋转体会进行相应的更新。

3. 设置限制

限制表示旋转体的相对两端，绕旋转轴的旋转范围为 0°～360°。

（1）值：设置旋转角度值，如图 4-49（a）所示。

（2）直至选定对象：指定作为旋转的起始或终止位置的面、实体、片体或相对基准平面，如图 4-49（b）所示。

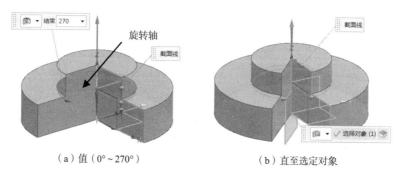

（a）值（0°～270°） （b）直至选定对象

图 4-49 采用不同限制方式的旋转特征

4. 选择布尔操作

指定旋转特征与创建该特征时所接触的其他体之间交互的方式。

（1）无：创建独立的旋转实体。

（2）合并：将两个或多个体的旋转体合成一个单独的体。

（3）减去：从目标体移除旋转体。

（4）求交：创建一个体，这个体包含由旋转特征和与之相交的现有体共享的体积。

5. 设置偏置

分别指定截面每一侧的偏置值。可以在"开始"和"结束"文本框中或在它们的动态输入框中输入偏置值，还可以拖动偏置手柄。

（1）无：不创建任何偏置。

（2）两侧：向旋转截面的两侧添加偏置。

【应用案例 4-3】

本例用来说明如何进行旋转操作。

（1）打开草图文件。启动 NX1847，打开文件"旋转实例.prt"。

（2）打开"旋转"对话框。单击"主页"选项卡，在"特征"命令组的"设计特征"下拉菜单中单击 旋转 图标，打开"旋转"对话框。

（3）选择旋转截面。在绘图区选择草图截面。

（4）指定矢量。选择 ZC 轴为矢量的构造方法。

（5）指定点。单击 ⊕（点构造器）图标，在"输出坐标"栏的"X""Y""Z"文本框中分别输入"0""0""0"。

（6）确定旋转体的起始面和终止面。在"限制"栏的"开始"下拉列表中选择"值"选项，在"角度"文本框中输入"0"，在"结束"下拉列表中选择"值"选项，在"角度"文本框中输入"270"。

（7）生成空心体。在"偏置"栏的"偏置"下拉列表中选择"两侧"选项，在"开始"文本框中输入"0"，在"结束"文本框中输入"5"。

（8）单击"确定"按钮，完成旋转体的创建，如图4-50所示。

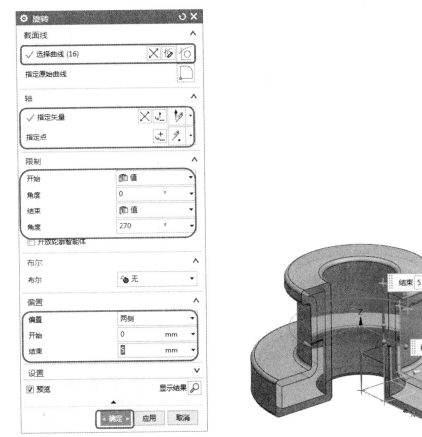

图4-50　旋转操作

4.5.3　扫掠特征

扫掠特征是指使用规定的方法沿一条空间路径移动一条曲线而产生的体。移动曲线称为截面线，其路径称为引导线。

在进入建模环境后，单击"主页"选项卡，在"特征"命令组的"更多"下拉菜单中单击 ◊扫掠 图标，弹出如图4-51所示的"扫掠"对话框。

图 4-51 "扫掠"对话框

下面说明创建扫掠特征的一般步骤。

1. 定义扫掠特征的截面

截面线最少 1 条，最多 150 条。截面线可以由一个对象或多个对象组成，并且每个对象可以是曲线、实体边，也可以是实体面。在选择不同组的截面线时，可以单击"截面"栏的 ✢ （添加新集）图标。

2. 选择引导线

引导线最少 1 条，最多 3 条。在扫掠成型的过程中，如果仅选择一条引导线，则需要给定截面线沿着引导线移动时其方位和尺寸的变化规律。如果选择两条引导线，则截面线沿着引导线移动的方位由两条引导线各对应点之间的连线的方向唯一确定，但是尺寸会适当缩放，以保证截面线与两条引导线始终保持接触。如果选择三条引导线，则截面线沿着引导线移动的方位和尺寸被完全确定，因而无须另外指定方向和比例。在添加不同的引导线时，可以单击"引导线"栏的 ✢ （添加新集）图标。

3. 设置截面选项

1）截面位置

（1）沿引导线任何位置：截面线在引导线中的任何位置都可以生成正常片体或实体，如图 4-52（b）

所示。

（2）引导线末端：截面线在引导线的末端生成正常的片体或实体，如图 4-52（c）所示。

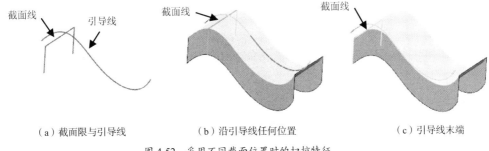

（a）截面限与引导线　　　　（b）沿引导线任何位置　　　　（c）引导线末端

图 4-52　采用不同截面位置时的扫掠特征

2）对齐

（1）参数：按等参数间隔沿截面对齐等参数曲线。

（2）弧长：按等弧长间隔沿截面对齐等参数曲线。

（3）根据点：按截面间的指定点对齐等参数曲线，如图 4-53 所示。

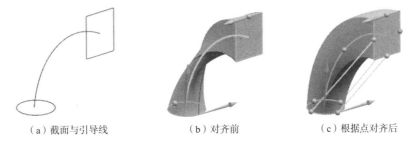

（a）截面与引导线　　　　（b）对齐前　　　　（c）根据点对齐后

图 4-53　采用不同对齐方式时的扫掠特征

3）定向方法

在扫掠过程中，如果只选择一条引导线，则需要确定定位方法，用于指定截面线沿着引导线扫掠的过程中其方向的变化规则。

（1）固定：截面线在沿着引导线扫掠的过程中将保持固定方位，如图 4-54（b）所示。

（2）面法向：截面线在沿着引导线扫掠的过程中，局部坐标系的第二轴在引导线上每一点都对齐指定面的法线方向。

（3）矢量方向：截面线在沿着引导线扫掠的过程中，局部坐标系的第二轴始终与指定矢量对齐（注意：指定矢量不能与引导线相切），如图 4-54（c）所示。

（4）另一条曲线：截面线在沿着引导线扫掠的过程中，可以用另一条曲线或实体的边缘线来控制截面线的方位。局部坐标系的第二轴由引导线与另一条曲线各对应点之间的连线方向来控制。

（5）一个点：截面线在沿着引导线扫掠的过程中，可以用一条通过指定点且与引导线变化规律相似的曲线来控制截面线的方位。

（6）角度规律：截面线在沿着引导线扫掠的过程中，以给定的函数来控制截面线的方位。

（7）强制方向：截面线在沿着引导线扫掠的过程中，使用一个矢量方向固定剖切平面的方位。

（a）截面与引导线　　　（b）固定　　　（c）矢量方向

图 4-54　不同定位方法时的扫掠特征

4）缩放方法

在扫掠过程中，如果只选择一条引导线，则在扫掠过程中可以控制截面曲线的缩放方法如下所述。

（1）恒定：在扫掠过程中，截面线采用恒定的比例放大或缩小，如图 4-55（a）所示。

（2）倒圆：在扫掠过程中，截面线的变化为均匀过渡。具体操作：先定义起始端和结束端截面曲线的缩放比例，中间缩放比例是按照线性或三次函数变化规律来获得的，如图 4-55（b）所示。

（3）另一条曲线：在扫掠过程中，任意一点的比例是基于引导线串和另一条曲线对应点之间的连线长度的，如图 4-55（c）所示。

（4）一个点：和另一条曲线相同，但是使用点而不是曲线。

（5）面积规律：在扫掠过程中，扫掠体截面积会依照某种规律变化。

（6）周长规律：在扫掠过程中，扫掠体截面周长会依照某种规律变化，如图 4-55（d）所示。

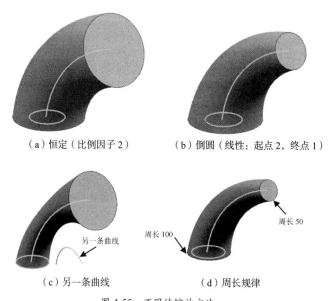

（a）恒定（比例因子2）　　　（b）倒圆（线性：起点2，终点1）

（c）另一条曲线　　　（d）周长规律

图 4-55　不同的缩放方法

在扫掠过程中，如果选择两条引导线，则在扫掠过程中可以控制截面线的缩放方法如下所述。

（1）均匀：在扫掠过程中，截面线在各个方向上均匀缩放。

（2）横向：在扫掠过程中，截面线在位于两条引导线之间的部分保持不变。

4．完成创建

单击"确定"按钮，完成扫掠特征的创建。

4.6 设计特征

设计特征必须以基体为基础，并通过增加材料或减去材料将这些特征增加到基体中。这些特征有孔特征、圆台特征、腔体特征、凸垫特征、键槽特征、沟槽特征和螺纹特征。

4.6.1 设计特征概述

在进入建模环境后，单击"主页"选项卡，在"特征"命令组的"更多"下拉菜单中选择相应的设计特征，如图4-56所示。

图4-56 设计特征（需自己定制）

🔔 **特别提示**

在NX1847中，"凸台""腔""垫块""键槽"4个命令不直接出现在"特征"命令组中，它们会被"凸起"命令替代。用户可通过工具栏"定制"，将这些命令"拖出来"。

4.6.2 孔

孔特征就是在实体上创建机械加工的各类孔，包括常规孔（简单孔、沉头孔、埋头孔及锥形孔）、螺纹孔、螺钉间隙孔等。

在进入建模环境后，单击"主页"选项卡，在"特征"命令组的"更多"下拉菜单中单击 图标，弹出如图4-57所示的"孔"对话框。下面以简单孔为例，介绍孔的创建步骤。

1．确定孔的类型

通常孔的类型为"常规孔"。此外，还有钻形孔、螺钉间隙孔、螺纹孔等。

2．确定孔的位置

单击"位置"栏的 （绘制截面）图标，进入草图环境来绘制点，或者单击 （点）图标选择已有的点或创建点，完成孔位置的确定。按照此方法可以同时确定很多个孔的位置。

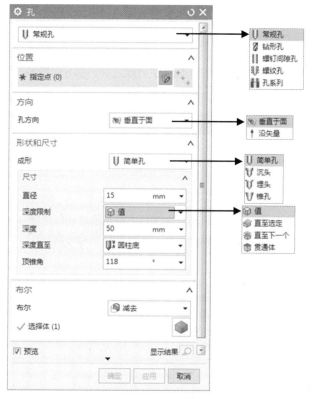

图 4-57 "孔"对话框

3. 确定孔的方向

通常孔的方向为"垂直于面",也可以根据需要选择"沿矢量"选项,单击 (矢量构造器)图标,确定不同的孔的方向,如图 4-58 所示。

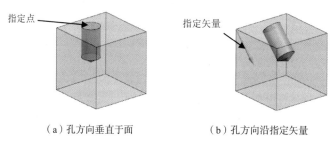

（a）孔方向垂直于面　　　　　（b）孔方向沿指定矢量

图 4-58 孔的方向

4. 确定孔的形状和尺寸

"成形"包括"简单孔""沉头""埋头""锥形"4 种类型的孔,下面主要介绍简单孔和沉头孔的成形方法。

（1）当"成形"为"简单孔"时,需要在"尺寸"栏输入"直径"、"深度"和"顶锥角"的值,如图 4-59（a）所示。

（2）当"成形"为"沉头"时,需要在"尺寸"栏输入"沉头直径"、"沉头深度"、"直径"、

"深度"和"顶锥角"的值,如图4-59(b)所示。

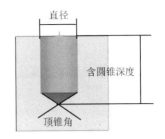

(a)简单孔

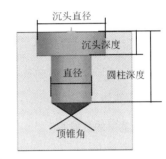

(b)沉头孔

图 4-59 孔的类型

在"尺寸"栏有一个"深度限制"下拉列表,此下拉列表用于控制孔的深度类型,包括"值"、"直至选定对象"、"直至下一个"和"贯通体"4个选项。

(1)值:给定孔的具体深度值,如图4-60(a)所示。

(2)直至选定对象:创建一个深度直至选定对象的孔,如图4-60(b)所示。

(3)直至下一个:对孔进行扩展,直至孔达到下一个面。

(4)贯通体:创建一个通孔,贯通所有特征,如图4-60(c)所示。

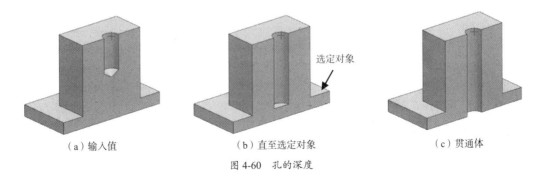

图 4-60 孔的深度

5. 完成创建

单击"确定"按钮,完成孔的创建。

4.6.3 凸台

在进入建模环境后,单击"主页"选项卡,在"特征"命令组的"更多"下拉菜单中单击 凸台(原有)图标,弹出如图 4-61 所示的"凸台"对话框。

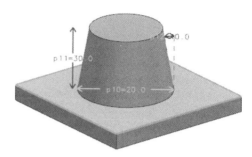

图 4-61 "凸台"对话框和凸台模型

创建凸台的操作步骤如下所述。

1. 选择放置凸台的平的放置面

放置面必须是平面,通常选择已有实体的表面,如果没有平面可用作放置面,则可以使用相对基准平面作为放置面。

2. 设置凸台的尺寸

包括凸台的"直径"、"高度"和"锥角"。

3. 确定凸台的放置位置

在"凸台"对话框中单击"确定"按钮,弹出"定位"对话框,如图 4-62 所示。

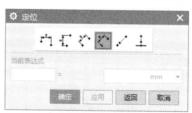

图 4-62 "定位"对话框

(1)(水平定位)表示特征上的工具边点与实体上的目标边点在 XC 轴方向的距离。首先选择水平参考,作为确定 XC 方向轴约束圆心的水平距离;其次,选择目标对象,当边缘被选择时,离光标最近的边缘端点被选中,如图 4-63 所示。

(2)(竖直定位)表示特征上的工具边点与实体上的目标边点在 YC 轴方向的距离。该定位通常与水平定位配合使用,如图 4-63 所示。

(3)(平行定位)表示特征上的工具边点与实体上的目标边点的最短距离。一般用于圆形特征(如孔、圆台)的定位,具体定位方法如图 4-64 所示。

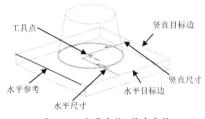

图 4-63　水平定位+竖直定位

（4） （垂直定位）表示特征上的一点到目标边的垂直距离。一般用于圆形特征（如孔、圆台）的定位，只需选择目标边来确定孔、圆台特征的圆心到目标边的垂直距离，具体定位方法如图 4-64 所示。

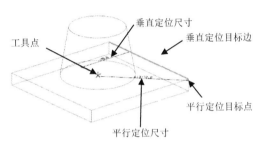

图 4-64　平行定位+垂直定位

（5） （点落在点上定位）是平行定位的一种特例，系统自动设置特征上的工具边的点到实体上的目标边点的最短距离为 0，即两点重合。它同样用于一般圆形特征（如孔、圆台）的定位，如图 4-65 所示。

图 4-65　点落在点上定位

（6） （点落到线上定位）是垂直定位的一种特例。系统自动设置垂直距离为 0，点落到线上即点在线上，一般用于圆形特征（如孔、圆台）的定位，如图 4-66 所示。

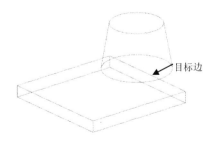

图 4-66　点落到线上定位

4. 完成创建

单击"确定"按钮，完成凸台的创建。

【应用案例 4-5】

【设计要求】

利用圆柱、凸台及孔特征创建如图 4-67 所示的零件模型。

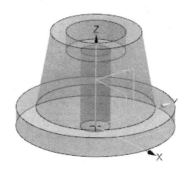

图 4-67 零件模型

【设计步骤】

1. 新建模型文件

启动 NX1847，新建模型文件"应用案例 4-5.prt"。

2. 创建底座

（1）单击 圆柱 图标，弹出"圆柱"对话框。

（2）"指定矢量"选择 ZC 轴，"指定点"选择坐标原点。

（3）在"尺寸"栏中输入尺寸值，如图 4-68 所示。

（4）单击"确定"按钮，完成底座创建。

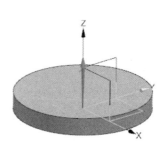

图 4-68 利用圆柱特征创建底座

3. 创建凸台

（1）单击 凸台(原有) 图标，弹出"凸台"对话框。

（2）选择放置平面为底座上表面。

（3）输入凸台尺寸值，如图4-69所示。

（4）单击"确定"按钮，弹出"定位"对话框，单击 （点落在点上）图标，单击底座上表面圆周边，弹出"设置圆弧的位置"对话框，单击"圆弧中心"按钮，完成凸台的创建。

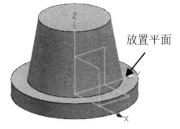

图 4-69　创建凸台

4. 创建阶梯孔

（1）单击 孔 图标，弹出"孔"对话框。

（2）单击"位置"栏的"指定点"，将光标移至凸台上表面圆周边，在出现 边/凸台(2) 图标后单击圆周边。

（3）在"形状和尺寸"栏中单击"成形"下拉列表的 沉头 图标，并输入沉头孔尺寸，如图4-70所示。

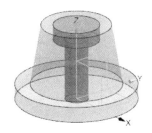

图 4-70　创建沉头孔

（4）单击"确定"按钮，完成沉头孔的创建，即可完成零件模型的创建。

4.6.4 腔体

在进入建模环境后,单击"主页"选项卡,在"特征"命令组的"更多"下拉菜单中单击 图标,弹出如图 4-71 所示的"腔"对话框。

图 4-71 "腔"对话框

创建腔体的操作步骤如下所述。

1. 选择腔体的类型

通过"腔"对话框中的命令,可在实体上创建圆柱形腔体、矩形腔体和常规腔体,如图 4-71 所示。

2. 选择放置腔体的平的放置面

在创建矩形腔体时,需要选择水平参考面以确定矩形腔体的摆放方位。

3. 设置腔体的尺寸

如果选择创建圆柱形腔体,则需要输入"腔直径"、"深度"、"底面半径"和"锥角"的值,如图 4-72 所示。如果选择创建矩形腔体,则需要输入"长度"、"宽度"、"深度"、"角半径"、"底面半径"和"锥角"的值,如图 4-73 所示。

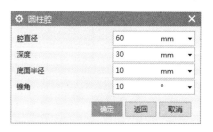 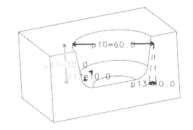

图 4-72 圆柱形腔体

 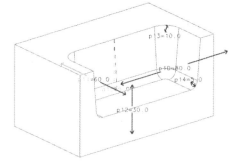

图 4-73 矩形腔体

特别提示

在创建矩形腔体时,深度值必须大于底面半径值,角半径值必须大于或等于底面半径值,如果有锥角,则考虑锥角的角半径值必须大于或等于底面半径值。

4. 确定腔体的放置位置

腔体的定位方式如图 4-74 所示。与凸台的定位方式相比,增加了以下几种方式。

图 4-74 腔体的定位方式

(1) ⊥(按一定距离平行定位)表示特征上的工具边与实体上的目标边的平行距离。该定位方式只能用于具有长度边缘的非圆形特征(如腔体、凸垫和键槽)的定位,需要选择目标边和工具边,如图 4-75 所示。

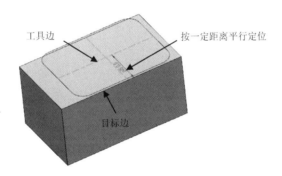

图 4-75 按一定距离平行定位

(2) △(斜角定位)表示特征上的工具边与实体上的目标边的角度。该定位方式只能用于具有长度边缘的非圆形特征(如腔体、凸垫和键槽)的定位,需要选择目标边和工具边,如图 4-76 所示。

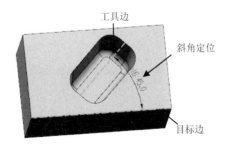

图 4-76 斜角定位

(3) ⊥(线落到线上定位)是按一定距离平行定位的一种特例。系统自动设置平行距离值为 0,即工具边和目标边重合，同样只能用于具有长度边缘的非圆形特征（如腔体、凸垫和键槽）的定位，如图 4-77 所示。

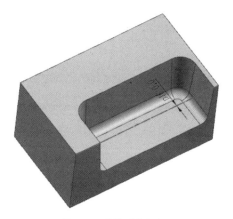

图 4-77　线落到线上定位

5．完成创建

单击"确定"按钮，完成腔体的创建。

4.6.5　垫块

在进入建模环境后，单击"主页"选项卡，在"特征"命令组的"更多"下拉菜单中单击 垫块(原有) 图标，弹出如图 4-78 所示的"垫块"对话框。

图 4-78　"垫块"对话框

创建垫块的操作步骤如下所述。

1．选择垫块的类型

通过"垫块"对话框中的命令，可在实体上创建矩形垫块和常规垫块，如图 4-79 所示。

2．选择放置垫块的平的放置面

在创建矩形垫块时，需要选择水平参考面以确定矩形垫块的摆放方位。

3．设置垫块的尺寸

设置矩形垫块，需要输入"长度"、"宽度"、"高度"、"角半径"和"锥角"的值，如图 4-79 所示。

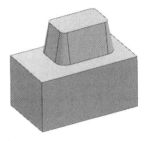

图 4-79 垫块的尺寸

4．确定腔体的放置位置

各种定位方法可参考"腔体"和"凸台"的定位方法。

5．完成创建

单击"确定"按钮，完成垫块的创建。

【应用案例 4-6】

【设计要求】

利用长方体、垫块及腔体特征创建如图 4-80 所示的零件模型。

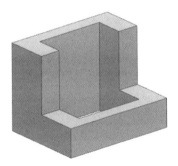

图 4-80 零件模型

【设计步骤】

1．新建模型文件

启动 NX1847，新建模型文件"应用案例 4-6.prt"。

2．创建底座

（1）单击 长方体 图标，弹出"长方体"对话框。

（2）在"原点"栏选择"指定点"，默认为坐标原点。

（3）在"尺寸"栏输入尺寸值，如图 4-81 所示。

（4）单击"确定"按钮，完成底座的创建。

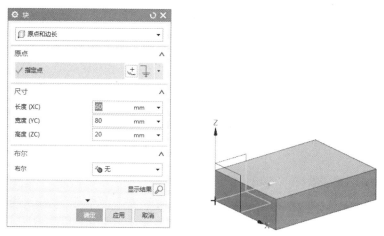

图 4-81 创建底座

3. 创建垫块

(1) 单击 ⚫️垫块(原有) 图标,弹出"垫块"对话框。

(2) 选择垫块类型:单击"矩形"按钮,弹出"矩形垫块"对话框。

(3) 选择放置平面:单击底座上表面,弹出"水平参考"对话框。

(4) 选择水平参考(长度尺寸方向):如图 4-82 所示,单击底座上表面的边,作为长度方向,弹出"矩形垫块"对话框。

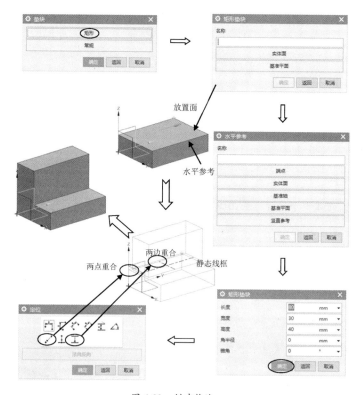

图 4-82 创建垫块

(5)垫块尺寸:输入垫块尺寸值,如图4-82所示。单击"确定"按钮,弹出"定位"对话框。

(6)垫块定位:单击工(线落到线上)图标,依次单击底板上表面上边、垫块后边。单击 ⁺(点落在点上)图标,依次单击底板顶点、垫块顶点,完成垫块的创建。

4.创建腔体

(1)单击 ◉腔(原有) 图标,弹出"腔"对话框。

(2)选择腔体类型:单击"矩形"按钮,弹出"矩形腔"对话框。

(3)选择放置平面:单击底座上表面,弹出"水平参考"对话框。

(4)选择水平参考(长度尺寸方向):如图4-83所示,单击垫块上表面的边,作为长度方向,弹出"矩形腔"对话框。

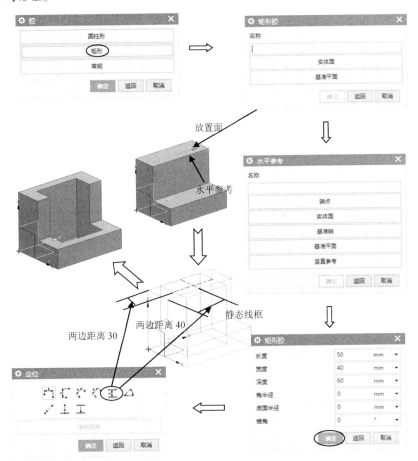

图 4-83 创建腔体

(5)腔体尺寸:输入腔体尺寸值,如图4-83所示。单击"确定"按钮,弹出"定位"对话框。

(6)腔体定位:单击工(按一定距离平行)图标,依次单击垫块上表面上边、腔体中心线,输入距离为"30",单击"确定"按钮。再次单击工(按一定距离平行)图标,依次单击垫块上表面左边、腔体中心线,输入距离为"40",单击"确定"按钮,完成腔体的创建,即可完成零件模型的创建。

4.6.6 凸起

在进入建模环境后，单击"主页"选项卡，在"特征"命令组的"更多"下拉菜单中单击 凸起 图标，弹出如图 4-84 所示的"凸起"对话框。

图 4-84 "凸起"对话框

NX1847 将凸起作为综合的设计特征，具有更加灵活的功能，会逐步取代低版本中的"凸台""腔""凸垫"命令。

（1）截面线：凸起的基本形状，是封闭曲线集、边集或草图，在平面或其他面上创建。这个截面通常是平的，但它也可以是 3D 的。

（2）要凸起的面：在其上创建凸起的曲面。

（3）端盖：凸起的终止曲面。该曲面可得到凸起的底部面（腔）或顶部面（垫块）。

（4）拔模：凸起侧壁创建拔模，不同选项可指出截面从何处开始拔模或投影到何处。

（5）设置：指定凸起种类，包含混合、凸垫和凹腔。

凸起的操作过程与"拉伸"命令类似，但是具有"拉伸"命令所无法完成的功能。创建凸起的操作步骤如下所述。

（1）定义凸起特征的截面：可以单击 （曲线）图标，选择已有草图作为截面草图；也可以单击 （绘制截面）图标，绘制新草图作为截面草图。

（2）定义凸起表面：要凸起的面。

（3）定义拉伸特征的方向：默认的拉伸矢量方向和截面线所在的面相互垂直。在设置矢量方向后，拉伸方向为指定的矢量方向。单击 （反向）图标，可以改变拉伸方向。

(4)设定限制:确定拉伸特征的开始和结束位置。

(5)设定拔模:设定是否拔模,以及拔模的方法。

【应用案例 4-7】

本例用来说明如何创建凸起特征。

(1)启动 NX 软件,进入建模环境,打开文件"凸起.prt",实体模型如图 4-85 所示。图中包含 8 个模型,用于创建不同类型的凸起。

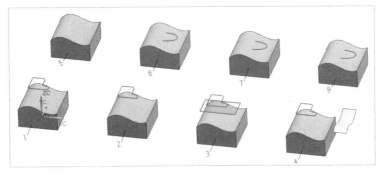

图 4-85 实体模型

(2)创建"截面平面"端盖。单击"主页"选项卡,在"特征"命令组的"更多"下拉菜单中,单击 图标,弹出如图 4-86 所示的"凸起"对话框。选择图 4-85 中模型 1 的"截面线"和"要凸起的面",如图 4-87 所示。"凸起方向"选择 ZC 轴,"端盖"栏的"几何体"选择"截面平面"选项,"拔模"栏的"拔模"选择"无"选项,"设置"栏的"凸度"选择"凸垫"选项。单击"应用"按钮,结果如图 4-88 所示。如果"拔模"栏的"拔模"选择"从端盖"选项,则在创建凸起的同时,增加拔模角,方法与"拔模"特征类似,这里不再赘述。

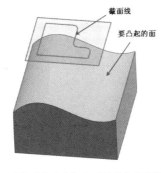
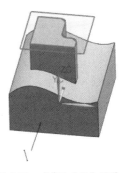

图 4-86 "凸起"对话框　　图 4-87 选择"截面线"和"要凸起的面"　　图 4-88 "截面平面"端盖

(3)创建"凸起的面"端盖。对象选择模型 2,"截面线"、"要凸起的面"及"凸起方向"的设置与步骤 2 一致,"端盖"栏的"几何体"选择"凸起的面"选项,"距离"输入"40",如图 4-89 所示,单击"应用"按钮,结果如图 4-90 所示。这时"凸起"的终止面是"凸起的面"偏置形成的。

图 4-89 "凸起"对话框

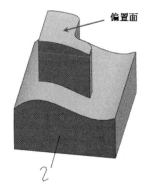

图 4-90 "凸起的面"端盖

(4)创建"基准平面"端盖。对象选择模型 3,"截面线"、"要凸起的面"及"凸起方向"的设置与步骤 2 一致,"端盖"栏的"几何体"选择"基准平面"选项,如图 4-91 所示。选择模型 3 中的基准平面,也可对该基准平面进行"偏置"或"平移",形成新的平面。单击"应用"按钮,结果如图 4-92 所示。这时"凸起"的终止面是"基准平面"形成的。

图 4-91 "凸起"对话框

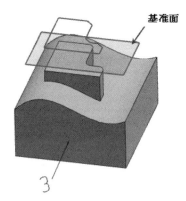

图 4-92 "基准平面"端盖

(5)创建"选定的面"端盖。对象选择模型 4,"截面线"、"要凸起的面"及"凸起方向"的设置与步骤 2 一致,"端盖"栏的"几何体"选择"选定的面"选项,如图 4-93 所示。选择模型 4 中的曲面,也可对该曲面进行"偏置"或"平移",形成新的平面。单击"应用"按钮,结果如图4-94所示。这时"凸起"的终止面是"选定的面"形成的。

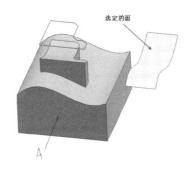

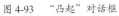   图4-94 "选定的面"端盖

(6)创建"凹腔"凸起。对象选择模型5,"截面线"选择图中的圆,"要凸起的面"及"凸起方向"的设置与步骤2一致,"端盖"栏的"几何体"选择"截面平面"选项,"设置"栏的"凸度"选择"凹腔"选项,如图4-95和图4-96所示。单击"应用"按钮,结果如图4-97所示。

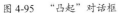　　　图4-96 凸起操作　　　图4-97 "凹腔"凸起

(7)创建"混合"凸起。对象选择模型6,"截面线"选择图中的椭圆,"要凸起的面"及"凸起

方向"的设置与步骤 2 一致,"端盖"栏的"几何体"选择"截面平面"选项,"设置"栏的"凸度"选择"混合"选项,如图 4-98 所示。单击"应用"按钮,结果如图 4-99 所示。其余不变,如果"设置"栏的"凸度"选择"凸垫"或"凹腔"选项,结果如图 4-100 和图 4-101 所示。

图 4-98 "凸起"对话框

图 4-99 "混合"凸起

图 4-100 "凸垫"凸起

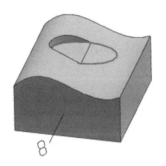

图 4-101 "凹腔"凸起

4.6.7 键槽

在进入建模环境后,单击"主页"选项卡,在"特征"命令组的"更多"下拉菜单中单击 键槽(原有) 图标,弹出如图 4-102 所示的"槽"对话框。

图 4-102 "槽"对话框

创建键槽的操作步骤如下所述。

1．选择键槽的类型

通过"槽"对话框中的命令，可以在实体上创建矩形键槽、球形键槽、U形键槽、T形键槽或燕尾形键槽，如图4-102所示。

> 🔔 **特别提示**
>
> 如果勾选"通槽"复选框，则会在创建键槽的过程中要求选择两个面，分别为起始通过面和终止通过面，即创建一个贯通槽。

2．选择放置键槽的平的放置面

在创建键槽时，需要选择水平参考面以确定键槽的摆放方位。

3．设置键槽的尺寸

1）键槽的长度

键槽的外形如图4-103所示。如果没有勾选"通槽"复选框，则各种类型的键槽都需要输入"长度"，键槽长度与宽度如图4-104所示。

图4-103 键槽的外形

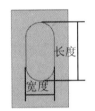

图4-104 键槽长度与宽度

2）键槽的截面尺寸

各种类型的键槽的区别在于截面形状，因此键槽除了定义长度，还需要定义以下截面尺寸。

矩形键槽截面尺寸包括"宽度"和"深度"，如图4-105（a）所示。

球形键槽截面尺寸包括"球直径"和"深度"，深度值必须大于球直径值的1/2，如图4-105（b）所示。

U形键槽截面尺寸包括"宽度"、"深度"和"角半径"，深度值必须大于角半径值，如图4-105（c）所示。

T形键槽截面尺寸包括"顶部宽度"、"顶部深度"、"底部宽度"和"底部深度"，顶部宽度值必须小于底部宽度值，如图4-105（d）所示。

燕尾形键槽截面尺寸包括"宽度"、"深度"和"角度"，如图4-105（e）所示。

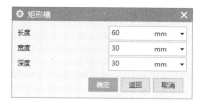 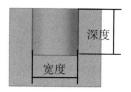

（a）矩形键槽

（b）球形键槽

（c）U形键槽

 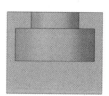

（d）T形键槽

（e）燕尾形键槽

图4-105 不同截面的键槽

4．确定键槽的放置位置

各种定位方法可参考"腔体"和"凸台"的定位方法。

5．完成创建

单击"确定"按钮，完成键槽的创建。

4.6.8 槽

在进入建模环境后,单击"主页"选项卡,在"特征"命令组的"更多"下拉菜单中单击 图标,弹出如图 4-106 所示的"槽"对话框。

图 4-106 "槽"对话框

创建槽的操作步骤如下所述。

1. 选择槽的创建类型

使用"槽"对话框中的命令,可以在实体上创建矩形槽、球形端槽或 U 形槽,如图 4-106 所示。

2. 选择放置面

槽的放置面只能选择圆柱面或圆锥面。

3. 设置槽的尺寸

(1)创建矩形槽,需要输入"槽直径"值和"宽度"值,轴是选定面的轴,如图 4-107(a)所示。

(2)创建球形端槽,需要输入"槽直径"值和"球直径"值,如图 4-107(b)所示。

(3)创建 U 形槽,需要输入"槽直径"值、"宽度"值和"角半径"值,如图 4-107(c)所示。

(a)矩形槽

(b)球形端槽

(c)U 形槽

图 4-107 不同类型的槽特征

4. 确定槽的位置

槽的定位和其他成形特征的定位稍有不同，只能在一个方向上定位槽，即沿着目标实体的轴，不会出现定位尺寸菜单，需要通过选择实体上的目标边及槽的工具边来定位槽，如图4-108所示。

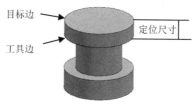

图 4-108　槽的定位

5. 完成创建

单击"确定"按钮，完成槽的创建。

> 🔔 **特别提示**
>
> 不仅可以选择一个外部面作为槽的放置面，而且可以选择一个内部面作为槽的放置面，如图4-109所示。

图 4-109　槽特征

4.6.9　螺纹

在进入建模环境后，单击"主页"选项卡，在"特征"命令组的"更多"下拉菜单中单击 🔩 螺纹刀 图标，弹出"螺纹切削"对话框，如图4-110所示。

创建螺纹的操作步骤如下所述。

1. 选择螺纹的类型

可以创建符号螺纹或详细螺纹，符号螺纹以虚线圆的形式显示在要攻螺纹的一个或几个面上，如图4-111（a）所示。符号螺纹一旦被创建就不能复制或引用，但在创建时可以创建多个副本或者引用副本。详细螺纹是完全关联的，如果特征被修改，则螺纹也会进行相应的更新，如图4-111（b）所示。

(a)符号螺纹　　　　　　　(b)详细螺纹

图 4-110　"螺纹切削"对话框

(a)符号螺纹　　　　　　　(b)详细螺纹

图 4-111　螺纹的类型

2．选择螺纹的放置面

螺纹的放置面可以选择柱面或孔面，如图 4-112 所示。

(a)放置面是外圆柱面　　　　(b)放置面是内孔面

图 4-112　螺纹的放置面

3. 确定螺纹的尺寸

对于符号螺纹，先选择"成形"标准，一般采用"GB193"国标螺纹，然后单击"从表中选择"按钮来选择规格，如图4-110（a）所示。对于详细螺纹，直接输入尺寸参数，如图4-110（b）所示。

4. 选择螺纹的旋转方向

螺纹的旋转方向为"右旋"或"左旋"。

5. 确定螺纹的起始位置

如果有必要，则单击"选择起始"按钮，可以确定螺纹的起始位置，如图4-113所示。

图 4-113　螺纹的起始位置

6. 完成创建

单击"确定"按钮，完成螺纹的创建。

4.6.10　筋板

在进入建模环境后，单击"主页"选项卡，在"特征"命令组的"更多"下拉菜单中单击 筋板 图标，弹出"筋板"对话框，如图4-114所示。

图 4-114　"筋板"对话框

创建筋板的操作步骤如下所述。

1．选择体

选取需要创建筋板的实体，一般默认选取已经创建的实体。

2．定义筋板的截面线

可以单击 （曲线）图标，选择已有草图作为截面草图；也可以单击 （绘制截面）图标，绘制新草图作为截面草图。

3．定义壁的方向与尺寸

（1）壁的方向：选中"垂直于剖切平面"单选按钮，如图4-115（a）所示；选中"平行于剖切平面"单选按钮，如图4-115（b）所示。

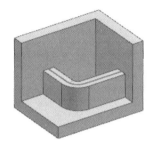 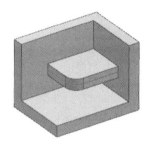

（a）垂直于剖切平面　　　　　　　　（b）平行于剖切平面

图4-115　壁的方向

（2）壁的尺寸：在"尺寸"下拉列表中选择"对称"或"非对称"选项，然后输入"厚度"值。

4．定义帽形体

仅适用于壁的方向为"垂直于剖切平面"，可以选择"从截面"偏置，如图4-116（a）所示；或者选择"从所选对象"偏置，如图4-116（b）所示。

 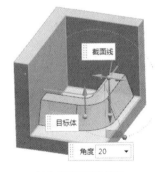

（a）从截面配置　　　　　　　　（b）从所选对象偏置

图4-116　帽形体偏置方式

5．定义拔模

仅适用于壁的方向为"垂直于剖切平面"，在"拔模"下拉列表中选择"使用封盖"选项，输入"角度"值，创建结果如图4-116所示。

6. 完成创建

单击"确定"按钮，完成筋板的创建。

【应用案例 4-8】

本例通过进行座驾造型设计来说明如何进行各类特征操作。

（1）启动 NX 1847，以"座驾.prt"为文件名，进入建模环境。

（2）创建长方体。单击"主页"选项卡，在"特征"命令组的"设计特征"下拉菜单中单击 长方体 图标，弹出"块"对话框，在类型下拉列表中选择"原点和边长"选项，在"原点"栏中单击 (点构造器) 图标，在"点"对话框中"输出坐标"栏的"X""Y""Z"文本框中分别输入"0""-35""0"。在"尺寸"栏的"长度"、"宽度"和"高度"文本框中分别输入"30"、"70"和"10"，单击"确定"按钮，完成长方体的创建，如图 4-117 所示。

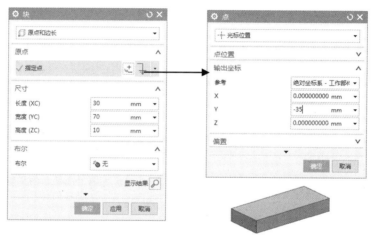

图 4-117 创建长方体

（3）创建圆柱体。单击"主页"选项卡，在"特征"命令组的"设计特征"下拉菜单中单击 圆柱 图标，弹出"圆柱"对话框，在类型下拉列表中选择"轴、直径和高度"选项，在"轴"栏的"指定矢量"处选择 XC 轴，单击"指定点"后 (点构造器)图标，在"点"对话框中"输出坐标"栏的"XC""YC""ZC"文本框中分别输入"0""0""0"。在"尺寸"栏的"直径"和"高度"文本框中分别输入"40"和"45"，不进行布尔运算。单击"确定"按钮，完成圆柱体的创建，如图 4-118 所示。

（4）创建基准平面。单击"主页"选项卡，在"特征"命令组的"基准/点"下拉菜单中单击 基准平面 图标，在类型下拉列表中选择"自动判断"选项，单击"选择对象"，选择矩形下底面，单击"确定"按钮，完成基准平面的创建，如图 4-119 所示。

（5）裁剪圆柱体。单击"主页"选项卡，在"特征"命令组中单击 修剪体 图标，进入"修剪体"对话框，单击"目标"栏的"选择体"，在绘图区选择圆柱体，在"工具"栏的"工具选项"下拉列表中选择"面或平面"选项，并在绘图区内选择刚创建的基准平面，单击"确定"按钮，完成对圆柱体的裁剪，如图 4-120 所示。

图 4-118 创建圆柱体

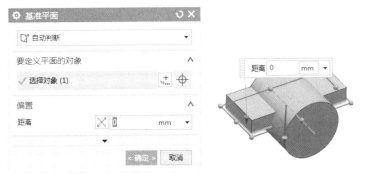

图 4-119 创建基准平面

图 4-120 利用基准平面修剪圆柱体

（6）合并。单击"主页"选项卡，在"特征"命令组的"组合"下拉菜单中单击 图标，弹出"合并"对话框，单击"目标"栏的"选择体"，在绘图区内选择圆柱体，单击"工具"栏的"选择体"，在绘图区选择长方体，单击"确定"按钮，从而将裁减后的圆柱体与长方体进行合并，如图4-121所示。

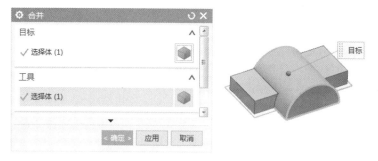

图4-121 将裁减后的圆柱体与长方体合并

（7）在底座上创建两个孔并打螺纹。单击"主页"选项卡，在"特征"命令组的"更多"下拉菜单中单击 图标，弹出"孔"对话框。在类型下拉列表中选择"常规孔"选项，单击"指定点"后的 （绘制截面）图标以确定孔的位置，选择长方体上表面，进入草图绘制界面。两个孔的位置分别位于：点(15,25,10)和点(15,-25,10)，单击 （完成）图标。设置孔的"直径"为"10"，"深度限制"为"贯通体"，与长方体进行"减去"操作，单击"确定"按钮，完成两个光孔的创建，如图4-122所示。

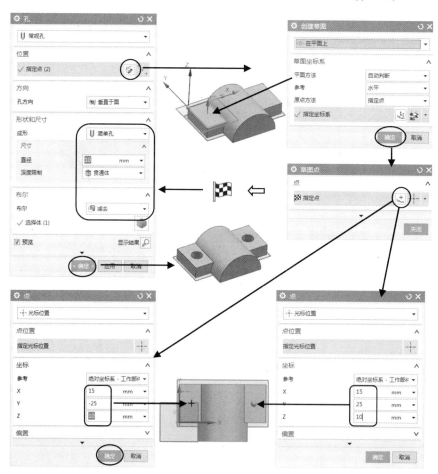

图4-122 创建两个光孔

单击"主页"选项卡,在"特征"命令组的"更多"下拉菜单中单击螺纹刀图标,弹出"螺纹切削"对话框,选择"螺纹类型"为"详细",选择一个孔的内表面,单击"应用"按钮,再选择另一个孔的内表面,单击"确定"按钮,完成两个螺纹孔的创建,如图4-123所示。

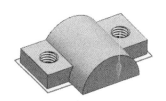

图 4-123 创建两个螺纹孔

(8)创建圆柱体。在"圆柱"对话框中,设置圆柱体的"指定矢量"为XC轴,"指定点"为原点(0,0,0),圆柱体的"直径"为"24","高度"为"50",与大圆柱体进行"减去"操作,单击"确定"按钮,完成该操作,如图4-124所示。

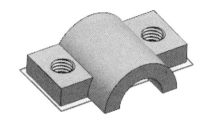

图 4-124 创建圆柱体

(9)创建槽。单击"主页"选项卡,在"特征"命令组的"更多"下拉菜单中单击槽图标,弹出"槽"对话框,单击"矩形"按钮,选择圆柱体的内表面为放置面,输入矩形槽的参数:"槽直径"为"26","宽度"为"12",并进行定位,槽中心距离上表面为"20",单击"确定"按钮,完成槽的创建,如图4-125所示。

图 4-125　创建槽

（10）创建基准平面。在"基准平面"对话框中，在类型下拉列表中选择"相切"选项，在"相切子类型"栏的"子类型"下拉列表中选择"通过点"选项。单击"参考几何体"栏的"选择对象"，选择圆柱体的外表面，单击"指定点"后面的 ⊙（象限点）图标并选择圆柱体的上象限点，单击"确定"按钮，创建基准平面，如图 4-126 所示。

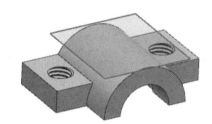

图 4-126　创建基准平面

（11）创建腔体。单击"主页"选项卡，在"特征"命令组的"更多"下拉菜单中单击 腔（原有）图标，弹出"腔"对话框。单击"矩形"按钮，选择创建的基准平面为放置面，选择 YC 方向为水平参考方向，输入矩形腔体的参数："长度"为"30"，"宽度"为"18"，"深度"为"3"，其余均为"0"，单击"确定"按钮。接着进行腔体的定位，采用"水平+垂直"的定位方式：端面圆心到腔体对称线的水平距离为 0，端面圆心到腔体对称线的垂直距离为 20。单击"确定"按钮，完成腔体的创建，如图 4-127 所示。

图 4-127　创建腔体

4.7　细节特征

细节特征包括边倒圆、倒斜角等常用的特征操作，它们本身也是特征，与设计特征不同的是：细节特征会对已有的实体模型或特征添加细节的、装饰的、附加的定义以满足设计要求。

4.7.1 边倒圆

使用"边倒圆"命令可以使多个面共享的边缘变光滑,即可以创建圆角的边倒圆(对凸边缘去除材料),也可以创建倒圆角的边倒圆(对凹边缘添加材料),如图 4-128 所示。

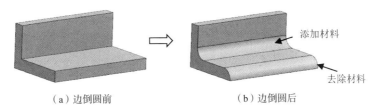

(a)边倒圆前　　　　(b)边倒圆后

图 4-128　边倒圆示意图

在进入建模环境后,单击"主页"选项卡,在"特征"命令组的"倒圆"下拉菜单中单击 边倒圆 图标,弹出"边倒圆"对话框,如图 4-129 所示。

图 4-129　"边倒圆"对话框

1. 恒定半径倒圆

操作步骤如下所述。

(1)打开"边倒圆"对话框。

(2)选择边倒圆的连续性。在"边倒圆"对话框中的"连续性"下拉列表中包括"G1(相切)"和"G2(曲率)"两个选项。

(3)选择要倒圆的边。单击"边倒圆"对话框中的"选择边",在绘图中选择要倒圆的边。

(4)定义圆角形状与尺寸。

在"边倒圆"对话框中的"连续性"下拉列表中选择"G1(相切)"选项,则出现"形状"下拉列表,包括"圆形"和"二次曲线"两个选项,选择"圆形"选项表示倒圆角的截面形状为圆形,选择"二次曲线"选项表示倒圆角的截面形状为二次曲线。如果选择"圆形"选项,则需要在"半径1"文本框中输入圆角半径值,如图 4-130 所示。如果想选择不同的边倒不同的圆角,则可以单击"边倒圆"对话框中的"添加新集"后面的 + 图标，继续选择边，并在"半径 2"文本框中输入圆角半径值，如图 4-131 所示。

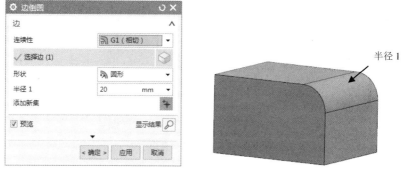

图 4-130　单个边的恒定半径倒圆

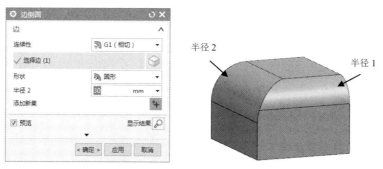

图 4-131　多个边的恒定半径倒圆

在"边倒圆"对话框中的"连续性"下拉列表中选择"G2（曲率）"选项，并在选择边之后在"半径 1"文本框中输入圆角半径值，以及在"Rho1"文本框中输入 Rho 值，不同曲率半径的倒圆如图 4-132 所示。

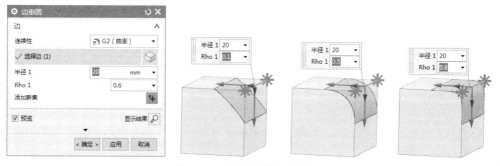

图 4-132　不同曲率半径的倒圆

（5）单击"确定"按钮，完成恒定半径倒圆特征的创建。

2. 变半径倒圆

操作步骤如下所述。

（1）打开"边倒圆"对话框。

（2）选择要倒圆的边。单击"边倒圆"对话框中的"选择边"，在绘图中选择要倒圆的边。

（3）定义圆角形状。在"形状"下拉列表中选择"圆形"选项。

（4）确定变半径点 1 的位置。单击"变半径"栏中"指定半径点"后的 图标，然后在绘图区中单击要倒圆的边上的任意一点，会在边上出现"圆弧长锚"（边上的小球），如图 4-133 所示。单击"圆弧长锚"并按住鼠标左键不放，拖动到弧长百分比值为 30% 的位置（或输入"弧长百分比"为"30"）。

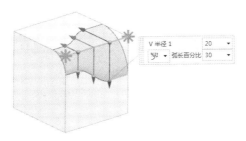

图 4-133　变半径点 1 位置确定

（5）定义圆角参数。在弹出的动态输入框中输入半径值为"20"。

（6）定义变半径点 2 的位置及圆角参数。变半径点 2 的位置为弧长百分比值为 80% 的位置，圆角的半径值为 10。

（7）单击"确定"按钮，完成变半径倒圆特征的创建，如图 4-134 所示。

图 4-134　变半径倒圆

3．拐角倒角

操作步骤如下所述。

（1）打开"边倒圆"对话框。

（2）选择要倒圆的边。只有至少具有 3 条边的圆角拐角的顶点才能进行拐角倒角的操作，因此，此处选择 3 条边进行倒圆操作，具体操作可参考"恒定半径倒圆"中的多边倒圆操作，如图 4-135 所示。

 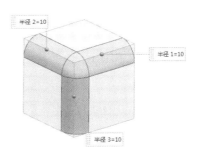

图 4-135　选择要倒圆的边

（3）确定拐角倒角的端点。在"边倒圆"对话框的"拐角倒角"栏中单击"选择端点"，选择 3 条倒圆边的顶点，拐角回切在顶点处以默认值显示，并沿 3 条边对齐，3 个回切为"点 1 倒角 1""点 1 倒角 2""点 1 倒角 3"，如图 4-136 所示。

图 4-136　确定拐角倒角的端点

（4）确定每个回切的回切距离。在"拐角倒角"栏的"列表"中分别选择"点 1 倒角 1""点 1 倒角 2""点 1 倒角 3"选项，并在相应的文本框中输入每个倒角的距离值，如图 4-137 所示。此外，也可以在图形窗口中的动态输入框中输入每个倒角的距离值，或者将各个倒角手柄拖动到距顶点所需距离处。

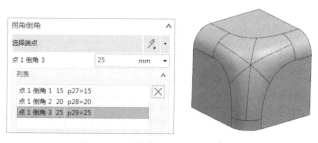

图 4-137　确定每个回切的回切距离

（5）单击"确定"按钮，完成拐角倒角的创建。

4．拐角突然停止

操作步骤如下所述。

（1）打开"边倒圆"对话框。

（2）选择要倒圆的边。

（3）选择端点。在"边倒圆"对话框的"拐角突然停止"栏中单击"选择端点"，然后在绘图区选择要进行拐角停止的倒圆边的端点，如图 4-138 所示。

（4）确定停止点的位置。在"拐角突然停止"栏的"限制"下拉列表中选择"距离"选项，在"位置"下拉列表中选择"弧长百分比"选项，然后在"弧长百分比"文本框或动态输入框中输入弧长百分比值，如图 4-138 所示。此外，停止点位置的确定还可以使用"通过弧长"和"通过点"的方法来确定，或者通过绘图区沿着边拖动突然停止点。

（5）单击"确定"按钮，创建拐角突然停止的边倒圆。

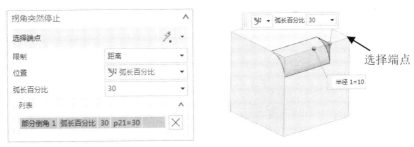

图 4-138　创建拐角突然停止的边倒圆

4.7.2　倒斜角

使用"倒斜角"命令可以用指定的倒角尺寸将实体的边缘变成斜面，倒角尺寸是在构成边缘的两个实体表面上度量的。

和边倒圆类似，在倒斜角时，系统增加材料或减去材料取决于边缘类型。对外边缘（凸）减去材料，对内边缘（凹）则增加材料。无论是增加材料还是减去材料，都缩短了相交于所选边缘的两个面的长度，如图 4-139 所示。

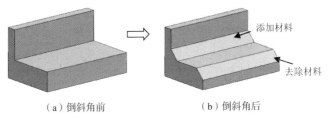

（a）倒斜角前　　　　　（b）倒斜角后

图 4-139　倒斜角示意图

在进入建模环境后，单击"主页"选项卡，在"特征"命令组中单击 倒斜角 图标，弹出"倒斜角"对话框，如图 4-140 所示。

图 4-140　"倒斜角"对话框

倒斜角的操作步骤如下所述。

(1) 打开"倒斜角"对话框。

(2) 选择需要倒斜角的边。在"倒斜角"对话框的"边"栏中单击"选择边",然后在绘图区选择需要倒斜角的边。

(3) 确定倒斜角的类型。在"偏置"栏的"横截面"下拉列表中包含的倒斜角类型有对称、非对称,以及偏置和角度。在选择"对称"选项时,建立一个简单倒斜角,沿两个表面的偏置值是相同的,如图 4-141(a)所示;在选择"非对称"选项时,建立一个简单倒斜角,沿两个表面有不同的偏置量,如图 4-141(b)所示;在选择"偏置和角度"选项时,建立一个简单倒斜角,它的偏置量是由一个偏置值和一个角度决定的,如图 4-141(c)所示。

(4) 确定倒斜角的参数。当选择"对称"选项时,需要输入"距离"参数,如图 4-141(a)所示。当选择"非对称"选项时,需要输入"距离 1"和"距离 2"两个参数,可以单击 ⊠(反向)图标交换倒斜角两个偏置方向的尺寸,如图 4-141(b)所示。当选择"偏置和角度"选项时,需要输入"距离"和"角度"两个参数,同样可以通过单击 ⊠(反向)图标改变倒斜角偏置方向,如图 4-141(c)所示。

(5) 单击"确定"按钮,完成倒斜角特征的创建。

(a) 对称型倒斜角

(b) 非对称型倒斜角

图 4-141 倒斜角特征的创建

(c) 偏置和角度型倒斜角

图 4-141 倒斜角特征的创建（续）

4.8 特征的操作

对已有的模型特征进行操作，可以创建与已有特征相关联的目标特征，从而减少许多重复的操作，节省大量的时间。常用的操作命令有"阵列特征""镜像特征""阵列几何特征"等。

4.8.1 阵列特征

阵列特征操作就是对特征进行阵列操作，也就是对特征进行一个或多个关联复制，并按照一定的规律排列所复制的特征，而且阵列特征的所有实例都是相互关联的，可以通过编辑原特征的参数来改变其所有的实例。常用的阵列方式有线性阵列、圆形阵列、多边形阵列、螺旋式阵列、沿曲线阵列、常规阵列和参考阵列等。

在进入建模环境后，单击"主页"选项卡，在"特征"命令组的"更多"下拉菜单中单击 阵列特征 图标，弹出"阵列特征"对话框。

1. 线性阵列

操作步骤如下所述。

（1）打开"阵列特征"对话框。

（2）选取阵列对象。单击"选择特征"，然后在绘图区选择要阵列的特征。

（3）选择阵列方法。在"布局"下拉列表中选择"线性"选项。

（4）确定阵列参数。首先定义方向1的阵列参数，在"方向1"区域的"指定矢量"处确定特征沿着指定矢量的方向阵列，在"间距"下拉列表中有"数量和间隔""数量和跨距""节距和跨距"3个选项，本例选择"数量和间隔"选项，并设置"数量"为"3"和"节距"为"35"；使用同样的方法定义方向"2"的阵列参数，设置"数量"为2和"节距"为"40"，如图4-142所示。

（5）单击"确定"按钮，完成线性阵列特征的创建。

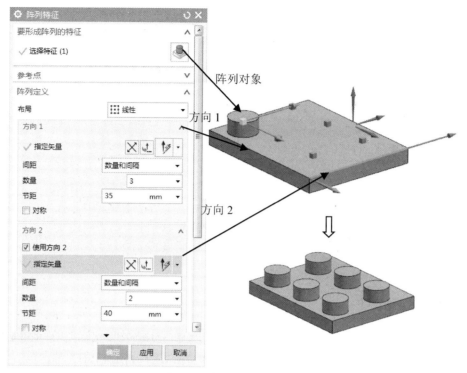

图 4-142 线性阵列特征的创建

2. 圆形阵列

操作步骤如下所述。

(1) 打开"阵列特征"对话框。

(2) 选取阵列对象。单击"选择特征",然后在绘图区选择要阵列的特征。

(3) 选择阵列方法。在"布局"下拉列表中选择"圆形"选项。

(4) 定义旋转轴和中心点。在"旋转轴"区域单击"指定矢量"后的 (矢量构造器) 图标并定义旋转轴,通常旋转轴与阵列对象的表面垂直。单击"指定点"后的 (点构造器) 图标并定义阵列对象旋转所围绕的中心点。在本例中,旋转轴为 ZC 轴,中心点为圆心。

(5) 定义阵列参数。在"斜角方向"下的"间距"下拉列表中有"数量和间隔"、"数量和跨距"、"节距和跨距"或"列表"选项,与线性阵列类似,不再详述。在本例中,选择"数量和间隔"选项,"数量"为"7","节距角"为"360/7°",如图 4-143 所示。

(6) 单击"确定"按钮,完成圆形阵列特征的创建。

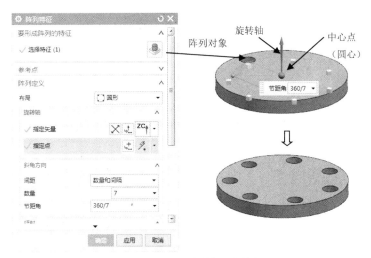

图 4-143 圆形阵列特征的创建

4.8.2 镜像特征

镜像特征操作可以将所选的特征相对于一个平面或基准平面进行对称复制，从而得到所选特征的一个副本。

在进入建模环境后，单击"主页"选项卡，在"特征"命令组的"更多"下拉菜单中单击 镜像特征 图标，弹出"镜像特征"对话框，如图 4-144 所示。

图 4-144 "镜像特征"对话框

下面以如图 4-145 所示的范例来说明创建镜像特征的操作步骤。

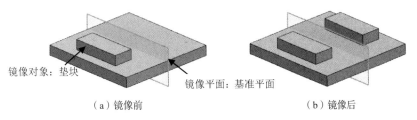

（a）镜像前　　　　　　　　　（b）镜像后

图 4-145 镜像特征的创建

(1)打开"镜像特征"对话框。

(2)选择镜像对象。单击"镜像特征"对话框中的"选择特征",在绘图区选择图 4-145 中的垫块特征。

(3)选择镜像平面。可以选择现有平面或者创建一个新平面,在本例中,单击"镜像特征"对话框中的"镜像平面"栏的"选择平面",在绘图区中选择图 4-145 中的基准平面作为镜像平面。

(4)单击"确定"按钮,完成镜像特征的创建。

4.8.3 阵列几何特征

用户可以使用"阵列几何特征"命令创建对象的副本,可以轻松地复制几何体、面、边、曲线、点、基准平面和基准轴,并保持实例特征与其原始体之间的关联性。

在进入建模环境后,单击"主页"选项卡,在"特征"命令组的"更多"下拉菜单中单击 阵列几何特征 图标,弹出"阵列几何特征"对话框,如图 4-146 所示。

图 4-146 "阵列几何特征"对话框

"阵列几何特征"与"阵列特征"命令的功能与操作步骤类似,只是在"阵列定义"栏的"布局"下拉列表中增加了 螺旋 选项,下面以链条为例介绍阵列几何特征的 螺旋 布局的创建步骤。

(1)打开模型文件。启动 NX1847,打开文件"阵列几何特征.prt"。

(2)打开"阵列几何特征"对话框,如图 4-147 所示。

第4章 实体建模

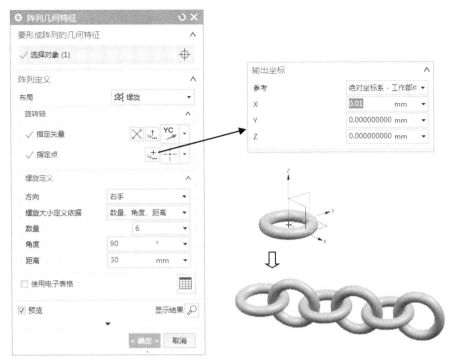

图4-147 链条的创建

（3）选择对象。单击"阵列几何特征"对话框中的"选择对象"，在绘图区选择圆环。

（4）选择布局方式。在"布局"下拉列表中选择 螺旋 选项。

（5）确定阵列几何特征的参数。

①选择旋转轴。本例中选择"指定矢量"，并选择 YC 轴。单击"指定点"后的 （点构造器）图标，在"输出坐标"栏的"X""Y""Z"文本框中分别输入"0.01""0""0"。

②定义螺旋参数。"方向"为"右手"；"螺旋大小定义依据"为"数量、角度、距离"；"数量"为"6"；"角度"为"90"；"距离"为"30"。

（6）单击"确定"按钮，完成链条的创建。

4.8.4 修剪体

修剪体操作会将实体一分为二，保留一部分实体并切除另一部分实体。实体在被修剪后仍为参数化实体，会保留实体创建时的所有参数。

在进入建模环境后，单击"主页"选项卡，在"特征"命令组中单击 修剪体 图标，弹出"修剪体"对话框，如图4-148所示。

图 4-148 "修剪体"对话框

下面以如图 4-149 所示的范例来说明修剪体的操作步骤。

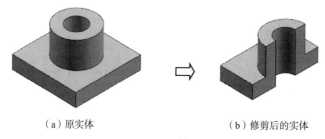

（a）原实体　　　　　　　　（b）修剪后的实体

图 4-149 修剪体操作

（1）打开"修剪体"对话框。

（2）选择要修剪的一个或多个目标体。单击"选择体"，在绘图区选择如图 4-149（a）所示的实体。

（3）选择面、平面或者新建一个平面作为修剪工具。当选择"工具选项"下拉列表中的"面或平面"选项时，可以在绘图区选择与目标体相交的一个或多个面；当选择"工具选项"下拉列表中的"新建平面"选项时，可以通过"平面"对话框构建各类平面作为修剪工具，但选择或创建的修剪体都必须与目标体相交。在本例中，选择"新建平面"选项，并选择"二等分"选项，创建一个基准平面作为修剪工具，如图 4-150 所示。

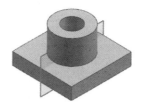

图 4-150 创建基准平面

（4）确定需要的保留体。矢量指向的是远离保留体的部分。如果需要的保留体与默认的相反，则单击 ⨯（反向）图标，如图 4-151 所示。

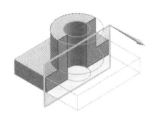 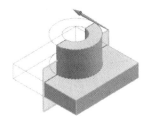

（a）默认修剪方向　　　　　　　（b）反向修剪方向

图 4-151　修剪方向的选择

（5）单击"确定"按钮，完成修剪体操作。

4.8.5　拆分体

拆分体操作会将实体一分为二，同时保留两部分实体。和修剪体操作不同，实体在被拆分后会变为非参数化实体，并且实体创建时的所有参数全部丢失。

在进入建模环境后，单击"主页"选项卡，在"特征"命令组的"更多"下拉菜单中单击 拆分体 图标，弹出"拆分体"对话框，如图 4-152 所示。

图 4-152　"拆分体"对话框

拆分体的操作步骤如下所述。

（1）打开"拆分体"对话框。

（2）选择拆分的目标体。单击"选择体"，在绘图区选择一个或多个实体。

（3）选择工具。在"拆分体"对话框中的"工具选项"下拉列表中包括"面或平面""新建平面""拉伸""回转"4 个选项。其中"面或平面"和"新建平面"选项的使用与"修剪体"对话框中的一致，而"拉伸"和"回转"选项可以通过选择曲线，并沿着指定矢量的方向拉伸或回转的方法创建一个工具体。图 4-153 显示了采用拉伸法创建刀具的过程。单击"选择曲线"，选择图中所示的曲线（竖边），单击"指定矢量"后的 （两点创建矢量）图标，选择长方体上底面的对角点，就会产生图 4-153 中的矢量方向。

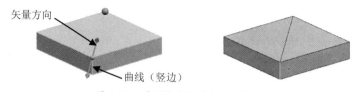

图 4-153　采用拉伸法创建刀具的过程

（4）单击"确定"按钮，完成拆分体操作。

> 🔔 **特别提示**
>
> 当使用面拆分实体时，面必须大于目标体的截面，否则会出现"刀具和目标未形成完整相交"的警告。

4.9　特征的编辑

特征的编辑是在完成特征的创建之后，对其中的一些参数进行修改的操作。特征的编辑可以对特征的尺寸、位置和先后次序等参数进行重新编辑，在一般情况下，会保留该特征与其他特征建立的关联性质。特征的编辑包括编辑特征参数、编辑位置、移动特征、特征重排序、替换特征、抑制特征、取消抑制特征、去除特征参数及特征回放等。单击"主页"选项卡，可以看到特征的编辑命令存放在"编辑特征"命令组中，如图 4-154 所示。

图 4-154　"编辑特征"命令组

4.9.1　编辑特征参数

编辑特征参数是基于创建特征时使用的方式和参数值来编辑特征的。

在进入建模环境后，单击"主页"选项卡，单击"编辑特征"命令组的 编辑特征参数 图标，弹出"编辑参数"对话框，在对话框内选择需要编辑的特征名称或者在绘图区选择需要编辑的特征，系统会根据用户选择的特征弹出不同的对话框来完成对该特征的编辑。

下面以如图 4-155 所示的范例来说明编辑特征参数的操作步骤，需要改变小圆柱体的尺寸和位置，并取消圆柱体和长方体的合并。

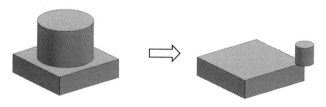

图 4-155　编辑特征参数的模型

操作步骤如下所述。

（1）打开"编辑参数"对话框，如图4-156所示。

图 4-156 "编辑参数"对话框

（2）选择编辑对象。从绘图区或"编辑参数"对话框中选择"圆柱"，单击"确定"按钮，弹出"圆柱"对话框，如图4-157（a）所示。

（3）重新编辑特征参数。单击"圆柱"对话框中的"指定点"，重新选择圆柱体的安放位置为长方体的顶点，将"尺寸"栏的"直径"修改为"20"，"高度"修改为"20"，并在"布尔"下拉列表中选择"无"选项，单击"确定"按钮，弹出"编辑参数"对话框，继续单击"确定"按钮，完成编辑特征参数的操作，如图4-157（b）所示。

（a）修改前

（b）修改后

图 4-157 重新编辑特征参数

4.9.2 编辑位置

编辑位置是基于创建特征时使用几何定位方式的凸台、腔体、垫块、键槽和槽等特征的位置来编辑特征的。

在进入建模环境后，单击"主页"选项卡，单击"编辑特征"命令组的 图标，弹出"编辑位置"对话框，在对话框内单击需要编辑的特征名称或在者绘图区中单击需要编辑的特征，系统会弹出新的"编辑位置"对话框，包括"添加尺寸"、"编辑尺寸值"和"删除尺寸"3个功能选项。

下面以如图4-158所示的范例来说明编辑位置的操作步骤，需要添加垫块的定位尺寸。

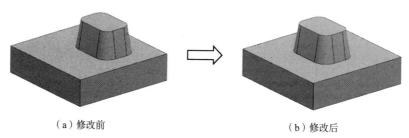

（a）修改前　　　　　　　　　　（b）修改后

图4-158　编辑位置的模型

操作步骤如下所述。

（1）打开"编辑位置"对话框1，如图4-159所示。

图4-159　"编辑位置"对话框1

（2）选择编辑对象。从绘图区或"编辑位置"对话框1中选择"矩形垫块"，并单击"确定"按钮，弹出"编辑位置"对话框2，如图4-160所示。

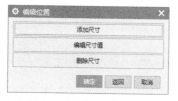

图4-160　"编辑位置"对话框2

（3）添加尺寸。在"编辑位置"对话框 2 中单击"添加尺寸"按钮，弹出"定位"对话框，如图 4-161 所示。按照 4.6.5 节"垫块"的定位操作步骤，将垫块定位在长方体上表面的中心位置。单击"确定"按钮，返回"编辑位置"对话框 2，单击"确定"按钮，返回"编辑位置"对话框 1，继续单击"确定"按钮，完成编辑位置的操作，结果如图 4-161 所示。

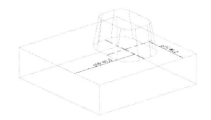

图 4-161 "定位"对话框和操作结果

单击"编辑尺寸值"按钮，可以在绘图区选取需要修改的尺寸数值，并输入新的尺寸数值。单击"删除尺寸"按钮，可以在绘图区选取需要删除的尺寸。然后多次单击"确定"按钮，可以完成相应操作。

4.9.3 特征重排序

特征重排序可以改变特征应用于模型的次序，即将重定位特征移至选定的参考特征之前或之后。在对具有关联性的特征重排序之后，与其关联的特征也会被重排序。

下面以如图 4-162 所示的范例来说明特征重排序的操作步骤，在圆柱体上设置一个通孔，并且在圆柱体和长方体合并之前设置通孔时，该通孔只能贯穿圆柱体，本例将"合并"移到"孔"特征之前，则该通孔可贯穿圆柱体和长方体。

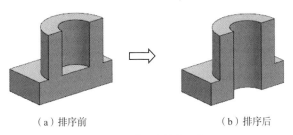

（a）排序前　　　　　　　（b）排序后

图 4-162 特征重排序操作

操作步骤如下所述。

（1）在进入建模环境后，单击"主页"选项卡，单击"编辑特征"命令组的 特征重排序 图标，弹出"特征重排序"对话框，如图 4-163 所示。

（2）选择参考特征。在本例中，在"特征重排序"对话框中的"过滤"下选择"简单孔"选项或者在已绘图形中选择需要的特征。

（3）选择重排序特征的移动方法。在"特征重排序"对话框中的"选择方法"下有两个选项，"之前"表示选中的重定位特征被移动到参考特征之前。"之后"表示选中的重定位特征被移动到参考特征之后。在本例中，"选择方法"选择"之前"选项。

图 4-163 "特征重排序"对话框

（4）选择重定位特征。在"特征重排序"对话框中的"重定位特征"下选择需要重新移动的特征。在本例中，选择"合并"特征。

（5）单击"确定"按钮，完成特征的重排序。

特别提示

除使用上述方法完成特征的重排序以外，还可以通过"部件导航器"简单地移动特征来实现特征的重排序，如图 4-164 所示。

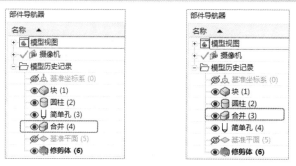

图 4-164 部件导航器

4.10 综合实例

本例进行 T 形斜杆支架的创建。

（1）启动 NX1847，以"T 形斜杆支架.prt"为文件名，进入建模环境。

（2）进入草绘环境，在 XC-ZC 平面绘制如图 4-165 所示的草图。

第4章 实体建模

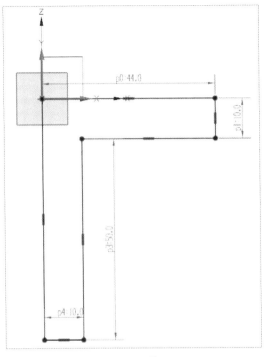

图 4-165 草图

(3) 进行拉伸操作。打开"拉伸"对话框,如图 4-166 所示,将草图截面沿着 YC 方向拉伸 74,单击"确定"按钮,完成拉伸操作。

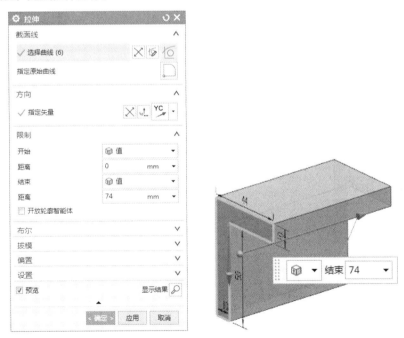

图 4-166 进行拉伸操作

(4) 创建两个沉头孔。打开"孔"对话框,指定两个孔中心点到边缘的距离分别为 12 和 22,设置"成形"为"沉头","沉头直径"为"18","沉头深度"为"2","直径"为"9","深度限制"

163

为"贯通体",进行布尔减去操作,如图 4-167 所示。

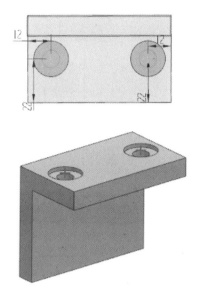

图 4-167 创建两个沉头孔

(5) 进行边倒圆操作。打开"边倒圆"对话框,分别选择如图 4-168 所示的两条边,在"半径 1"文本框中输入"10",单击"确定"按钮,完成边倒圆操作。

图 4-168 进行边倒圆操作

(6) 创建两个凸台。打开"凸台"对话框,选择如图 4-169 所示的平的放置面,设置凸台的"直径"为"20","高度"为"2",确定凸台的位置,与上表面边缘的距离为"45",与侧面边缘的距离为"17",单击"确定"按钮,完成凸台的创建。

图 4-169 创建两个凸台

（7）创建两个简单孔。打开"孔"对话框，选择凸台中心点作为指定点，设置"成形"为"简单孔"，"直径"为"10"，"深度限制"为"贯通体"，进行布尔减去操作，如图 4-170 所示。单击"确定"按钮，完成两个简单孔的创建。

图 4-170 创建两个简单孔

（8）创建圆柱体。打开"圆柱"对话框，矢量方向为 YC 轴，指定点坐标为(-22,16,42)，设置"直径"为"42"，"高度"为"42"，不进行布尔操作，如图 4-171 所示。单击"确定"按钮，完成圆柱体的创建。

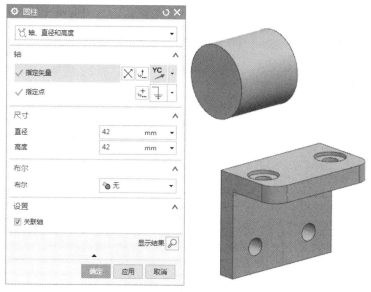

图 4-171 创建圆柱体

（9）绘制两条直线。单击"曲线"选项卡，单击"曲线"命令组的 生产线 图标，绘制两条直线，第一条直线为两个沉头孔顶面圆心的连线，第二条直线的起点为第一条直线的中点，终点为与圆柱体相切的切点，终点可以通过选择圆柱体端面圆，使用"相切"命令捕获，如图 4-172 所示。单击"确定"按钮，完成两条直线的绘制。

图 4-172 绘制两条直线

（10）拉伸直线。打开"拉伸"对话框，选择刚刚创建的第二条直线，进行对称拉伸，设置拉伸距离为"15"，进行两侧偏置，设置"开始"为"0"，"结束"为"7"，不进行布尔操作，如图 4-173 所示。单击"确定"按钮，完成直线的拉伸。

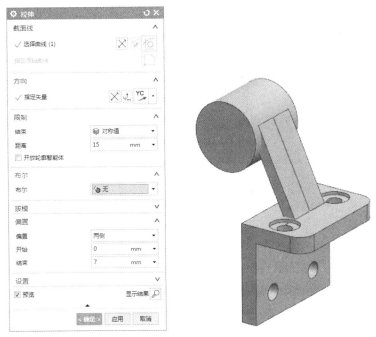

图 4-173 拉伸直线 1

（11）拉伸直线。打开"拉伸"对话框，继续选择刚刚创建的第二条直线，单击"指定矢量"后的 （面/平面法向）图标，并在绘图区选择上一次拉伸的表面，向下拉伸，设置拉伸的开始距离为"0"，结束距离为"15"，进行对称偏置，设置"结束"为"3.5"，不进行布尔操作，如图 4-174 所示。单击"确定"按钮，完成直线的拉伸。

 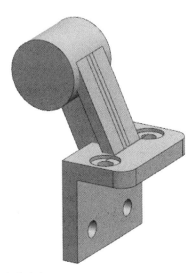

图 4-174 拉伸直线 2

（12）合并操作。将圆柱体与加强筋进行合并操作，如图 4-175 所示。

图 4-175　圆柱体与加强筋合并

（13）延长加强筋的长度。单击"主页"选项卡，在"特征"命令组的"更多"下拉菜单中单击 偏置面 图标，弹出"偏置面"对话框，选择 T 形加强肋板的端面，设置"偏置"为"30"，如图 4-176 所示。

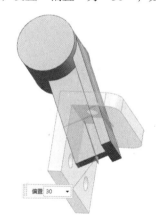

图 4-176　延长加强筋的长度

（14）进行修剪操作。打开"修剪体"对话框，选择偏置后的加强筋作为目标，在"面规则"过滤器的下拉菜单中选择"单个面"，然后选择如图 4-177 所示的两个面作为工具，单击"确定"按钮，完成修剪操作。

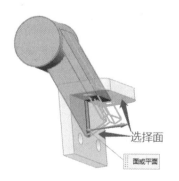

图 4-177　进行修剪操作

(15)进行合并操作。打开"合并"对话框,将两部分进行合并,如图 4-178 所示。

图 4-178　进行合并操作

(16)创建简单孔。打开"孔"对话框,选择如图 4-171 所示圆柱体的圆的中心点作为指定点,设置"成形"为"简单孔","直径"为"26","深度限制"为"贯通体",进行布尔减去操作,如图 4-179 所示。单击"确定"按钮,完成简单孔的创建。

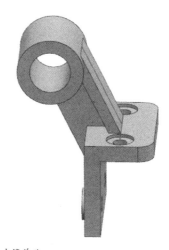

图 4-179　创建简单孔

(17)创建基准平面。打开"基准平面"对话框,在类型下拉列表中选择"相切"选项,在"子类型"下拉列表中选择"通过点"选项,选择圆柱体的外表面作为对象,选择通过圆柱体的顶部象限点作为指定点,在"偏置"栏的"距离"文本框中输入"5",如图 4-180 所示。单击"确定"按钮,完成基准平面的创建。

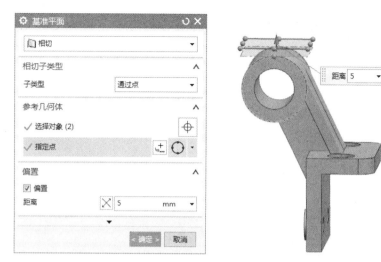

图 4-180 创建基准平面

（18）绘制圆。单击"曲线"选项卡，单击"曲线"命令组的 图标，弹出"圆弧/圆"对话框，在类型下拉列表中选择"从中心开始的圆弧/圆"选项，单击"选择点"后的 （点构造器）图标，设置坐标为(-22,37,68)，圆的半径为"4"，在"支持平面"栏的"平面选项"下拉列表中选择"选择平面"选项，并在绘图区选择创建的基准平面，勾选"限制"栏中的"整圆"复选框，如图 4-181 所示。单击"确定"按钮，完成圆的绘制。

图 4-181 绘制圆

（19）拉伸圆。打开"拉伸"对话框，选择刚刚创建的圆，设置矢量方向为-ZC 轴，"开始"为"值"，"距离"为"0"，"结束"为"直至选定"，并在绘图区选择圆柱体外表面，进行布尔合并操作，如图 4-182 所示。单击"确定"按钮，完成拉伸操作。

第 4 章 实体建模

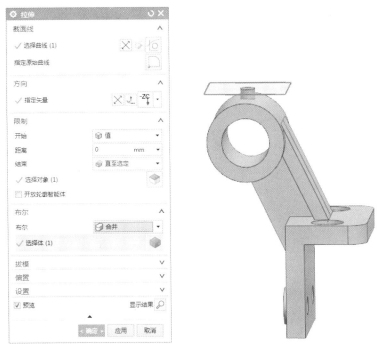

图 4-182 拉伸圆

（20）创建简单孔。打开"孔"对话框，选择刚刚创建的圆的中心点作为指定点，设置"成形"为"简单孔"，"直径"为"5"，"深度限制"为"直到下一个"，进行布尔减去操作，单击"确定"按钮，完成简单孔的创建。

（21）创建螺纹。打开"螺纹切削"对话框，选择"螺纹类型"为"详细"，并选择刚刚成形的孔的内表面，如图 4-183 所示。单击"确定"按钮，完成螺纹的创建。

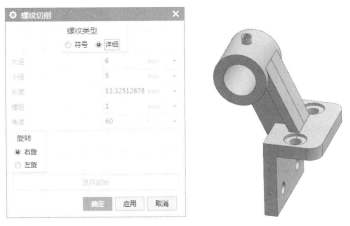

图 4-183 创建螺纹

 本章小结

复杂的产品设计都是以简单的零件建模为基础的，而零件建模的基本组成单元则是特征。本章主要介绍了特征的创建、特征的操作和特征的编辑三大模块，其中特征的创建模块包括基本体素特征、布尔操作、基准特征、扫描特征、设计特征和细节特征等，熟练掌握特征的相关命令有利于快速创建复杂的三维模型。

 思考与练习

1. 创建如图 4-184 所示的零件 1 模型。

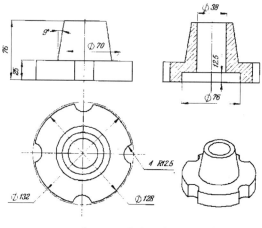

图 4-184　零件 1 模型

2. 创建如图 4-185 所示的零件 2 模型。

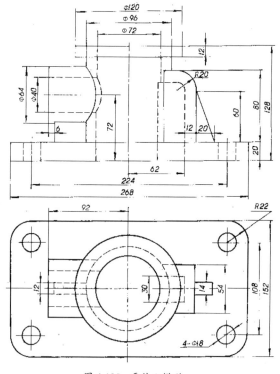

图 4-185　零件 2 模型

3. 创建如图 4-186 所示的零件 3 模型。

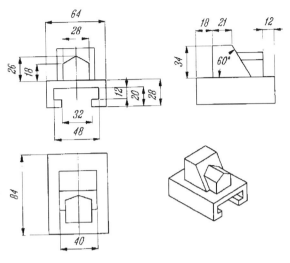

图 4-186 零件 3 模型

4. 创建如图 4-187 所示的零件 4 模型。

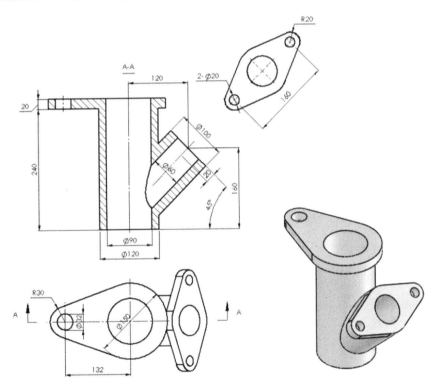

图 4-187 零件 4 模型

第 5 章

曲线

曲线是构建实体模型与曲面模型的基础,在特征的建模过程中被广泛应用。可以通过曲线的拉伸、旋转等操作创建特征,也可以通过曲线创建曲面以进行复杂特征建模。利用曲线的生成功能、操作功能和编辑功能,可以创建基本曲线和高级曲线,进行曲线的偏置、桥接、投影、相交和镜像等,以及编辑曲线参数和拉伸曲线等。

✎ 学习目标

◎ 曲线的绘制
◎ 曲线的操作
◎ 曲线的编辑

5.1 入门引例

【设计要求】

绘制螺旋热水器,加热部分长度约250mm,直径为30mm,如图5-1和图5-2所示。

图 5-1 热水器

图 5-2 热水器模型

【设计思路】

螺旋热水器是由两条螺旋线缠绕而形成的,通过桥接曲线连接直线与螺旋线,以及两条螺旋线,最后增加热水器端盖。

【设计步骤】

（1）启动 NX1847，新建文件，输入文件名为"热水器"，进入建模环境。

（2）绘制螺旋线。单击"曲线"选项卡，在"曲线"命令组中单击 螺旋 图标，弹出如图 5-3 所示的对话框。在"大小"栏选中"直径"单选按钮并在"值"文本框中输入"30"，在"螺距"栏的"值"文本框中输入"60"，在"长度"栏的"终止限制"文本框中输入"90"，其余设置保持默认值，单击"确定"按钮或鼠标中键，完成螺旋线的绘制，如图 5-4 所示。

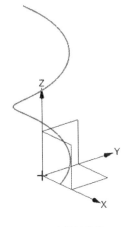

图 5-3 "螺旋"对话框　　　　图 5-4 绘制螺旋线

（3）复制螺旋线。选择"菜单"→"编辑"→"移动对象"命令，弹出如图 5-5 所示的"移动对象"对话框。在"变换"栏的"运动"下拉列表中选择"角度"选项，指定矢量为 Z 轴，指定轴点为坐标原点；在"结果"栏选中"复制原先的"单选按钮。单击"确定"按钮或鼠标中键，完成螺旋线的复制如图 5-6 所示。

（4）绘制直线。单击"主页"选项卡，然后单击 （草绘）图标，选择 XOZ 平面为草绘平面，进入草绘环境。绘制直线，设置长度为"100"，以竖直轴为对称轴进行镜像，如图 5-7 所示。

图 5-5 "移动对象"对话框

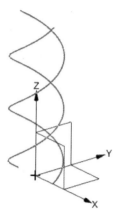

图 5-6 复制螺旋线

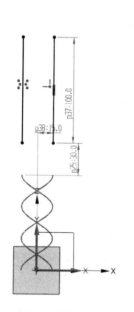

图 5-7 绘制直线

图 5-8 "桥接曲线"对话框

（5）桥接曲线。单击"曲线"选项卡，在"派生曲线"命令组中单击 桥接曲线 图标，弹出如图 5-8 所示的"桥接曲线"对话框。在"起始对象"和"终止对象"栏中选中"截面"单选按钮并单击"选择曲线"，分别选择两条螺旋线的底部末端，结果如图 5-9 所示。以相同的方法，桥接两条直线和螺旋线，如图 5-10 所示。

第 5 章 曲线

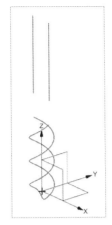
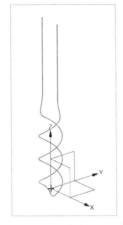

图 5-9 桥接两条螺旋线　　　　图 5-10 桥接直线和螺旋线

（6）绘制加热管。单击"主页"选项卡，在"特征"命令组的"更多"下拉菜单中单击 管 图标，弹出如图 5-11 所示的对话框，设置"外径"为"6"，"输出"为"单段"，选择绘制好的曲线，单击"确定"按钮或鼠标中键，完成加热管的绘制，如图 5-12 所示。

图 5-11 "管"对话框　　　　图 5-12 绘制加热管

（7）绘制热水器接头。在"特征"命令组中单击 图标，弹出如图 5-13 所示的"拉伸"对话框，选择热水器管顶端棱线，在"偏置"下拉列表中选择"单侧"选项，在"结果"文本框中输入"1"，在"布尔"下拉列表中选择"合并"选项，单击"确定"按钮或鼠标中键，完成热水器接头的绘制，如图 5-14 所示。

（8）绘制热水器端盖。首先创建基准平面，以刚刚绘制的热水器接头管顶面为参考，创建基准平面，如图 5-15 所示。以该基准平面为放置面，创建凸台，设置"直径"为"45"，"高度"为"10"。凸台的定位选择"点落在点上"选项，选择坐标原点，结果如图 5-16 所示。

以相同的方法创建凸台，设置直径为"55"，"高度"为"15"，结果如图 5-17 所示。

图 5-13 "拉伸"对话框　　　图 5-14 绘制热水器接头

图 5-15 创建基准平面　　图 5-16 绘制凸台　　图 5-17 绘制凸台

🔔 特别提示

NX1847 的命令组工具条有所调整,在建模过程中使用的命令,如"凸台""腔""垫块"等不显示在"特征"命令组中。习惯低版本软件的用户可通过定制的方法调出这些命令。

在主页选项卡或命令组工具条的空白区域单击鼠标右键,在弹出的快捷菜单中选择"定制"命令,弹出如图 5-18 所示的"定制"对话框。在"命令"选项卡中选择"菜单"→"插入"→"设计特征"

选项，在右侧"项"栏目中会显示"设计特征"的全部命令，包含"凸台""腔""垫块"等。在对应的命令处单击鼠标左键，可将该命令拖至"特征"命令组中。

图 5-18 "定制"对话框

（9）倒圆。在热水器凸台棱线处倒圆，并设置圆的半径为"2"。至此，完成热水器模型的创建，结果如图 5-19 所示。

图 5-19 热水器模型

5.2 曲线概述

曲线是构建实体模型的基础，只有构造良好的二维曲线才能保证创建质量较好的曲面或实体。我们可以通过曲线的拉伸、旋转等操作创建特征，也可以通过曲线创建曲面以进行复杂曲面或实体造型。在特征建模过程中，曲线也常被用作建模的辅助线（如定位线等）。另外，建立的曲线还可以添加到草图中进行参数化设计。

1. 曲线与草图的区别

草图分为两种，一种是草绘环境下的草图，另一种是建模环境下的草图，二者都是在某一平面内完成的，这个平面可能是坐标平面或实体表面，同时草图是有参数的。而曲线是在建模环境下绘制的，可建立空间曲线，如螺旋线，曲线是无参数的，但是可以通过"添加现有曲线"功能将曲线添加到草图中进行参数化设计。

2. 曲线的功能

一般曲线的功能分为两大部分，即基本曲线的生成和曲线的编辑。如图 5-20、图 5-21 和图 5-22 所示，分别为"曲线"命令组、"派生曲线"命令组和"编辑曲线"命令组，用于进行曲线的绘制、操作和编辑。另外，还可以通过"菜单"→"插入"下拉菜单中的"曲线"和"派生曲线"子菜单来实现曲线的功能。

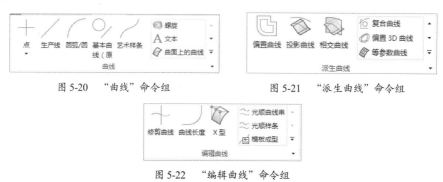

图 5-20　"曲线"命令组　　　　图 5-21　"派生曲线"命令组

图 5-22　"编辑曲线"命令组

利用"曲线"命令组，可创建基本曲线和高级曲线；利用"派生曲线"命令组，可以进行曲线的偏置、桥接、相交、截面和简化等操作；利用"编辑曲线"命令组，可以修剪曲线、编辑曲线参数和拉伸曲线等。

5.3　曲线的绘制

曲线的绘制主要是指绘制点、点集、直线、圆弧、样条曲线、二次曲线等几何要素。本节将介绍一些常用的绘制曲线的操作方法。

5.3.1　点

点是最小的几何构造元素，利用点不仅可以按一定次序和规律来绘制直线、圆、圆弧和样条曲线等几何要素，也可以通过矩形阵列的点或定义曲面的极点来直接创建自由曲面。在 NX 软件中，很多操作都需要通过指定点或定义点的位置来实现。

单击"曲线"命令组中的 +（点）图标，弹出如图 5-23 所示"点"对话框。用户可以在对话框的相应文本框中输入坐标值，从而确定点的位置，也可以在图形窗口中用选点方式直接指定一点来确定点的位置。

5.3.2　点集

绘制点集是指按照一定方式创建多个点。选择"菜单"→"插入"→"基准/点"→"点集"命令，弹出如图 5-24 所示的"点集"对话框，在类型下拉列表中可以选择绘制点集的方法。

第 5 章 曲线

图 5-23 "点"对话框

图 5-24 "点集"对话框

1．曲线点

在曲线上创建点集，该曲线可以是草图曲线、空间曲线、直线、样条曲线或实体的边线。此时"子类型"栏中通常包括以下 3 种创建点集的方式。

（1）等弧长：按输入的点数等弧长创建点集，输入曲线的起止点位置可以确定创建点集的范围。在"等弧长定义"栏的"点数"文本框中输入"5"，结果如图 5-25 所示。

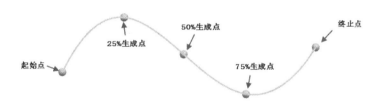

图 5-25 等弧长曲线点

（2）增量弧长：按输入的弧长创建点集。

（3）曲线百分比：按整条曲线弧长百分比位置创建点集。点的位置不但由百分比位置确定，同时受曲线的曲率半径影响，曲率半径越小，同比例的曲线弧长越小。

2．样条点

在样条曲线（草图或空间样条曲线）上，按其通过的点或控制样条曲线的极点创建点集。样条点生成的极点如图 5-26 所示。

3．面的点

在面上创建点集，该面可以是平面、曲面、实体的表面。在"子类型"栏中选择"模式"选项，会按水平方向（U）输入的点数与竖直方向（V）输入的点数创建点集，输入水平方向和竖直方向的起止点位置可以确定创建点集的范围。在"子类型"栏中选择"面百分比"选项，会按曲面水平方向与竖直方向的百分比位置创建点集。面的点如图 5-27 所示。

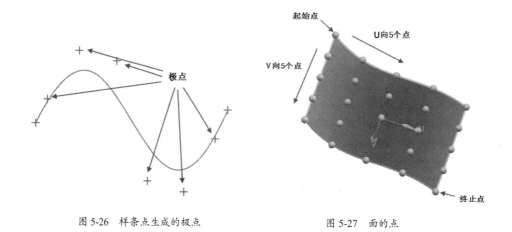

图 5-26 样条点生成的极点　　图 5-27 面的点

5.3.3 直线

单击"曲线"命令组中的 ╱（生产线）图标，弹出如图 5-28 所示的"直线"对话框。在绘图区的不同位置分别单击，生成两个点，确定直线的起点和终点，即可生成一条直线。如果需要在某一特定平面上绘制直线，则在确定起点和终点之前单击"支持平面"栏中的"选择平面"，确定直线绘制的平面。"限制"和"设置"栏通常保持默认设置。最后，单击"确定"按钮或鼠标中键，完成直线的绘制并退出命令。

如果已经有一条直线，则在绘制直线时，先单击一次选择起点，再选择存在的直线，输入角度值，即可生成新建的直线，如图 5-29 所示。

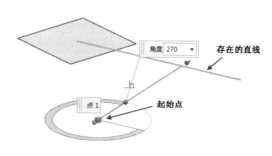

图 5-28 "直线"对话框　　图 5-29 生成新建的直线

5.3.4 圆弧/圆

"圆弧/圆"命令用于在平面上指定中心点、起点、终点，或者指定三点形成圆弧或圆。所形成的圆弧类型取决于用户组合的约束类型。通过组合不同类型的约束，可以创建多种类型的圆弧。也可以使用此命令创建非关联圆弧,但是它们是简单曲线,而非特征。

圆弧与圆的创建方法与草图中圆弧的创建方法一致,这里不再详述。

5.3.5 基本曲线

"基本曲线"命令通常用于在工作坐标系的 *XOY* 坐标平面内绘制直线、圆弧、圆等曲线并进行相关的操作。在 NX1847 中,默认的命令组工具条中不显示该图标。调出方法如下:

(1)在 NX 软件右上角的命令查找器文本框中输入"基本曲线",如图 5-30 所示。

(2)在搜索的结果中,单击鼠标右键,在弹出的快捷菜单上选择"菜单上显示"命令,如图 5-31 所示。

基本曲线的绘制方法在之前较低版本的参考书中有叙述,读者可自行查阅参考,这里不再赘述。

图 5-30　命令搜索　　　　图 5-31　在菜单上显示

5.3.6 直线和圆弧

"直线和圆弧"命令组用于使用预定义约束组合方式快速创建关联或非关联的直线和曲线,如图 5-32 所示。

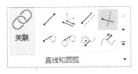

图 5-32　"直线和圆弧"命令组

其中,⌀(关联)命令类似于切换开关,可打开或关闭关联功能,指定创建的曲线是关联特征。

- 如果更改输入的参数,则关联曲线会自动更新。

- 可使用导航器中的编辑参数或部件导航器编辑关联曲线。

"直线和圆弧"命令组中绘图命令的操作简单，表 5-1 列出了其中常用命令图标的含义，具体的操作在此省略。

表 5-1 "直线和圆弧"命令组中常用命令图标的含义

命 令 图 标	含 义
直线（点-XYZ）	使用起点和沿 X、Y 或 Z 方向约束创建直线。 1. 选择直线的起点位置； 2. 将光标在起点附近移动，以对齐所希望的自动判断的 X、Y 或 Z 方向
直线（点-平行）	使用起点和平行约束（角度约束设置为 0/180°）创建直线。 1. 选择直线的起点位置； 2. 选择平行约束的直线
直线（点-垂直）	使用起点和垂直约束（角度约束设置为 90°）创建直线。 1. 选择直线的起点位置； 2. 选择垂直约束的直线
直线（点-相切）	使用起点和相切约束创建直线。 1. 选择直线的起点位置； 2. 选择相切约束的曲线，然后创建直线
直线（相切-相切）	使用相切和相切约束创建直线。 1. 选择直线相切约束的曲线； 2. 选择相切约束的曲线，然后创建直线
圆弧（点-点-相切）	使用起点和终点约束，以及相切约束创建圆弧。 1. 选择圆弧的起点位置； 2. 选择圆弧的终点位置； 3. 选择相切约束的曲线，然后创建圆弧
圆弧（相切-相切-相切）	创建与其他三条圆弧有相切约束的圆弧。 1. 为第一个相切约束选择曲线； 2. 为第二个相切约束选择曲线； 3. 选择第三条相切约束的曲线，然后创建圆弧
圆弧（相切-相切-半径）	使用相切约束并指定半径约束创建与两圆弧相切的圆弧。 1. 为第一个相切约束选择曲线； 2. 为第二个相切约束选择曲线
圆（圆心-相切）	使用圆心和相切约束创建基于圆心的圆弧圆。 1. 选择圆心位置； 2. 选择相切约束的曲线，然后创建圆弧圆

5.3.7 艺术样条

单击"曲线"命令组中的 （艺术样条）图标，可以绘制样条曲线。样条曲线的含义与绘制方法与草图中样条曲线的绘制相同,此处不再赘述。在三维空间中绘制样条曲线时,其控制点可以选择在不同的平面内绘制。

5.3.8 规律曲线

规律曲线是指 x、y、z 坐标值按设定的规则变化的样条曲线,主要通过改变参数来控制曲线的变化规律,其含义如图 5-33 所示。

单击"曲线"命令组中的 (规律曲线)图标,弹出如图 5-34 所示的"规律曲线"对话框,其中 x、y、z 坐标值的变化规律均有 7 种方式可选,其中常用的是"恒定""线性""根据方程"3 种方式。"坐标系"可以选择现有的基准坐标系,或者新建一个基准坐标系作为曲线绘制的参考。如果不选择基准坐标系,则曲线默认以工作坐标系为参考。

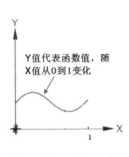

图 5-33 规律曲线的含义

图 5-34 "规律曲线"对话框

x、y、z 坐标值的变化规律如下所述。

恒定 :曲线的该坐标值是确定的值,恒定不变,其值在对话框中输入。

线性 :曲线的该坐标值呈线性变化规律,线性起止值在对话框中输入。

根据方程 :曲线的该坐标值是按方程式规律变化的,其方程式在"菜单"→"工具"→"表达式"中设置。

【应用案例 5-1】

根据方程绘制规律曲线。在工作坐标系的 XY 平面内绘制 $y=100\sin x$ 的正弦曲线,x 坐标值设为一个周期 0°~360° 线性变化,y 坐标值由方程式 $100\sin x$ 决定,z 坐标值为 0。该曲线的 y 坐标值是按方程式规律变化,因此其方程式需要在"表达式"对话框中设置。

(1)单击"工具"选项卡中的 =(表达式)图标,弹出如图 5-35 所示的"表达式"对话框,首先在"名称"中输入系统变量"t",在"公式"中输入"1",单击"应用"按钮。这一步表示设置的系统变量为t,变化范围为0~1。t是y坐标值变化的自变量,y坐标值要设置成t的函数。

图 5-35 "表达式"对话框

(2)在"名称"中输入"yt",在"公式"中输入"100*sin(360*t)",单击"应用"按钮。这样便定义了y坐标值是系统变量t的函数。单击"确定"按钮,完成y坐标值方程式的设置。

(3)在"规律曲线"对话框中选择并输入x、y、z坐标值的变化规律,如图5-36所示,单击"确定"按钮或鼠标中键确认并退出命令。绘制的正弦曲线如图5-37所示。

图 5-36 "规律曲线"对话框

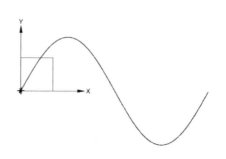

图 5-37 绘制的正弦曲线

5.3.9 螺旋线

"螺旋线"命令用于根据轴向、半径（直径）、螺距及长度等参数绘制多种样式的螺旋线。单击"曲线"命令组中的 （螺旋线）图标，弹出如图 5-38 所示的"螺旋"对话框。

图 5-38 "螺旋"对话框

类型下拉列表中有两个选项："沿矢量"是以选定的基准坐标系的 Z 轴方向作为螺旋线的轴向，该基准坐标系可以选择已经存在的基准坐标系，也可以单击"方位"栏中的 图标新建基准坐标系；"沿脊线"是以选择的曲线作为螺旋线的轴向，该曲线可以是草绘曲线、空间曲线、直线、圆弧、样条曲线或实体边线等。

"方位"栏中的"角度"用于确定螺旋线的起点位置，输入的角度值是螺旋线起点与原点连线相对于 X 轴的角度。

"大小"栏用于确定螺旋线的半径（直径）值，可依据规律曲线的 7 种变化规律设置。

"螺距"栏用于确定螺旋线的螺距大小，可依据规律曲线的 7 种变化规律设置。

"长度"栏用于确定螺旋线轴向长度或圈数。

"设置"栏用于确定螺旋线的旋向是右旋还是左旋。其中公差值保持默认值。

【应用案例 5-2】

（1）绘制螺距和直径均为恒定值的螺旋线。

单击"曲线"命令组中的 （螺旋线）图标，在"螺旋"对话框中设置螺旋线的直径、螺距、圈数、旋向,在类型下拉列表中选择"沿矢量"选项,在"方位"栏中选择视图中央的基准坐标系,如图 5-39 所示,单击"确定"按钮或鼠标中键确认并退出命令。绘制的螺旋线如图 5-40 所示。

图 5-39 螺旋线参数设置

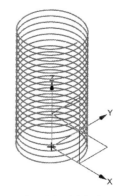

图 5-40 直径和螺旋线恒定的螺旋线

(2)绘制直径恒定,螺距线性变化的螺旋线。

按图 5-39 设置螺旋线的大小、螺距和长度,在类型下拉列表中选择"沿矢量"选项,在"方位"栏中选择视图中央的基准坐标系,在"大小"栏中设置"规律类型"为"恒定","值"为"20",在"螺距"栏中设置"规律类型"为"线性","起始"和"终止"分别为"2"和"10",单击"确定"按钮或鼠标中键确认并退出命令。绘制的螺旋线如图 5-41 所示。

(3)绘制直径线性变化,螺距恒定的螺旋线。

按图 5-39 设置螺旋线的大小、螺距和长度,在类型下拉列表中选择"沿矢量"选项,在"方位"栏中选择视图中央的基准坐标系,在"大小"栏中设置"规律类型"为"线性","起始"和"终止"分别为"5"和"100",在"螺距"栏中设置"规律类型"为"恒定","值"为"10",单击"确定"按钮或鼠标中键确认并退出命令。绘制的螺旋线如图 5-42 所示。

(4)绘制环形螺旋线。

首先,通过"基本曲线"在工作坐标系的 XY 平面内绘制直径为 100 的圆,圆心位置任选;然后,按图 5-39 设置大小、螺距和长度。在类型下拉列表中选择"沿脊线"选项,单击选择绘制的圆,在"大小"和"螺距"栏中设置"规律类型"为"恒定","值"分别为"20"和"10","长度"栏的设置如图 5-43 所示,最后单击"确定"按钮或鼠标中键确认并退出命令。绘制的螺旋线如图 5-44 所示。

第 5 章 曲线

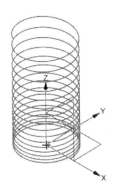

图 5-41 直径恒定、螺距线性变化的螺旋线

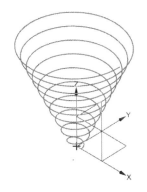

图 5-42 直径线性变化、螺距恒定的螺旋线

图 5-43 沿脊线定义螺旋线

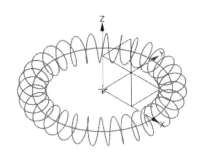

图 5-44 环形螺旋线

5.3.10 曲面上的曲线

"曲面上的曲线"命令用于在曲面上绘制曲线，该曲面可以是平面、曲面，单独创建的曲面或实体的表面。

单击"曲线"命令组中的 （曲面上的曲线）图标，弹出如图 5-45 所示的"曲面上的曲线"对话框。首先单击"选择面"，选择绘制曲线的面，然后单击"指定点"，选择面上的一些点，自动绘制成曲线。若勾选"封闭"复选框，则绘制封闭的曲线。"自动判断约束""设置""微定位"保持图示的默认值。图 5-46 为在圆柱面上绘制的曲线。

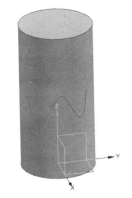

图 5-45 "曲面上的曲线"对话框　　　图 5-46 在圆柱面上绘制的曲线

5.3.11 文本

在工程实际中，产品设计完成后，需要在其表面上刻印产品名称、型号、品牌等信息。另外，在对零件标明某些需要特殊处理的地方时，也需要添加文字说明。对于 NX 软件的文本曲线，输入的文本可以是英文字母、中文文字、阿拉伯数字、数学符号等，文本曲线实际上是以空间曲线构成的文字轮廓，可以通过拉伸，以及与实体求和、求差等操作完成文字雕刻的效果。

单击"曲线"命令组中的 **A**（文本）图标，弹出如图 5-47 所示的"文本"对话框。文本放置的位置与方位有 3 种类型。

图 5-47 "文本"对话框

（1）平面副：选择或新建基准坐标系，并以其 XY 坐标平面作为文本放置平面。

（2）曲线上：沿着选择的曲线绘制文本曲线。

（3）面上：在选择的曲面上绘制文本曲线，该曲面可以是平面，也可以是曲面，可以是单独创建的曲面，也可以是实体的表面。

【应用案例 5-3】

在现有零件的表面，分别绘制平面、曲线和面上的文本。

（1）打开案例文件"\chapter5\part\文本.prt"，预制模型如图 5-48 所示。

图 5-48　预制模型

（2）在"文本"对话框中选择"平面副"选项，单击"指定点"，选择模型的左上角位置，确定坐标系，在文本框中输入"Good"，通过拖动坐标系的 XC 轴箭头或在动态输入框中设置 X 轴坐标为"25"，调整文本的高度和长度，如图 5-49 和图 5-50 所示。单击"确定"按钮，完成文本的绘制。

图 5-49　文本对话框参数

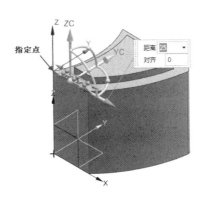

图 5-50　平面副文本

(3)在"文本"对话框中选择"曲线上"选项,单击"选择曲线",选择模型的凸台上的棱线,在文本框中输入"Good",调整文本的高度和长度,如图 5-51 所示,单击"确定"按钮,完成文本的绘制。

(4)在"文本"对话框中选择"面上"选项,单击"选择面",选择模型的前表面;单击"选择曲线",选择模型的前表面上的曲线,在文本框中输入"华为",调整文本的高度和长度,如图 5-52 所示,单击"确定"按钮,完成文本的绘制。

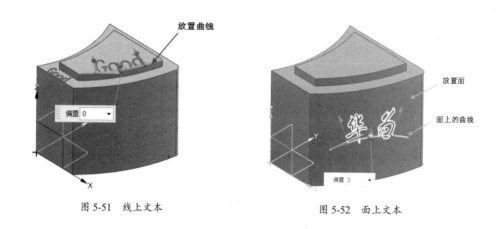

图 5-51　线上文本　　　　　　　　图 5-52　面上文本

5.4　曲线的操作

曲线的操作是指对已存在的曲线进行几何运算处理,如曲线的偏置、桥接、投影、合并等。在曲线生成过程中,由于多数曲线属于非参数性曲线类型,通常在空间中具有很大的随意性和不确定性,因此在创建曲线后,通常不能满足用户要求,往往需要借助各种曲线的操作手段来对曲线做进一步的处理,从而满足用户要求。

5.4.1　偏置曲线

"偏置曲线"命令用于对已有的二维曲线(如直线、弧、二次曲线、样条线及实体的边缘线等)进行偏置,得到新的曲线。我们可以选择是否使偏置曲线与原曲线保持关联,如果选择"关联"选项,则当原曲线发生改变时,偏置生成的曲线也会随之改变。曲线可以在选定几何体所定义的平面内偏置,也可以根据拔模角和拔模高度偏置到一个平行平面上,或者沿着指定的"3D 轴向"矢量偏置。

单击"曲线"选项卡中的 （偏置曲线）图标,弹出如图 5-53 所示的"偏置曲线"对话框,在类型下拉列表中有 4 种方式供用户选择。

(1)距离:在曲线所在平面内,沿垂直于曲线方向,按一定距离进行多重复制。对于直线,需要再指定一点以确定其操作平面(点与直线确定平面);对于不在同一平面的空间曲线,如不共面样条曲线,不能执行该方式。

(2)拔模:沿曲线所在平面的法线方向,按一定距离和拔模角度进行多重复制。对于直线,需要再指定一点以确定该直线所在平面。通常是对圆、圆弧或共面曲线进行的操作。对于不在同一平面的空间曲线，如不共面样条曲线，不能执行该方式。

（3）规律控制：对曲线不同位置按规律进行不同距离的复制。偏置距离有 7 种规律可选，操作与螺旋线的半径（直径）值的设定相同，此处不再赘述。

（4）3D 轴向：按任意指定的方向进行偏置。该方向可以是坐标轴，也可以是直线的方向。

偏置曲线的正反方向可通过单击 ✕（反向）图标进行切换。曲线偏置实例如图 5-54 所示。

图 5-53 "偏置曲线"对话框

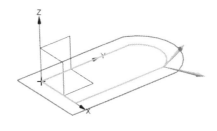

图 5-54 曲线偏置实例

5.4.2 桥接曲线

"桥接曲线"命令用于在现有几何体之间创建桥接曲线并对其进行约束，可用于平滑连接两条分离的曲线（包括实体、曲面的边缘线）。在桥接过程中，系统会实时反馈桥接的信息，如桥接后的曲线形状、曲率梳等，有助于分析桥接效果。

单击"曲线"选项卡中的 ⌒（桥接曲线）图标，弹出如图 5-55 所示的"桥接曲线"对话框。操作过程如下：

（1）选择起始对象，即第一条曲线。

（2）选择终止对象，即第二条曲线。

（3）设置"桥接曲线"对话框中的选项。

（4）单击"确定"按钮即可完成曲线的桥接。

在如图 5-55 所示的"桥接曲线"对话框中，"连续性"下拉列表用于设置桥接曲线与已知曲线之间的连接方式，它包含 4 种方式，其含义如图 5-56 所示。

图 5-55 "桥接曲线"对话框

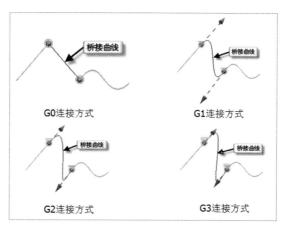

图 5-56 桥接的 4 种方式

（1）G0（位置）：若选择该方式，则生成的桥接曲线与起始对象和终止对象只是在连接点处自由连接，不受任何约束。

（2）G1（相切）：若选择该方式，则生成的桥接曲线与起始对象和终止对象在连接点处相切连接，并且为三阶样条曲线。

（3）G2（曲率）：若选择该方式，则生成的桥接曲线与起始对象和终止对象在连接点处曲率连接，并且为五阶或者七阶样条曲线。

（4）G3（流）：若选择该方式，则生成的桥接曲线与起始对象和终止对象在连接点处流线式连接。

提示

桥接曲线的起始对象和终止对象的连接方式由"桥接曲线"对话框中"连接"栏的"开始"和"结束"两个选项卡来控制。

5.4.3　投影曲线

"投影曲线"命令用于将曲线或点沿某一个方向投影到已有的曲面、平面或参考平面上。在投影之后，系统可以自动连接输出的曲线，但是如果投影曲线与面上的孔或面上的边缘相交，则投影曲线会被面上的孔和边缘所修剪。

单击"曲线"选项卡中的（投影曲线）图标，弹出如图 5-57 所示的"投影曲线"对话框。首先单击"要投影的曲线或点"栏的"选择曲线或点"，单击要投影的曲线或点，然后单击"要投影的对象"栏的"选择对象"或"指定平面"，单击投影面，最后单击"确定"按钮或鼠标中键完成并退出命令。"投影方向"、"缝隙"、"设置"及"预览"栏通常保持系统默认设置。

图 5-57　"投影曲线"对话框

【应用案例 5-4】

利用投影曲线的功能，在一个非平面的表面创建一个相关的密封沟槽。

（1）打开案例文件"\chapter5\part\投影.prt"，预制模型如图 5-58 所示。

图 5-58　预制模型

（2）单击 （投影曲线）图标，确认"设置"栏的"关联"为勾选状态。

（3）在上边框条中将"曲线规则"设置为"面的边"，选择实体模型上表面。

（4）在"要投影的对象"栏中，选择"指定平面"为基准坐标系的 XOY 平面，选择投影矢量为-ZC 轴，其他选项保持默认设置，结果如图 5-59 所示。

（5）偏置曲线。单击 （偏置曲线）图标，选择投影曲线为要偏置的曲线，设置"距离"为"10"，方向向内，如图 5-60 所示。

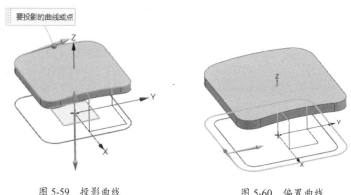

图 5-59 投影曲线 　　　　　图 5-60 偏置曲线

（6）再次投影。单击 （投影曲线）图标，在上边框条中将"曲线规则"设置为"相连曲线"。然后选择偏置形成的曲线，并选择投影对象为模型上表面，投影矢量为 ZC 轴，结果如图 5-61 所示。

（7）单击"主页"选项卡中"更多"下拉菜单中的"管"，选择路径曲线为刚刚投影的曲线，设置"外径"为"5"，进行布尔减去操作。将全部曲线移动至图层 41，单击"确定"按钮，结果如图 5-62 所示。

图 5-61 投影曲线到实体表面 　　　　　图 5-62 创建密封沟槽

（8）保存，关闭部件。

5.4.4 相交曲线

"相交曲线"命令用于创建两组对象之间的相交曲线，对象可以是平面、曲面、实体表面、基准平面或坐标平面等。相交曲线与对象相关并与其一起更新。

两个基准平面相交将产生不相关的直线，并延伸至视图的边界。如果要求相关性，应建立基准轴。

单击"曲线"选项卡中的 (相交曲线)图标,弹出如图 5-63 所示的"相交曲线"对话框。在"第一组"栏中选择曲面、平面或新创建一平面,然后在"第二组"栏中选择相交的另一曲面、平面或创建一平面,最后单击"确定"按钮或鼠标中键完成并退出命令。"设置"和"预览"栏通常保持系统默认设置。

图 5-63 "相交曲线"对话框

【应用案例 5-5】

(1)打开案例文件"\chapter5\part\相交.prt",如图 5-64 所示。

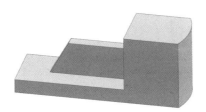

图 5-64 预制模型

(2)新建基准平面。单击"主页"选项卡中的 (基准平面)图标,利用"自动判断"的方式,与模型下部水平面重合,建立基准平面,如图 5-65 所示。

(3)单击 (相交曲线)图标,确认"设置"选项卡中的"关联"为勾选状态。选择"第一组"的面为新创建的基准平面,将上边框条中的"面规则"切换为"体的面",选择"第二组"的面为模型竖直面,结果如图 5-66 所示。

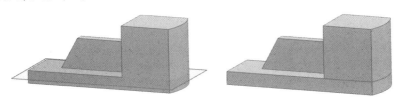

图 5-65 新建基准平面　　　　　　　图 5-66 相交曲线

（4）单击"主页"选项卡中"更多"下拉菜单中的 分割面 图标。将上边框条中的"面规则"切换为"单个面"。在对话框中选择要分割的面为模型前部竖直面，选择分割对象为刚刚生成的相交线，结果如图 5-67 所示。使用相同的方法分割相邻的 3 个面，如图 5-68 所示。

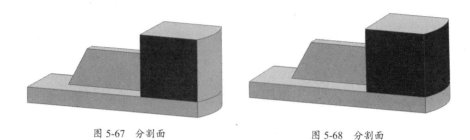

图 5-67　分割面　　　　　　　　图 5-68　分割面

> 🔔 提示
>
> 也可以在"要分割的面"中，一次性选择多个面，"分割对象"选择相交线后一次分割多个面。

（5）单击"主页"选项卡中的 （拔模）图标，弹出如图 5-69 所示的对话框。"脱模方向"默认为 ZC 轴方向，选择拔模固定面为新建的基准平面，选择要拔模的面为 4 个竖直面，设置拔模角为"10"，结果如图 5-70 所示。

图 5-69　"拔模"对话框　　　　　图 5-70　拔模结果

5.4.5　镜像曲线

"镜像曲线"命令用于将曲线按镜像平面进行对称复制。

单击"曲线"选项卡中的 （镜像曲线）图标，按提示栏信息选择要镜像的曲线和镜像面，其中镜像平面可以选择坐标平面、基准平面、实体的表平面或单独绘制的平面等,也可以创建一个新平面作为镜像平面。

5.4.6 截面曲线

"截面曲线"命令用于将指定的面与选定的实体、表面、平面和曲线相交来创建曲线或点。如果面与曲线相交,则生成一个或多个点;如果面与平面、表面或实体相交,则生成截面曲线(可以是直线、圆弧或二次曲线);如果不能为指定的对象和平面创建截面曲线(或点),则系统会显示出错消息。

单击"曲线"选项卡中的 (截面曲线)图标,弹出如图 5-71 所示的"截面曲线"对话框。常用的生成截面曲线的方法有 3 种。

(1)选定的平面:选定一个平面截取曲面生成截面曲线。首先选择需要剖切的曲面,然后单击"剖切平面"栏,选择一个平面或新建一个平面,最后单击"确定"按钮或鼠标中键,完成截面曲线的绘制。

(2)平行平面:选定等距的一组平行平面截取曲面生成截面曲线。首先选择需要剖切的曲面,然后单击"基本平面"栏,选择一个平面或新创建一个平面,再在"平面位置"栏中输入起点位置、终点位置和步进值,其决定多少个平行平面截取曲面。

(3)径向平面:按一组等角度的径向平面截取曲面生成截面曲线。首先选择需要剖切的曲面,然后单击"径向轴"栏,选择一个矢量或一条直线,接下来单击"参考平面上的点"栏,选择或创建一个点,该点与矢量决定一个平面作为截取平面的参考平面,最后在"平面位置"栏中输入起点角度、终点角度和步进角度,其决定哪一角度范围的多少个绕矢量为轴的径向平面截取曲面。

图 5-71 "截面曲线"对话框

【应用案例 5-6】

利用截面曲线的功能，截取回转体的水平和径向截面。

（1）打开案例文件"\chapter5\part\截面.prt"，如图 5-72 所示。

（2）平行平面生成截面曲线。单击 ◈（截面曲线）图标，选择类型为"平行平面"，分别指定剖切对象和基本平面，如图 5-73 所示，生成回转体的水平截面曲线，如图 5-74 所示。

（3）径向平面生成截面曲线。单击 ◈（截面曲线）图标，选择类型为"径向平面"，指定剖切对象，选择径向轴为 ZC 轴，选择参考平面上的点为圆柱面上的任意一点，如图 5-75 所示。在"平面位置"栏中，输入"起点"为"0"，"终点"为"180"，"步进"为"30"，最后单击"确定"按钮或鼠标中键，完成回转体等角度的径向截面曲线，如图 5-76 所示。

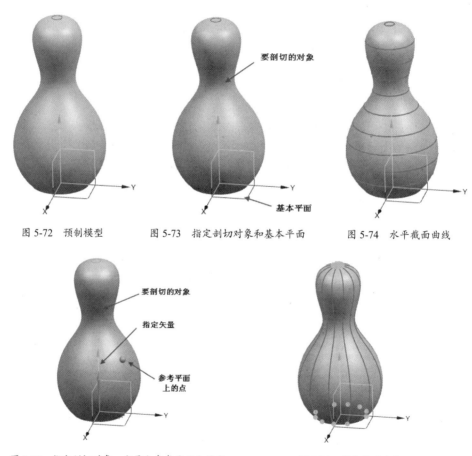

图 5-72 预制模型　　图 5-73 指定剖切对象和基本平面　　图 5-74 水平截面曲线

图 5-75 指定剖切对象、矢量和参考平面上的点　　图 5-76 径向截面曲线

5.4.7 缠绕/展开曲线

"缠绕/展开曲线"命令用于将曲线缠绕到圆柱面或圆锥面上，或者将圆柱面或圆锥面上的曲线展开到一个平面上。

单击"曲线"选项卡中的 ◈（缠绕/展开曲线）图标，弹出如图 5-77 所示的"缠绕/展开曲线"对话框。

第 5 章 曲线

图 5-77 "缠绕/展开曲线"对话框

【应用案例 5-7】

利用缠绕曲线的功能，将一条曲线缠绕到一个圆柱面上，产生相关的缠绕曲线作为凸轮导槽。

（1）打开案例文件 "\chapter5\part\缠绕.prt"，如图 5-78 所示。

（2）单击"曲线"选项卡中的 （缠绕/展开曲线）图标，选择类型为"缠绕"，按照如图 5-79 所示的说明指定缠绕曲线、缠绕表面和平面，结果如图 5-80 所示。

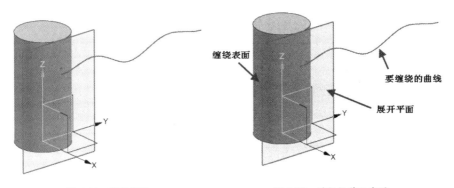

图 5-78 预制模型　　　　图 5-79 缠绕操作示意图

（3）利用"主页"选项卡中的"管"命令，以刚刚创建的缠绕曲线为路径，创建直径为 5 的凸轮导槽，如图 5-81 所示。

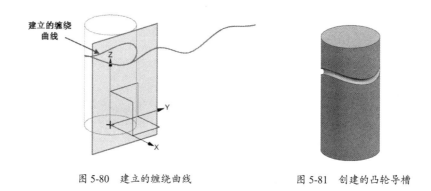

图 5-80 建立的缠绕曲线　　　图 5-81 创建的凸轮导槽

5.5 曲线的编辑

在曲线创建完成后,一些曲线形状或曲线之间的组合并不满足设计要求,这就需要用户通过各种编辑曲线的方式来修改和调整曲线。

5.5.1 修剪曲线

"修剪曲线"命令用于根据指定的用于修剪的边界实体和曲线分段来调整曲线的端点,可以修剪或延伸直线、圆弧、二次曲线或样条,也可以修剪到(或延伸到)曲线、边缘、平面、曲面、点或光标位置,还可以指定修剪过的曲线与其输入参数相关联。在修剪曲线时,可以使用体、面、点、曲线、边缘、基准平面和基准轴作为边界对象。

单击"编辑曲线"命令组中的 （修剪曲线）图标,进入"修剪曲线"对话框,如图 5-82 所示。首先选择要修剪的曲线,然后依次选择两条边界对象,如图 5-83 所示,其他选项保持默认,单击"确定"按钮,结果如图 5-84 所示。

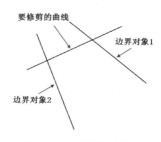

图 5-82 "修剪曲线"对话框　　　图 5-83 修剪曲线示意图

将图 5-82 所示的"修剪曲线"对话框中的"选择区域"修改为"放弃",再按上面的方法进行曲线修剪,则单击曲线的位置会被修剪,结果如图 5-85 所示。

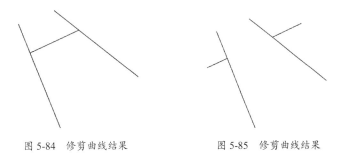

图 5-84 修剪曲线结果　　　　图 5-85 修剪曲线结果

> 提示
>
> 在修剪曲线,选择"要修剪的曲线"时,单击曲线的位置不同会产生不同的结果。

将"修剪曲线"对话框中"修剪或分割"栏的"操作"修改为"分割",如图 5-86 所示。与上面的操作一样,在选择要分割的曲线和边界对象后,系统会提示指定曲线要被分割的位置,如图 5-87 所示的曲线交叉点,使用鼠标左键拾取这两个点,单击"确定"按钮,曲线会被分割为 3 段,如图 5-88 所示。

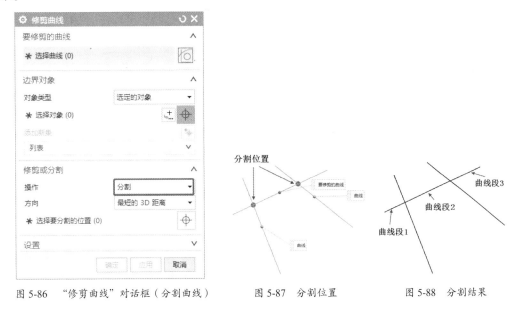

图 5-86 "修剪曲线"对话框(分割曲线)　　图 5-87 分割位置　　图 5-88 分割结果

5.5.2 曲线长度

"曲线长度"命令用于通过指定弧长增量或总弧长的方式来改变曲线的长度,在建模过程中也常常利用此功能查看曲线的总长度。该命令同样具有延伸曲线和裁剪曲线的双重功能。

单击"编辑曲线"命令组中的 （曲线长度）图标,进入"曲线长度"对话框,如图 5-89 所示。选择需要编辑的曲线,在"限制"栏的"开始"或"结束"文本框中输入需要加长(正值)或缩短(负值)的距离,单击"确定"按钮或鼠标中键完成并退出命令。其他选项保持系统默认设置,结果如图 5-90 所示。

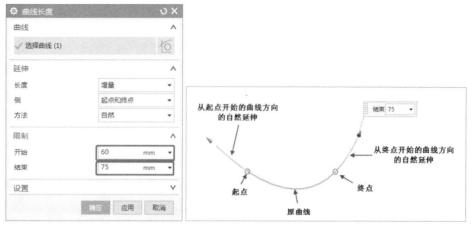

图 5-89 "曲线长度"对话框   图 5-90 曲线的延伸

5.6 综合实例

🗂【设计要求】

图 5-91 是北宋青白釉五瓣碗,繁昌窑,高度为 4.5cm,口径为 12.4cm。

该实例分两步完成,此处设计曲线部分。

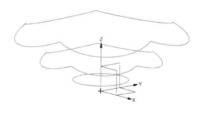

图 5-91 北宋青白釉五瓣碗   图 5-92 五瓣碗曲线模型

🔍【设计思路】

在草绘环境下绘制 3 个不同直径的圆,投影在 3 个基准平面上,转化为曲线。利用曲线分割功能,将 3 个圆分割为 5 段,保留其中一段,选择"菜单"→"编辑"→"移动对象"命令,将曲线段旋转 20°,然后阵列对象。

🖱【设计步骤】

(1)启动 NX1847,新建模型文件"五瓣碗曲线",进入建模环境。

(2)绘制同心圆。以 XOY 面为草绘平面分别绘制直径为 40、80 和 110 的 3 个圆,如图 5-93 所示。

(3)创建基准平面。单击"特征"命令组中的 ◇(基准平面)图标,以默认的"自动判断"方式创建 3 个基准平面。选择要定义平面的对象为 XOY 面,设置偏置距离分别为"8""25""45",如图 5-94

和 5-95 所示。

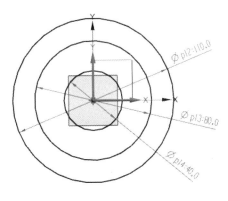

图 5-93 绘制同心圆

图 5-94 "基准平面"对话框

（4）投影圆。单击"曲线"选项卡中"派生曲面"命令组中的 ◇（投影曲线）图标，弹出如图 5-96 所示的对话框。选择要投影的曲线为 3 个草绘圆，选择投影平面为刚刚创建的 3 个基准平面，如图 5-97 所示。

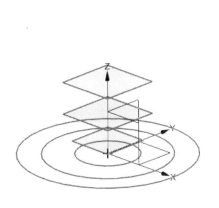

图 5-95 创建基准平面

图 5-96 "投影曲线"对话框

（5）分割曲线。单击"曲线"选项卡中"更多"下拉菜单中的 ⊹（分割曲线）图标，选择分割类型为"等分段"，选择"段长度"为"等参数"，设置"段数"为"5"，如图 5-98 所示。然后选择创建的 3 条投影曲线，曲线会被分割为 5 个等分段。

205

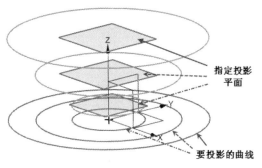

图 5-97　创建投影曲线（圆）　　　　　　　图 5-98　"分割曲线"对话框

（6）创建基准轴。单击"主页"选项卡，返回主页面。单击"特征"命令组中的 ╱（基准轴）图标，如图 5-99 所示。选择曲线被分割后的两个相邻断点，创建基准轴。以相同的方法继续创建另外一个基准轴，结果如图 5-100 所示。

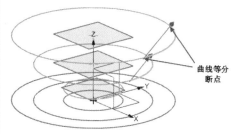

图 5-99　"基准轴"对话框　　　　　　　图 5-100　创建基准轴

（7）旋转曲线段。选择"菜单"→"编辑"→"移动对象"命令，弹出如图 5-101 所示的"移动对象"对话框。在"变换"栏中，选择"运动"为"角度"，在"结果"栏中，选中"移动原先的"单选按钮。选择要旋转的曲线段，并指定旋转矢量为刚刚创建的基准轴，在"角度"文本框中输入"20"，结果如图 5-102 所示。

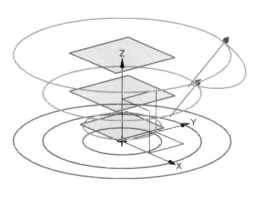

图 5-101　"移动对象"对话框　　　　　　图 5-102　旋转曲线段

(8)重复步骤 7,旋转直径为 80 的圆的曲线段。

(9)阵列曲线段。单击"主页"选项卡,返回主页面。单击"特征"命令组的"更多"下拉菜单中的 (阵列几何特征)图标,如图 5-103 所示。选择旋转后的曲线段,选择"阵列定义"栏的"布局"为"圆形","旋转轴"为 ZC 轴,设置"数量"和"节距角"分别为"5"和"72"。

(10)重复步骤 9,阵列直径为 80 的圆的曲线段,结果如图 5-104 所示。

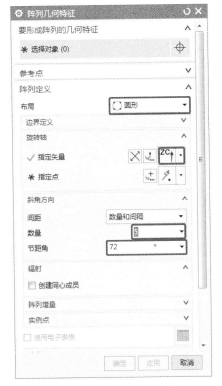

图 5-103 "阵列几何特征"对话框

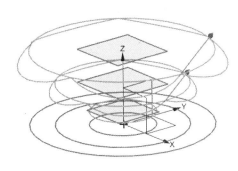

图 5-104 阵列曲线段

(11)图层设置。将草绘平面移至 21 层,基准平面移至 62 层,基准轴移至 63 层;将分割的曲线段移至 41 层,结果如图 5-105 所示。

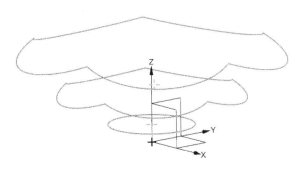

图 5-105 完成的曲线

本章小结

本章介绍了空间曲线的绘制、操作与编辑，空间曲线相对于平面草图曲线而言，其绘制更加灵活自由，可以在空间三维方向任意绘制曲线，需要读者熟练掌握曲线绘制过程中"控制平面"选项的正确使用。规律曲线是本章的重点内容，也是难点内容，需要读者理解掌握 NX 表达式对曲线的正确设置，明确规律曲线的绘制步骤。

 思考与练习

1. 创建曲线的方式有哪几种？
2. 简述规律曲线的概念及其绘制步骤。
3. 如何创建规律曲线和投影曲线？
4. 曲线的操作有哪些方法？
5. 偏置曲线有哪几种绘制方式？
6. 绘制如图 5-106 所示的曲线。
7. 使用空间曲线命令绘制如图 5-107 所示的图形，立方体框线长度均为 100mm，并以立方体的 6 个面的中心点为圆心绘制直径为 50mm 的圆。

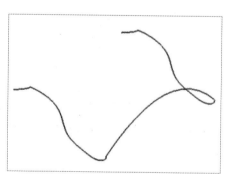 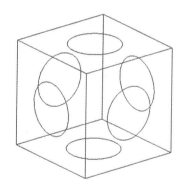

图 5-106　曲线练习 1　　　　　　图 5-107　曲线练习 2

第 6 章

曲面

NX 曲面建模技术是体现 CAD/CAM 软件建模能力的重要标志。直接采用前面章节的方法即可完成设计的产品是有限的，大多数实际产品的设计都离不开曲面建模。曲面建模用于构造使用标准建模方法无法创建的复杂形状，它既能生成曲面（在 NX 中称为片体，即零厚度实体），也能生成实体。本章将详细介绍构建曲面和编辑曲面的各种方法，以完成各种曲面、片体和非规则实体的创建，实现对曲面的各种编辑修改操作。

学习目标

- ◎ 由点创建曲面的方法
- ◎ 由线创建曲面的方法
- ◎ 由面构建曲面的方法

6.1 曲面建模概述

曲面建模与实体建模相同，都是模型主体的组成部分。曲面建模不同于实体建模，区别在于曲面是模型，它没有质量也无法添加材料特征，而且在模型生成过程中，先后生成的曲面不可以进行布尔运算。曲面建模广泛应用于汽车、飞机、轮船、家电和其他工业造型的设计过程。

NX 曲面建模的建模方法繁多，功能强大，使用方便。全面掌握和正确合理使用是使用该模块的关键。曲面的基础是曲线，构造曲线要避免重叠、交叉和断点等缺陷。

6.1.1 曲面建模术语

一般来讲，NX 曲面建模首先通过构造曲面生成大面积曲面，然后通过曲面的过渡、连接、修剪，以及添加圆角来进行平滑处理，以获得需要的模型外部轮廓。

在创建曲面的过程中，会出现许多专业术语及概念，为了准确理解创建规则曲面和自由曲面的设计过程，我们有必要了解一下曲面的基本术语和概念。

1. 实体特征和片体

自由曲面特征与其他特征的建模方法有所不同,生成的结构特征可以是片体或实体。片体是相对于实体而言的,即只有表面没有体积,一个曲面可以包含一个或多个片体,且每个片体都是独立建立的模型几何体,可以包括一个特征,也可以包括几个特征。在 NX 中,任何片体、片体的组合及实体上的所有表面都是曲面。

2. 曲面的行与列

在 NX 中,很多曲面都是由不同方向的点或曲线来定义的,大致方向一般为曲面中互相垂直的 U 方向和 V 方向,U 方向一般代表水平方向,即行方向,与之垂直的方向称为 V 方向,即列方向。

3. 曲面阶次

曲面阶次是数学范畴的概念,与前面所述的曲线阶次类似,区别在于曲面是三维的,按照上面 U、V 方向来划分,可以表述为 U、V 两个方向的阶次。在实际工作中,通常按照 U、V 两个方向中最高的阶次来描述曲面的阶次,如某曲面在 U 方向阶次为 3,V 方向阶次为 1,一般称该曲面为 3 阶曲面,即曲面 3 阶连续。NX 软件最高可以生成 24 阶曲面,但是实际生产中不会用到如此平滑的曲面,原因有以下几点:第一,无论是高端的航空设备还是民用电器、汽车产品,都没有必要采用如此平滑的曲面;第二,实际数控设备加工不出如此平滑的高阶曲面,数控插值的计算精度存在误差;第三,即使能够加工,后续检验困难极大;第四,不必要的高阶曲面的生成计算会额外增加计算机的负载,导致模型生成时间周期过长。因此无论采用哪款先进的 3D 软件进行产品设计,目的都不是炫耀建模技巧,而是以设计任务书为导向,满足客户需求,提高产品设计质量。

4. 曲面片体

曲面一般都是由曲面片体构成的,根据曲面片体的数量分为单片体和多片体两种曲面类型。其中,单片体是指由单一片体组成的曲面;而多片体是由多个片体采用桥接、修剪等方式连接在一起的曲面。片体数量越多,越能在更小范围内控制曲面的尺寸和形状,相应的建模过程就越漫长而复杂,工作量也会成倍增长。因此在满足要求的前提下,应尽可能减少曲面片体的数量,而且如果没有特别要求,则只要圆角过渡能满足需求就尽量不采用高阶连接方式。

5. 栅格

栅格是一组显示特征,是曲面具有的特性,用于观察曲面的形态和细节变化情况。

6. 曲面的连续性

曲面的连续性可以理解为相互连接的曲面之间过渡的平滑程度。提高连续性级别可以使表面看起来更加光滑、流畅。连续性描述了曲面或曲线的连续方式和平滑程度。在创建或编辑曲面时,可以利用连续性参数设置连续性,从而控制曲面的形状与质量。NX 中采用 Gn 来表示连续性。

G0:曲面或曲线点点相连,即曲线之间无断点,曲面相接处无裂缝,可归纳为"点连续(无连续性约束)"。由于 G0 使模型产生了锐利的边缘,因此一般不使用这种效果。

G1:曲面或曲线点点连续,并且所有连接的线段或曲面之间都是相切关系,可归纳为"相切连续(相切约束)"。由于 G1 制作简单,成功率高,而且在某些地方特别实用,如手机的两个面的相交处就采用这种连续级别，因此这种效果比较常用。

G2：曲面或曲线点点连续，并且连接处的曲率分析结果为连续变化，可归纳为"曲率连续（曲率约束）"。虽然 G2 视觉效果非常好，是大家追求的目标，但是这种连续级别的表面并不容易制作，这也是 Nurbs 建模中的一个难点。这种连续性的表面主要用于制作模型的主面和主要的过渡面。

7．曲面公差

在数学上，曲面是采用逼近和插值方法进行计算的，因此需要指定造型误差，包括距离公差和角度公差两种类型，公差值在曲面造型预设置中设定。

（1）距离公差：构造曲面与数学表达的理论曲面在对应点所允许的最大距离误差。

（2）角度公差：构造曲面与数学表达的理论曲面在对应点所允许的最大角度误差。

6.1.2 曲面建模思路

使用 UG NX 曲面造型模块可以设计复杂的自由外形。例如，在进行汽车、飞机及各种日用品的外形设计时，除了需要满足功能要求，还需要满足美观、平滑、人体工程学要求等。在构造曲面时，一般先根据产品外形要求，将绘制的剖截面通过拉伸、旋转等操作创建；也可以由绘制的边界曲线，或者由实样测量的数据点，运用通过点、点云、过曲线等方法创建；对于简单的曲面而言，可以一次完成建模，而实际产品的形状往往比较复杂，还需对已有曲面进行延伸、修剪、过渡连接、平滑处理等编辑操作才能完成整体造型。

一般来说，创建曲面都是从曲线开始的，可以通过点创建曲线，进而创建曲面，也可以通过抽取已存在的特征边缘轮廓线的方式创建曲面。其中，一般的创建曲面过程如下所述。

（1）首先创建曲线，可以用测量得到的点云创建曲线，也可以从光栅图像中勾勒出用户所需要的曲线，或者直接创建曲线或抽取边缘轮廓获得曲线。

（2）根据创建的曲线，利用曲线、直纹、通过曲线网格等选项，创建产品的主要或者大面积的曲面。

（3）重复上面的步骤 1 和步骤 2，创建必要的曲面。此时创建的多个曲面没有直接关联性，但彼此有交叉或者缝隙。

（4）利用桥接曲面、二次截面、面倒圆、N 边曲面选项，对前面创建的曲面进行过渡连接、编辑或者平滑处理。

曲面建模不同于实体建模，它不是完全参数化的特征，也不可以像实体建模那样进行布尔运算，因此在曲面建模过程中需要注意以下几点。

（1）用于构造曲面的曲线应尽可能简单，曲线阶次数小于 3。

（2）用于构造曲面的曲线要保证平滑连续，避免产生尖角、交叉和重叠。

（3）曲面的曲率半径应尽可能大，否则会造成加工困难。

（4）曲面的阶次应尽量选择 3 次，避免使用高阶次曲面。

（5）避免构造非参数化特征。

（6）如果有测量的数据点，建议先生成曲线，再利用曲线构建曲面。

（7）根据不同 3D 零件的形状特点，合理使用各种曲面构造方法。

（8）在设计薄壳零件时，应尽可能采用修剪实体，再采用抽壳方法进行创建。

（9）面之间的圆角过渡应尽可能在实体上进行操作。

（10）内圆角半径应略大于标准刀具半径，以方便加工。

6.2 曲面建模方法

在 NX 软件中，可以使用多种方法创建曲面。首先，在实体建模中的拉伸、旋转操作都可以生成曲面。除此之外，还可以利用一系列事先构建的点来创建曲面，也可以利用曲线创建曲面，还可以利用曲面来创建曲面。

根据曲面构建原理，可以将 NX 软件的曲面建模功能分为 3 类。

1．由点构面

由点构面是指根据导入的点数据构建曲面的过程。由点构面的方法主要有通过点、从极点和从点云，这些方法所构建的曲面与点数据之间不存在关联性，是非参数化的，所构建的曲面的平滑性也比较差，因此在曲面建模中，往往将由点构建的曲面作为母面。

2．由线构面

由线构面是指根据已有的曲线来构建曲面的过程。由线构面的方法主要有直纹、通过曲线组、通过曲线网络和扫掠等，这些方法所建立的曲面与曲线之间是有关联性的，在对曲线进行编辑后，曲面也将随之改变，这类命令是创建曲面的主要方法。

3．由面构面

由面构面是指对由线构面所得到的一系列曲面进行连接、编辑等操作，得到新的曲面的过程。由面构面的方法主要有桥接曲面、延伸曲面、偏置曲面和圆角曲面等。

6.3 由点构面

由点构面是指根据导入的点数据构建曲面的过程，包括通过点、从极点、从点云等构造方法。该功能所构建的曲面与点数据之间不存在关联性，是非参数化的，即当构造点被编辑后，曲面不会产生关联变化。由于这类曲面的可修改性较差，建议尽量少用。在逆向工程中，通常采用由点构面功能建立粗略的曲面，再进行进一步的曲面构造。

1．通过点构建曲面

通过若干组比较规则的矩形阵列点串来构建曲面，需要定义点必须以矩形阵列的布局方式排列，其主要特点是构建的曲面总是通过所指定的点。

通过点构建曲面的操作步骤如下所述。

选择"菜单"→"插入"→"曲面"→"通过点"命令，或者单击"曲面"选项卡中的 ◈（通过点）图标，弹出如图 6-1 所示的"通过点"对话框，其主要选项意义如下所述。

图 6-1　"通过点"对话框

（1）补片类型。

- 单个：单个补片的曲面由一个曲面参数方程表达。
- 多个：多个补片的曲面由多个曲面参数方程表达。

（2）沿以下方向封闭：用来设置曲面是否闭合。若选择后三者，则最后均将生成实体。

- 两者皆否：曲面在列方向和行方向上都不闭合。
- 行：曲面在行方向上闭合。
- 列：曲面在列方向上闭合。
- 两者皆是：曲面在列方向和行方向都闭合。

（3）行阶次和列阶次：输入曲面 U 方向和 V 方向的阶次，建议使用 3～5 阶次来创建曲面，这样的曲面比较容易控制形状。

（4）文件中的点：可以通过选择包含点的文件来定义点。

【应用案例 6-1】

根据已知点，创建通过点的曲面，操作步骤如下所述。

用点构造器构造表 6-1 中的点。

表 6-1　点列表

坐标 序号	X	Y	Z	坐标 序号	X	Y	Z
1	0	0	0	7	0	30	40
2	30	0	10	8	30	30	30
3	60	0	0	9	60	30	40
4	0	20	5	10	0	50	0

续表

坐标 序号	X	Y	Z	坐标 序号	X	Y	Z
5	20	20	5	11	30	50	0
6	60	20	5	12	60	50	0

单击"曲面"选项卡中的 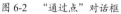（通过点）图标，弹出如图6-1所示的对话框。通过该对话框创建通过已知点的曲面。

如图6-2所示，将"行阶次"修改为"2"。单击"确定"按钮，弹出"过点"对话框，如图6-3所示。

图6-2 "通过点"对话框

图6-3 "过点"对话框

单击"在矩形内的对象成链"按钮，弹出"指定点"对话框，如图6-4所示，需要指定矩形的对角线的两个顶点。单击"视图"选项卡，在"操作"命令组中单击（俯视图）图标，将视图转为俯视图状态。

在点1、2、3的左上角单击鼠标左键，在点1、2、3的右下角单击鼠标左键，画一矩形框将点1、2、3框入此矩形框内，弹出"指定点"对话框，如图6-5所示，此对话框要求指定起点和终点。选择点1作为起点，点3作为终点。

图6-4 "指定点"对话框

图6-5 "指定点"对话框

再按照此方法依次画矩形框选择点4、5、6，点7、8、9，以及点10、11、12，并分别选择点4、7、10作为起点和点6、9、12作为终点。选择完成后，弹出"过点"对话框，如图6-6所示。

在弹出的"过点"对话框中单击"所有指定的点"按钮，即可通过点构建曲面，如图6-7所示。

图 6-6 "过点"对话框　　　图 6-7 通过点构建的曲面

🔔 **特别提示**

在选择点串的起点和终点时，要注意方向的一致性，如果方向不同，则所得到的曲面将是不同的，甚至是扭曲的、异常的。

2．从极点构建曲面

选择"菜单"→"插入"→"曲面"→"从极点"命令，或者单击"曲面"选项卡中的 ◇（从极点）图标，打开如图 6-8 所示的"从极点"对话框。"从极点"对话框和"通过点"对话框的操作基本类似，操作过程也基本相同，但生成的曲面并不通过指定点，而是以指定点为极点，如图 6-9 所示。

图 6-8 "从极点"对话框　　　图 6-9 从极点构建的曲面

📎 **【应用案例 6-2】**

根据文件中的点，创建从极点的曲面，操作步骤如下所述。

（1）新建文本文件，文件名为"egg"，将后缀由".txt"改为".dat"。

（2）打开文件"egg.dat"，输入点的坐标，如图 6-10 所示。

（3）单击"从极点"对话框中"文件中的点"按钮，找到文件路径，并选择文件"egg.dat"，单击"OK"按钮。

（4）生成的曲面如图 6-12 所示。

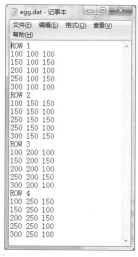

图 6-10 坐标数据文件

图 6-11 选择点文件

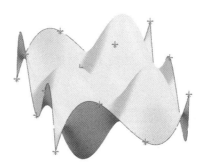

图 6-12 生成的曲面

6.4 由线构面

利用曲线来构建曲面在工程上的应用非常广泛，如飞机的机身、机翼等，通常原始输入数据是若干截面上的点，需要先将其生成样条曲线，再构建曲面。此类曲面至少需要两条曲线，这种方法生成的曲面与曲线之间具有关联性，即在对曲线进行编辑后，曲面也将随之变化。这里所指的曲线可以是曲线、片体的边界线、实体表面的边、多边形的边等。由曲线构建曲面骨架进而构建曲面的方法，包括直纹、通过曲线组、通过曲线网格、扫掠、截面线等，此类方法构建的曲面与曲线之间具有关联性，即当构建曲面的曲线进行编辑修改后，由曲线构建的曲面会自动更新，在工程中通常采用这种方法。在 NX 软件中，由线构面的方法一般分为以下两类。

（1）已知条件为具有两条及两条以上大致平行的截面曲线时：直纹、通过曲线组、截面线。

（2）若有纵横两组曲线，每组的曲线大致平行，纵横两组曲线之间大致正交：通过曲线网格、扫掠。

6.4.1 直纹

"直纹"命令用于通过两条曲线轮廓,在线性过渡的两个截面之间生成直纹片体或者实体。这两条线性过渡的曲线轮廓称为截面线串,可以由两个或多个对象组成,每个对象可以是曲线、实体或实体表面,也可以选择曲线的点或端点作为两个截面线串的第一个,但是该方式只能将调整设置为参数或圆弧长方式才可以使用。

单击"曲面"选项卡,在"曲面"命令组中单击"更多"下拉菜单中的 直纹 图标,弹出如图6-13所示的对话框,可以通过两组截面线串生成直纹曲面。另外,所选择的截面线串可以是多条连续的曲线或实体边线。

图 6-13 "直纹"对话框

【应用案例 6-3】

根据两个截面线串,创建通过截面线串的曲面,操作步骤如下所述。

(1)打开案例文件"\chapter6\part\ex6_3.prt"。

(2)创建通过已知曲线的直纹曲面,在"曲面"命令组中单击"更多"下拉菜单中的 直纹 图标,打开"直纹"对话框,各选项保持默认设置。选择截面线串1,单击鼠标中键,再选择截面串2,单击鼠标中键或者"确定"按钮,生成直纹曲面。

(3)生成的直纹曲面如图6-14所示。

特别提示

截面曲线的起始位置和向量方向是根据鼠标的单击位置判断的,通常比较靠近鼠标单击位置的曲线一端是起始的位置,如果截面线串的箭头方向不一致,则可能会生成扭曲的曲面,此时需要手动调整箭头方向。如果所选取的曲线都为闭合曲线,则会产生实体。在生成直纹曲面后,还可以双击直纹曲面进行编辑。

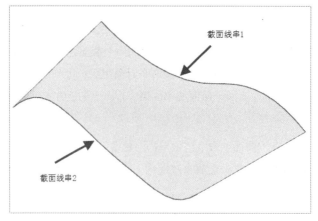

图 6-14 生成的直纹曲面

6.4.2 通过曲线组

"通过曲线组"命令用于通过多条轮廓曲线或截面线串创建片体或实体，此时曲线将贯穿所有截面，并且生成的曲面与截面线串相关联，即当截面线串被编辑修改后，曲面会随之更新。如果该组截面线都是封闭曲线，则生成实体。

在"曲面"命令组中单击 （通过曲线组）图标，弹出"通过曲线组"对话框。可以通过选择一系列截面曲线来生成曲面，所选择的曲线可以是多条连续的曲线或实体边线。

【应用案例 6-4】

根据一组近似平行的曲线，创建通过曲线组的曲面，操作步骤如下所述。

（1）打开案例文件"\chapter6\part\ex6_4.prt"。

（2）创建通过已知曲线组的曲面，在"曲面"命令组中单击 （通过曲线组）图标，打开"通过曲线组"对话框。

（3）依次选择曲线 1~6 为截面线串（其中，截面线串 1 为一点，单击鼠标中键结束每组截面线串的选择），单击"确定"按钮，生成通过曲线组的曲面，如图 6-15 所示。

图 6-15 生成通过曲线组的曲面

6.4.3 通过曲线网格

"通过曲线网格"命令用于通过在误差范围内的纵横两组曲线网格的曲线来构建曲面,其中每组曲线至少有两条截面曲线,此时直纹形状匹配曲线网格。两组曲线应当大致互相垂直,其中,一个方向的曲线称为主曲线,另一个方向的曲线称为交叉曲线。通过曲线网格生成的曲面是双 3 阶的,即 U、V 方向的阶次都是 3。由于包括两个方向的曲线,构造的曲面不能保证完全通过两个方向的曲线,因此用户可以强调以哪个方向为主,主方向的曲线将落在曲面上,而另一个方向的曲线则不一定落在曲面上,可能存在一定的误差。

在"曲面"命令组中单击"更多"下拉菜单中的 ◈(艺术曲面)图标,弹出"通过曲线网格"对话框。

【应用案例 6-5】

根据互相交叉的曲线,创建通过曲线网格的曲面,操作步骤如下所述。

(1) 打开案例文件 "\chapter6\part\ex6_5.prt"。

(2) 创建通过曲线网格的曲面,在"曲面"命令组中单击"更多"下拉菜单中的 ◈(艺术曲面)图标,弹出"通过曲线网格"对话框,如图 6-16 所示。

(3) 依次选择 3 条曲线为主曲线(单击鼠标中键结束每组曲线的选择,并确保方向箭头的方向一致,否则需要手动切换箭头方向),单击"交叉曲线"栏的 图标,选择 3 条曲线为交叉曲线(单击鼠标中键结束每组曲线的选择),单击"确定"按钮,生成通过曲线网格的曲面,如图 6-17 所示。

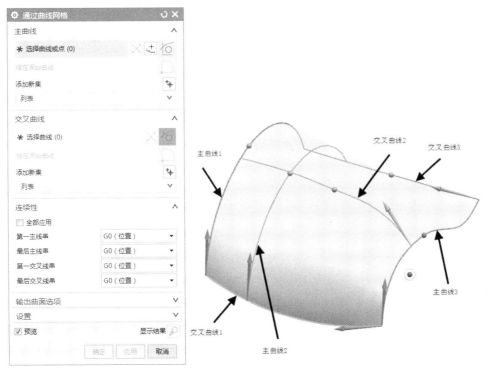

图 6-16 "通过曲线网格"对话框　　图 6-17 生成通过曲线网格的曲面

🔔 特别提示

　　当曲面由 3 条曲线构造时，可以将点作为第一条截面线或最后一条截面线，其余两条曲线作为交叉曲线，如图 6-18 所示。详见 "\chapter6\part\ex6_5(2).prt"。

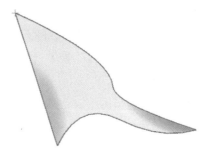

图 6-18　由 3 条曲线构造的曲面

6.4.4　扫掠

　　"扫掠曲面"命令用于将曲线以预先定义的方式沿空间路径运动轨迹所掠过的空间形状来创建曲面。运动的曲线轮廓称为截面线。截面线串控制曲面的大致形状和 U 方向，它可以由单条或多条曲线组成，不必是平滑的，但必须是位置（G0）连续的。截面线和引导线可以不相交，截面线最多可以选择 400 条。

　　指定的运动路径称为引导线，用于在扫掠方向上控制扫掠体的方位和比例，每条引导线可以由单段或多段曲线组成，但必须是平滑（G1）连续的。引导线的条数可以为 1～3 条。它是曲面类型中最复杂、最灵活、最强大的一种，可以控制比例、方位的变化。

　　在"曲面"命令组中单击 ◊（扫掠曲面）图标，会弹出"扫掠"对话框。选择若干组曲线为截面线，以及若干组曲线为引导线，并通过扫掠构建一个曲面。截面线可以由多段连续的曲线组成，构成扫掠曲面的 U 方向；引导线可以由多段相切曲线组成，构成扫掠曲面的 V 方向。

📖 【应用案例 6-6】

　　创建通过截面曲线沿引导线扫掠而得到的曲面，操作步骤如下所述。

　　（1）打开案例文件 "\chapter6\part\ex6_6.prt"。

　　（2）通过一条截面线和两条引导线进行扫掠生成曲面，在"曲面"命令组中单击 ◊（扫掠曲面）图标，弹出"扫掠"对话框，如图 6-19 所示。

　　（3）选择截面线，分别选择引导线 1 和引导线 2，单击"确定"按钮，生成扫掠曲面，如图 6-20 所示。

🔔 特别提示

　　"扫掠曲面"命令根据所选择的引导线的数目不同，需要不同的附加条件。在几何上，引导线即母线，根据 3 点确定一个平面的原理，最多可设置 3 条导轨。

第6章 曲面

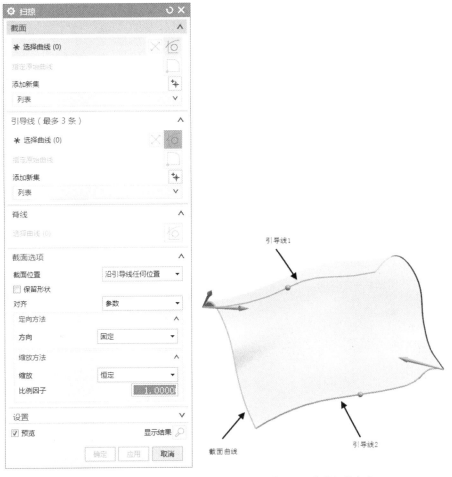

图 6-19 "扫掠"对话框　　图 6-20 生成扫掠曲面

6.5 由面构面

由面构面,又叫派生曲面构造方法,是指在其他片体的基础上构造曲面。该构造方法利用已有的曲面构造新的曲面,包括延伸曲面、桥接曲面、规律延伸、偏置曲面、扩大曲面、粗略偏置、曲面合成、全局形状、裁剪曲面、过渡曲面等方法。这种构造方法对于模型外形复杂的多片体类型特别有用,因为这类复杂曲面往往采用上述方法构造出较大的曲面,片体之间的空隙需要填补和完善,因此必须借助现有的曲面片体进行操作。这类曲面大部分是参数化的,在编辑修改基面后,新的曲面也会随之更新。

6.5.1 延伸曲面

在曲面设计中经常需要将曲面向某个方向延伸,主要用于扩大曲面片体,即在已经存在的曲面的基础上,将曲面的边界或者曲面上的曲线进行延伸,扩大曲面。延伸曲面的方式主要有相切延伸、圆弧延伸及规律延伸。延伸的曲面是独立曲面,如果与原有曲面一起使用,则必须通过缝合特征构成一个曲面。

在"曲面操作"命令组中单击 ◎（延伸片体）图标，弹出"延伸曲面"对话框。采用"延伸片体"命令可以对已有单一曲面上的边或曲线进行相切或圆形延伸。

【应用案例 6-7】

通过对曲面的延伸创建曲面，操作步骤如下所述。

（1）打开案例文件"\chapter6\part\ex6_7.prt"。

（2）创建相切延伸曲面，该方式用来生成与一个已有面（称为基面）相切的曲面，延伸曲面与在边界上具有相同的切平面，延伸长度可以采用"按长度"或"按百分比"两种方法，在"曲面"命令组中单击"更多"下拉菜单中的 ◎（延伸片体）图标，弹出"延伸曲面"对话框，如图 6-21 所示。在类型下拉列表中选择"边"选项，在"延伸"栏的"方法"下拉列表中选择"相切"选项，在"距离"下拉列表中选择"按长度"选项，在"长度"文本框中输入"100"，选择"要延伸的边"或延伸曲面，结果如图 6-22 所示。单击"应用"按钮，生成延伸曲面。

图 6-21 "延伸曲面"对话框   图 6-22 创建相切延伸曲面

（3）创建圆形延伸曲面，该方式主要是从平滑曲面的边线上生成一个圆弧形的，并且沿着选定的曲率半径延伸的曲面。它在延伸方向的横截面上是一个圆弧，圆弧半径与所选择的曲面边界的曲率半径相等，并且曲面与基面保持相切。在"延伸曲面"对话框中，在类型下拉列表中选择"边"选项，在"延伸"栏的"方法"下拉列表中选择"圆弧"选项，选择"要延伸的边"或延伸曲面，设置"距离"为"按百分比"，"长度"为"30"，结果如图 6-23 所示。单击"确定"按钮，生成延伸曲面。

图 6-23 创建圆形延伸曲面

6.5.2 桥接曲面

"桥接曲面"命令用于在两个主曲面之间构建的一个新曲面，使用"桥接曲面"命令可以在两个曲面间建立一个平滑的过渡曲面。过渡曲面与两个曲面的连续条件可以采用切矢连续或曲率连续两种方法，同时，为了进一步精确控制桥接曲面的形状，可以选择另外两组曲面或曲线作为曲面的侧面边界条件。桥接曲面与边界曲面相关联，当边界曲面被编辑修改后，曲面会自动更新。桥接曲面使用方便，其曲面连接过渡平滑，边界条件灵活自由，形状编辑易于控制，是曲面间过渡的常用方法。

在"曲面"命令组中单击 （桥接）图标，弹出"桥接曲面"对话框，如图6-24所示。该对话框中各选项的说明如下所述。

（1）选择步骤。

- 选择边1：模型中有两个需要连接的片体，选择其中一个片体的边缘。
- 选择边2：选择另外一个片体的边缘。

（2）连续类型。

- 相切：沿原来表面的切线方向和另一个表面连接。
- 曲率：沿原本表面圆弧曲率半径与另一个表面连接的同时保证相切的特性。

图6-24　"桥接曲线"对话框

【应用案例6-8】

使用桥接操作，将两个不连续的曲面桥接在一起，操作步骤如下所述。

（1）打开案例文件"\chapter6\part\ex6_8.prt"。

（2）选择"菜单"→"插入"→"细节特征"→"桥接"命令，或者单击"曲面"命令组的 （桥接）图标，打开"桥接曲面"对话框。

（3）选择曲面1和曲面2为主曲面，单击"确定"按钮，创建桥接曲面，操作过程如图6-25所示。

> 特别提示
>
> 在选择曲面后，会出现一个箭头，表示桥接的边界及方向。在选择曲面时，应靠近希望产生桥接曲面的边缘，并注意桥接方向，否则将生成不同的曲面。

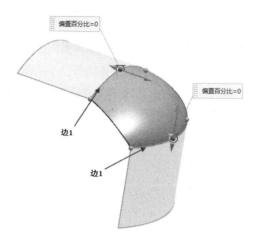

图 6-25 创建桥接曲面操作过程

6.5.3 规律延伸

"规律延伸"命令用于通过给定距离规律及延伸的角度来延伸现有的曲面或片体,根据所选取的起始弧及起始弧的位置定义矢量方向,并按所选取的顺序产生曲面,如果所选取的曲线都为闭合曲线,则会产生实体。

在"曲面"命令组中单击 （规律延伸）图标,弹出如图 6-26 所示的"规律延伸"对话框。

图 6-26 "规律延伸"对话框

规律延伸的类型有两种：☒（面），选择一个或多个面来定义构建延伸曲面时所使用的参考方向；☒（矢量），通过指定矢量来定义构建延伸曲面时所使用的参考方向。"规律延伸"命令的基本说明如图 6-27 所示。

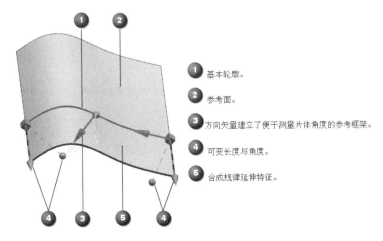

图 6-27　"规律延伸"命令的基本说明

【应用案例 6-9】

按照给定规律对已经创建好的曲面进行延伸，操作步骤如下所述。

（1）打开案例文件 "\chapter6\part\ex6_9.prt"。

（2）在"曲面"命令组中单击 ☒（规律延伸）图标，弹出如图 6-26 所示的"规律延伸"对话框。

（3）在类型下拉列表中选择 ☒ 面选项，选择曲面的边缘线为基本轮廓曲线，再选择曲面，选择"长度规律"栏的"规律类型"为"线性"，设置起点值为"10"，终点值为"50"，设置"角度规律"栏的"规律类型"为"恒定"，设置角度值为"45"，单击"确定"按钮，生成规律延伸曲面，如图 6-28 所示。

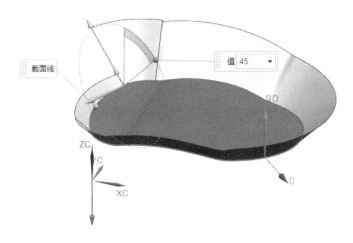

图 6-28　生成规律延伸曲面

6.5.4 偏置曲面

"偏置曲面"命令用于在曲面上建立等距面,对已有单一曲面使用等距或不等距法向投影的方式建立偏置面,输入的距离称为偏置距离,偏置所选择的曲面称为基面。

在"曲面操作"命令组中单击 ◈ (偏置曲面)图标,弹出"偏置曲面"对话框。

【应用案例 6-10】

通过对已经存在的曲面进行偏置,创建新的曲面,操作步骤如下所述。

(1)打开案例文件 "\chapter6\part\ex6_10.prt"。

(2)在"曲面操作"命令组中单击 ◈ (偏置曲面)图标,弹出如图 6-29 所示的"偏置曲面"对话框。选择曲面为待偏置曲面,设置偏置值为"30",单击"确定"按钮,生成偏置曲面,如图 6-30 所示。

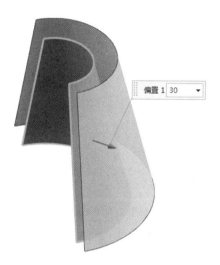

图 6-29 "偏置曲面"对话框　　　　图 6-30 生成偏置曲面

6.5.5 扩大曲面

使用"扩大"命令可以创建与原始面关联的新特征,更改修剪或未修剪片体或面的大小,并根据给定的百分率更改特征的每条边。当使用片体创建模型时,构建较大的片体是一个良好的习惯,这可以解决下游实体建模的问题。使用"扩大"命令可以在保持片体当前参数的同时进行扩大操作,还可以使用这一命令减小片体的大小。

在"编辑曲面"命令组中单击 ◈ (扩大)图标,弹出"扩大"对话框,如图 6-31 所示,然后选择需要扩大的曲面,并拖动对话框中的滑尺,即可实现曲面的扩大或缩小,操作如图 6-32 所示。

图 6-31 "扩大"对话框

图 6-32 扩大曲面操作

6.5.6 修剪片体

在曲面设计中,构建的曲面长度往往大于实际模型的曲面长度,利用"修剪片体"命令可以把曲面修剪成所需要的曲面形状。

在"曲面操作"命令组中单击 "修剪片体"图标,弹出"修剪片体"对话框,然后选择目标片体、裁剪边界对象,指定投影向量,即可修剪需要保留或舍弃的区域。

【应用案例 6-11】

通过修剪已经存在的曲面,创建新的曲面,操作步骤如下所述。

（1）打开案例文件"\chapter6\part\ex6_11.prt"。

（2）在"曲面操作"命令组中单击 ◎（修剪片体）图标，弹出"修剪片体"对话框，如图6-32所示，然后选择曲面为目标片体，曲线为边界对象，-XC为投影矢量，如图6-34所示，单击"确定"按钮，完成修剪片体操作，如图6-35所示。

图6-32 "修剪片体"对话框

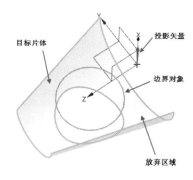

图6-34 修剪片体操作

图6-35 修剪后的片体

6.5.7 面倒圆

"面倒圆"命令用于在两组曲面之间建立常数或可变半径的相切圆角曲面，可以选择是否修剪原始曲面。使用"面倒圆"命令可以在曲面上倒圆，也可以在实体上倒圆，其功能比"边倒圆"命令要强大，特别适合于实体倒圆角失败的情况。除了面倒圆，还有样式倒圆。面倒圆和样式倒圆是创建圆角曲面的两种类型。不同之处在于：样式倒圆既可以创建相切（G1连续）圆角，也可以创建曲率约束（G2连续）圆角；而面倒圆只能创建相切约束的圆角，而且创建的圆角曲面是独立片体。

在UG NX1847中，"面倒圆"命令没有被列在默认的界面中，用户可以在搜索文本框中输入"面倒圆"来查找，如图6-36所示。在"命令查找器"对话框中显示查询结果，右击"面倒圆"，选择"添加到功能区选项卡"→"曲面"命令，"面倒圆"命令即可显示在"曲面"命令组中，如图6-37所示。

单击 ◎（面倒圆）图标，弹出"面倒圆"对话框，在"面"栏中选择第一个面，单击鼠标中键，确认选择后再用同样的方法选择第二个面；在"横截面"栏中选择或设置相应选项参数，操作过程如

图 6-38 所示。

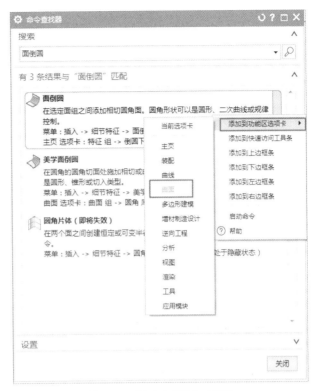

图 6-36 查询 "面倒圆" 命令

图 6-37 "命令查找器" 对话框

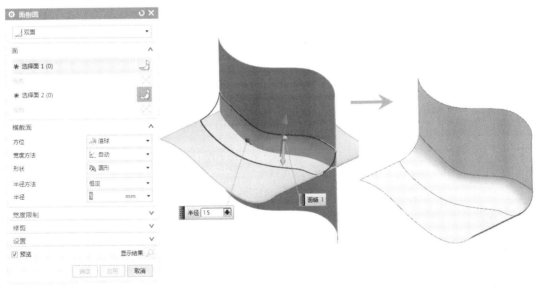

图 6-38 面倒圆操作过程

6.5.8 缝合

"缝合"命令用于将两个或多个片体合并为一个片体,如果所缝合的片体为封闭的,就会创建实体。如果所选取的片体形成闭合空间,就会产生实体。选择 "菜单" → "插入" → "组合体" → "缝合" 命令，或者单击"曲面操作"命令组的 图标，打开"缝合"对话框，如图6-39所示。

图6-39 "缝合"对话框

【应用案例6-12】

根据已经创建的曲面，生成需要的实体模型，操作步骤如下所述。

（1）打开案例文件"\chapter6\part\ex6_12.prt"。

（2）选择"菜单"→"插入"→"组合体"→"缝合"命令，或者单击"特征"命令组中的 图标，打开"缝合"对话框，选择正四面体的其中一个面作为目标片体，选择其他3个面作为工具片体，单击"确定"按钮，即可由曲面缝合得到实体，如图6-40所示。

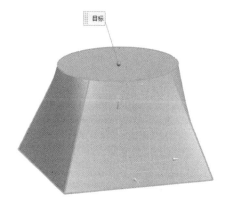

图6-40 缝合片体得到的实体

特别提示

片体在缝合后，曲面的开放边缘的颜色和曲面内部棱边的颜色不同，只要注意分辨就可以判断缝合是否成功。

对于封闭片体的缝合而言，UG NX会自动生成实体，如果经过检查缝合后没有形成实体，则是因为片体间存在的缝隙大于设置中给定的误差值，将"设置"中的误差值适当放大后就会得到实体。

6.5.9 加厚

UG NX 创建的片体在经过修剪、缝合、面倒圆等操作后，最后得到的曲面有两种情况：一种是开放的曲面，一种是封闭的曲面。

如果曲面是开放的，则可以使用"加厚"命令将曲面转化为实体。单击"曲面操作"命令组中的 （加厚）图标，弹出"加厚"对话框，如图 6-41 所示，选择需要加厚的曲面，在"厚度"栏的"偏置 1"文本框中输入相应的偏置数值，就可以由曲面得到实体，如图 6-42 所示。

图 6-41 "加厚"对话框

图 6-42 开放片体转为实体

6.6 综合实例

结合前面介绍的实体建模命令，并运用适当的曲面命令，可以完成特殊外形的产品造型设计。本节会结合前面介绍的建模操作和曲线命令，以实例的形式介绍曲面建模的具体过程和步骤。

6.6.1 五瓣碗设计

【设计思路】

在第 5 章综合实例的基础上完成五瓣碗的曲面设计。

首先利用曲线组分别建立五瓣碗的 5 个曲面，在缝合曲面后，使该曲面增厚 2.5mm，建立碗的外轮廓曲面。然后利用拉伸的方法制作碗托，对碗缘及碗托部分倒圆。

【设计步骤】

（1）启动 NX1847，进入建模环境。打开案例文件"\chapter6\part\五瓣碗曲线.prt"，如图 6-43 所示。

（2）建立曲面。单击"曲面"选项卡中"曲面"命令组中的 （通过曲线组）图标，弹出如图 6-44 所示的对话框。选择同一个"瓣"的 3 组曲线，注意曲线方向要一致，形成一个曲面，如图 6-45 所示。

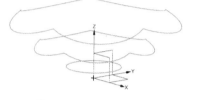

图 6-43 五瓣碗曲线模型　　　　图 6-44 "通过曲线组"对话框

（3）重复步骤 2，建立 5 个曲面，如图 6-46 所示。

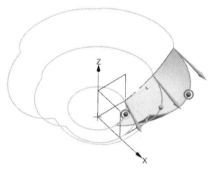

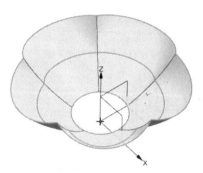

图 6-45 通过曲线组的曲面　　　　图 6-46 五瓣碗的 5 个曲面

（4）缝合曲面。单击"曲面操作"命令组中的 （缝合）图标，弹出如图 6-47 所示的对话框。选择一个面为目标曲面，其余 4 个面为工具曲面，如图 6-48 所示。

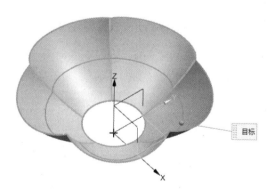

图 6-47 "缝合"对话框　　　　图 6-48 缝合 5 个曲面

第 6 章　曲面

（5）加厚曲面。单击"曲面操作"命令组中的 ◎（加厚）图标，弹出如图 6-49 所示的对话框。选择缝合后的曲面，在"厚度"栏的"偏置 1"文本框中输入"2.5"，如图 6-50 所示。

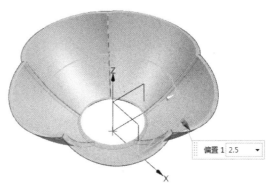

图 6-49　"加厚"对话框　　　　　图 6-50　加厚曲面

（6）拉伸碗托。单击"主页"选项卡，返回主页面。单击"特征"命令组中的 ◎（拉伸）图标，如图 6-51 所示。选择直径为 40 的 5 段曲线为截面线，方向为-ZC 轴方向，设置拉伸长度为"8"。选择"偏置"为"单侧"，设置偏置值为"1.5"，如图 6-52 所示。

图 6-51　"拉伸"对话框　　　　　图 6-52　拉伸碗托

（7）图层操作。将曲线移至 42 层，曲面移至 81 层，结果如图 6-53 所示。

（8）拉伸碗托。单击"特征"命令组的 (拉伸) 图标，弹出"拉伸"对话框如图 6-54 所示。选择碗托底部外缘为截面线，方向为 ZC 轴，设置拉伸长度为"5"，选择"偏置"为"单侧"，设置偏置值为"-3"，如图 6-55 所示。

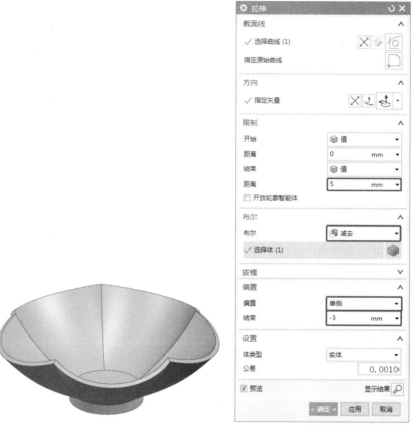

图 6-53 实体模型　　　　图 6-54 "拉伸"对话框

（9）倒圆。碗托根部及底部倒圆如图 6-56 和图 6-57 所示。

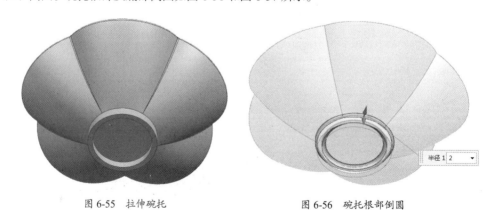

图 6-55 拉伸碗托　　　　图 6-56 碗托根部倒圆

（10）倒圆。五瓣碗内部及外部棱线倒圆如图 6-58 和图 6-59 所示。

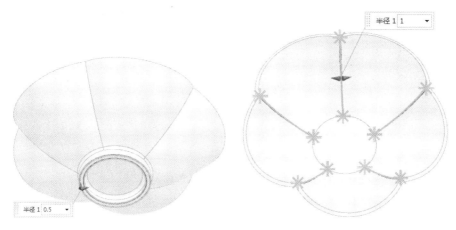

图 6-57　碗托底部倒圆　　　　图 6-58　五瓣碗内部棱线倒圆

（11）倒圆。五瓣碗上部棱线倒圆如图 6-60 所示。

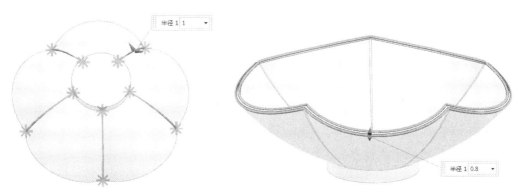

图 6-59　五瓣碗外部棱线倒圆　　　　图 6-60　五瓣碗碗上部棱线倒圆

（12）调整五瓣碗颜色，结果如图 6-61 所示。

图 6-61　五瓣碗模型

（13）保存。选择"文件"→"保存"→"另存为"命名，将文件命名为"五瓣碗"。

6.6.2　头盔设计

【设计要求】

创建如图 6-62 所示的头盔，模型结果如图 6-63 所示。

图 6-62 头盔

图 6-63 头盔模型

🔍【设计思路】

首先在草绘环境下绘制两个椭圆并适当修剪，利用"扫掠"命令生成曲面模型。然后绘制草绘曲线，拉伸成曲面，利用修剪片体的方法修剪头盔下部。最后将曲面加厚 6mm，并绘制两侧直径为 12mm 的小孔。

🖱【设计步骤】

（1）启动 NX1847，进入建模环境。新建模型文件，输入文件名为"头盔"。路径自行确定。

（2）绘制椭圆。以 XOZ 面为草绘平面绘制一个椭圆，中心点为原点，长半径为 185、短半径为 170；绘制水平线，距 X 轴距离为 85，修剪椭圆，如图 6-64 所示。

（3）绘制椭圆。以 YOZ 面为草绘平面绘制一个椭圆，中心点为原点，长半径为 170、短半径为 130；绘制水平线，距 X 轴距离为 85，修剪椭圆，如图 6-65 所示。

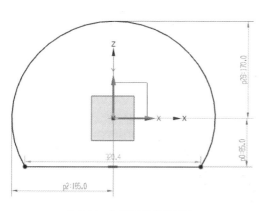
图 6-64 在 XOZ 面绘制椭圆

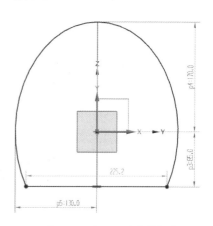
图 6-65 在 YOZ 面绘制椭圆

（4）绘制样条曲线。单击"曲线"选项卡中"曲线"命令组中的 ╱（艺术样条）图标，弹出如图 6-66 所示的对话框。样条曲线的参数设置如图 6-66 所示，依次单击修剪后的椭圆的 4 个端点，结果如图 6-67 所示。

（5）分割曲线。单击"曲线"选项卡中"更多"下拉菜单中的 ┿（分割曲线）图标，选择分割方法为"等分段"，"段长度"为"等参数"，设置"段数"为"2"，如图 6-68 所示。选择创建的样条曲线，曲线会被分割为两个等分段，如图 6-69 所示。

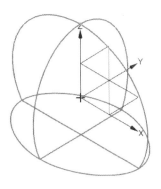

图 6-66 "艺术样条"对话框　　　　图 6-67 绘制样条曲线

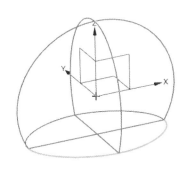

图 6-68 "分割曲线"对话框　　　　图 6-69 分割样条曲线

（6）创建曲面。单击"曲面"选项卡中"曲面"命令组中的 ◊（扫掠）图标，弹出如图 6-70 所示的对话框。选择截面线和引导线，如图 6-71 所示。

（7）绘制草绘曲线。以 *XOZ* 面为草绘平面，绘制如图 6-73 所示的曲线。

（8）拉伸曲线。以对称的方式拉伸曲线，形成曲面，如图 6-74 所示。

（9）修剪曲面。单击"曲面"选项卡中"曲面操作"命令组中的 ◊（修剪片体）图标，弹出如图 6-75 所示的对话框。选择头盔曲面为目标，边界为拉伸曲面，方向为 *ZC* 轴，结果如图 6-76 所示。

（10）图层操作。将草绘曲线移至 21、22 层，将曲线移至 41 层，将曲面移至 81 层，结果如图 6-77 所示。

图 6-70 "扫掠"对话框

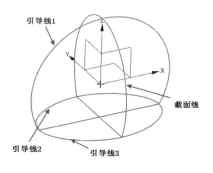

图 6-71 选择截面线和引导线

图 6-72 创建曲面

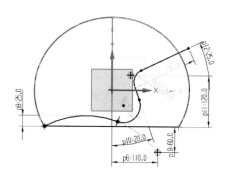

图 6-73 绘制草绘曲线

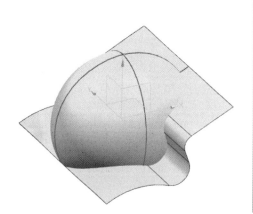

图 6-74 拉伸曲线形成的曲面

图 6-75 "修剪片体"对话框

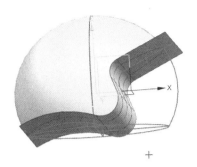
图 6-76 修剪曲面

图 6-77 图层操作后的头盔

（11）加厚曲面。单击"曲面操作"命令组中的 ◇（加厚）图标，弹出如图 6-78 所示的对话框。选择头盔的曲面，设置厚度为"6"，如图 6-79 所示。

图 6-78 "加厚"对话框

图 6-79 加厚曲面

（12）绘制小孔。以 XOZ 面为草绘平面，绘制两个小圆，如图 6-80 所示，拉伸并进行布尔减去操作，结果如图 6-81 所示。

（13）选择"文件"→"保存"命令，保存文件。

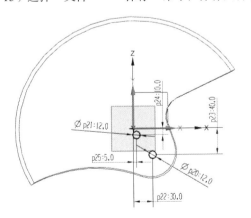
图 6-80 绘制两个小圆

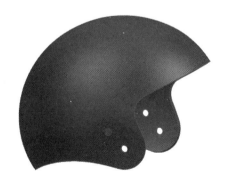
图 6-81 头盔模型

本章小结

曲面建模用于构建使用标准建模方法无法创建的复杂形状,它既能生成曲面,也能生成实体。本章介绍了构建曲面的 3 种方法,包括由点构面、由线构面、由面构面,详细讲解了曲面的各种构建技巧和编辑方法,并通过实例演示了由曲面构建典型实体的方法。

 思考与练习

1. 简述曲面建模的使用情况。

2. 简述创建曲面或曲面实体的一般步骤。

3. 简述拉伸、旋转操作在曲面建模中的应用。

4. 打开文件"\chapter6\exercise\ex6_1.prt",利用曲面相关命令创建如图 6-82 所示的水杯模型(参照文件"\chapter6\exercise\ex6_2done.prc")。

图 6-82　水杯模型

第 7 章

装配

装配是机械设计和生产中重要的环节之一，产品的质量（从产品设计、零件制造到产品装配）最终需要通过装配得到保证和检验。在装配中表达的装配图是制定装配工艺流程、进行装配和检验的技术依据。NX 软件的装配过程是在装配中建立部件之间的链接关系，并通过关联条件在部件间建立约束关系来确定部件之间的位置。整个装配部件保持关联性，如果某部件被修改，则引用该部件的其他装配部件会自动更新，反映部件的最新变化。本章主要介绍装配的基本理念和创建装配体的一般方法，主要内容包括常用装配流程、配对组件、爆炸图的建立等。

学习目标

- 了解装配的基础知识和基本术语
- 掌握自底向上的装配设计过程，以及添加配对约束的各种方法
- 掌握自顶向下的装配设计思路，以及如何进行零件的关联设计
- 掌握装配导航器的使用
- 掌握装配爆炸图的建立和编辑方法

7.1 机械装配概述

机械装配是机械制造中最终决定机械产品质量的重要工艺过程。即使零件是全部合格的，如果装配不当，往往也不能形成质量合格的产品。具体来讲，机械装配是指根据规定的技术要求，将若干个零件组合成部件或者将若干个零件和部件组合成产品的过程。

在装配过程中，通常根据装配的复杂程度分为组装、部装和总装，因此在执行装配之前，为了保证装配的准确性和有效性，首先需要进行零部件的清洗、尺寸和重量的分选、平衡等准备工作；然后进行零件的装入、联接、部装、总装，并在装配过程中执行检验、调整、试验；最后进行试运转、油漆、包装等主要工作。

（1）零件：零件是组成产品的最小单元，它由整块金属（或其他材料）制成。如图 7-1 所示的齿轮就是零件。

（2）组装：组件是一个或几个零件的组合，为形成组件而进行的装配称为组装。如图7-2所示的齿轮轴就是组件。

（3）部装：部件是由一个或若干个组件和零件组合成的，将若干个零件或组件装配成部件的过程称为部装。如车床的主轴箱、尾座、溜板箱等。

（4）总装：把若干个零件和部件装配成最终产品的过程。如图7-3所示的减速器就是通过总装而成的。再如，卧式车床是以床身作为基准零件，装上主轴箱、进给箱、溜板箱等部件及其他组件、零件所构成的。

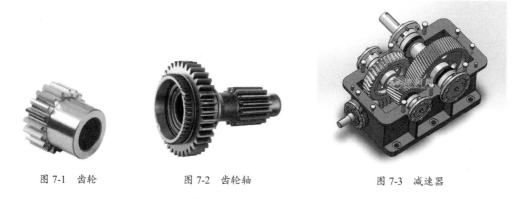

图7-1 齿轮　　　　　图7-2 齿轮轴　　　　　图7-3 减速器

7.2 NX装配概述

NX装配模块是NX软件集成环境中的一个应用模块。装配建模不仅能快速地将零部件组合成产品，而且在装配过程中，可以参照其他部件进行部件关联设计，并且可以对装配模型进行干涉检查、间隙分析和重量管理等操作。在生成装配模型后，可以建立爆炸视图，也可以生成装配和拆卸动画。装配建模的作用是：一方面将基本零件或子装配体组装成高一级的产品总装配体；另一方面，可以先设计产品总装配体，再拆分成子装配体和单个可以直接用于加工的零件。

装配的方法通常有两种，多零件装配和虚拟装配。

（1）多零件装配：在使用此方法进行装配时，装配部件中的零件与原零件之间是拷贝关系而非链接关系，对原零件的修改不能自动反映到装配部件中，这既耗内存，又影响装配速度。

（2）虚拟装配：在使用此方法进行装配时，装配部件中的零件与原零件之间是链接关系，对原零件的修改会自动反映到装配部件中，从而节约了内存，提高了装配速度。NX软件采用的是虚拟装配方法。

7.2.1 NX装配的特点

NX装配是在装配过程中建立部件之间的链接关系。它可以通过关联条件在部件间建立约束关系，从而确定部件在产品中的位置，形成产品的整体机构。在NX装配过程中，部件几何体是被引用到装配部件中的，而不是被复制到装配部件中的。因此，无论在何处编辑部件和如何编辑部件，其装配部件均保持关联性。如果某部件被修改，则引用该部件的装配部件会自动更新。

NX 装配具有下面的一些特点。

（1）部件几何体是被虚拟地指向装配部件的，而不是被复制到装配部件中的。

（2）可以利用自顶向下，或者自底向上的装配方法来建立装配。先将所有的框架搭建起来，再去做细节部件，这种方法叫作自顶向下装配。先做好所有细节部件，再直接进行组装，这种方法叫作自底向上装配。

（3）多个零件可以同时被打开和编辑。

（4）部件几何体可以在装配的上下文范围中建立或编辑。

7.2.2 NX 装配界面

NX 装配界面适用于管理产品的装配，可以利用装配导航器以图形的方式显示装配结构。"装配"选项卡集成了装配过程中常用的命令，提供了便捷访问常用装配功能的途径。装配界面如图 7-4 所示。

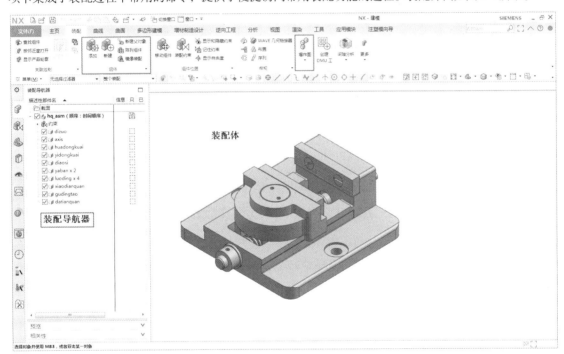

图 7-4　装配界面

为了方便管理组件的装配，NX 软件专门以独立窗口的形式提供了装配导航器。装配导航器是一种装配结构的图形显示界面，又被称为装配树。在装配树结构中，每个组件作为一个节点显示。装配导航器不仅可以清楚地反映装配中各个组件的装配关系，将装配结构用树形结构表示出来，显示了装配树及节点信息，而且可以让用户直接在装配导航器中快速选取各个部件，并进行各种装配操作。例如，用户可以在装配导航器中改变显示部件和工作部件、隐藏和显示组件、删除组件、编辑装配配对关系等。

下面介绍装配导航器的功能及操作方法。

单击 （装配导航器）图标，即可打开装配导航器，如图 7-5 所示。

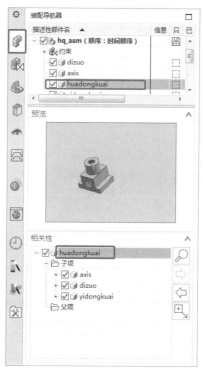

图 7-5 装配导航器

在装配导航器中,第一个节点表示基本装配部件,其下方的每个节点均表示装配部件中的一个组件部件,显示的信息有部件名称、文件属性、位置、数量、引用集名称等。

"预览"面板是装配导航器的一个扩展区域,显示装配或未装配的组件。

"相关性"面板是装配导航器的特殊扩展,允许查看部件或装配部件内选定对象的相关性。

在装配导航器中,可以通过双击待编辑组件,使其成为当前工作部件,并以高亮颜色显示。此时可以编辑相应的组件,并将编辑结果保存到部件文件中。

7.2.3 装配术语

在装配中涉及的术语很多,下面介绍在装配过程中经常使用的一些术语。

(1)装配部件:由零件和子装配体构成的部件。在 NX 软件中,可以向任何一个 prt 文件中添加部件以构成装配体,因此任何一个 prt 文件都可以作为装配部件。在 NX 装配中,零件和部件不必严格区分。需要注意的是,当存储一个装配体时,各部件的实际几何数据并不是存储在装配部件文件中的,而是存储在相应的部件或零件文件中的。

(2)子装配体:在高一级装配体中被用作组件的装配体,同时子装配体拥有自己的组件。这是一个相对的概念,任何一个装配部件可在更高级的装配体中被用作子装配体。

（3）组件部件：装配体中的组件指向的部件或零件文件，即装配部件链接到部件主模型的指针实体。

（4）组件：按特定位置和方向使用在装配体中的部件。组件可以是由其他较低级别的组件组成的子装配体。装配体中的每个组件仅包含一个指向其主几何体的指针。在修改组件的几何体时，使用相同主几何体的所有其他组件会自动更新。

（5）显示部件和工作部件：显示部件是指当前在图形窗口里显示的部件；工作部件是指用户正在创建或编辑的部件，它可以是显示部件或包者含在显示的装配部件里的任何组件部件。当显示单个部件时，工作部件就是显示部件。

（6）主模型：供 NX 模块共同引用的部件模型。同一主模型可同时被工程图、装配、加工、机构分析和有限元分析等模块引用，当主模型被修改时，相关应用会自动更新。

（7）自顶向下装配：在上下文中进行装配，即从装配部件的顶部向下产生子装配体和零件的装配方法。先在装配树的顶部生成一个装配，再下移一层，生成子装配体和零件。

（8）自底向上装配：先创建部件几何模型，再组合成子装配体，最后生成装配部件的装配方法。

（9）混合装配：将自顶向下装配和自底向上装配结合在一起使用的装配方法。

7.3 自底向上装配

自底向上装配是指先设计零（部）件，再将该零（部）件的几何模型添加到装配中，然后将所创建的装配体按照组件、子装配体和总装配体的顺序进行排列，并利用关联约束条件进行逐级装配，最后完成总装配模型的装配方法。

在装配过程中，一般需要先添加组件，将所选组件调入装配环境中，再在组件与装配体之间建立相关约束，从而形成装配模型。

7.3.1 添加组件

先新建一个装配文件或打开一个存在的装配部件，再按下述步骤将其添加到装配模型中，最后将已添加部件装配到正确位置即可。

单击"装配"选项卡中"组件"命令组中的 （添加）图标，弹出如图 7-6 所示的对话框。下面介绍该对话框的主要选项。

单击对话框中的 （打开）图标，弹出"部件名"对话框，如图 7-7 所示。在"部件名"对话框中选择待装配的组件。当然组件也可以从"已加载的部件"下拉列表中选取。

图 7-6 "添加组件"对话框　　　　图 7-7 "部件名"对话框

1．装配位置

装配位置是用来设置组件在装配模型中的位置的。

（1）对齐：根据装配方位和光标位置选择放置面。可以将添加的组件放在面和基准平面上面，并在选择对齐时，选择被对齐的对象。

（2）绝对坐标系-显示部件：将添加的组件放在显示部件的绝对坐标系上面。

（3）绝对坐标系-工作部件：将添加的组件放在工作部件的绝对坐标系上面。

（4）工作坐标系：将添加的组件放在工作坐标系上面。

2．循环定向

循环定向是用来重置组件在装配模型中的位置的。

（1）↻：重置已对齐组件的位置和方向。

（2）↳：将组件定向至 WCS。

（3）✕：反转选定组件锚点的 Z 轴方向。

（4）↺：围绕 Z 轴将组件从 X 轴旋转 90° 到 Y 轴。

3．放置

（1）移动：用于通过点构造器或坐标系操控器指定部件的方向。

（2）约束：用于通过装配约束放置部件。

在自底向上装配时，一般先选择重要的或基础的零件作为第一个组件。在"装配位置"下拉列表中选择"绝对坐标系-工作部件"选项，在"放置"栏中选中"移动"单选按钮，并采用默认的位置，或者指定原点为定位点。

7.3.2 装配约束

约束条件是指各组件的面、边、点等几何对象之间的装配关系,用于确定组件在装配中的相对位置。约束条件由一个或多个配对约束组成。

当添加第一个组件后继续添加组件时,在"添加组件"对话框中,在"放置"栏选中"约束"单选按钮,如图 7-8 所示。

在 NX1847 中,对新添加组件进行预览需要在如图 7-8 所示的对话框中展开"设置",勾选"预览窗口"复选框,如图 7-9 所示。在添加组件后,软件界面右下角会显示组件预览窗口。

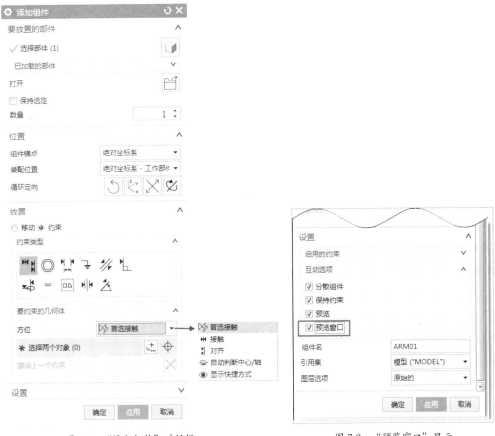

图 7-8 "添加组件"对话框　　　　图 7-9 "预览窗口"显示

"约束类型"中提供了确定组件装配关系的具体方式。

1. ▶◀ (接触对齐)

该约束类型使被约束的两个组件彼此接触或对齐。对于平面对象而言,两平面共面。对于圆柱面而言,两圆柱面重合且轴线一致,效果与中心对齐相似。接触对齐是较常用的约束。

接触对齐有 4 个子选项,含义如图 7-10 所示。

(1)首选接触:当接触和对齐约束都可能时,显示接触约束。在大多数模型中,接触约束比对齐约束更常用。当接触约束过度约束装配体时,将显示对齐约束。

（2）接触：约束对象，使其曲面法向在反方向上。

（3）对齐：约束对象，使其曲面法向在相同的方向上。

（4）自动判断中心/轴：指定在选择圆柱面或圆锥面时，NX 软件使用面的中心或轴而不是面本身作为约束。

如果有两个约束，则单击 ✗（撤销上一个约束）图标，可以在可能的约束之间翻转。

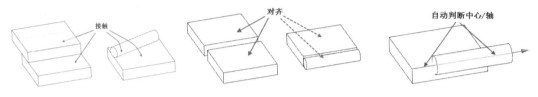

图 7-10　接触对齐示意图

2. ◎（同心约束）

该约束类型用于约束两个组件的圆形边界或椭圆形边界，使它们的中心重合，并使边的平面共面，如图 7-11 所示。

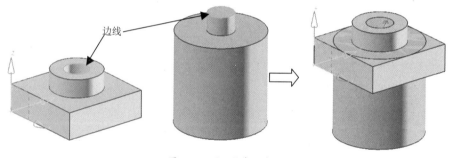

图 7-11　同心约束示意图

3. ⊢⊣（距离约束）

该约束类型用于指定两个配对对象间的最小 3D 距离，距离可以是正值也可以是负值，正负号决定配对组件在基础组件的哪一侧，配对距离由"距离"文本框中的数值决定，如图 7-12 所示。

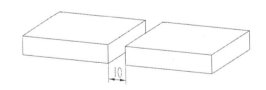

图 7-12　距离约束示意图

4. ⊥（固定约束）

该约束类型用于将组件固定在其当前位置上。在需要确保组件停留在适当位置并根据它来约束其他组件时，此约束类型非常有用。

第 7 章 装配

5. （平行约束）

该约束类型用于约束两个对象的方向矢量彼此平行。

6. （垂直约束）

该约束类型用于约束两个对象的方向矢量彼此垂直。垂直可以和平行对应理解，凡是可以定义为平行约束的对象都可以定义为垂直约束。

7. （角度约束）

该约束类型会在两对象之间定义角度，用于约束配对组件到正确位置上。角度约束可以在两个具有方向矢量的对象之间产生，角度是两个方向矢量的夹角，逆时针方向为正。

8. （中心约束）

该装配类型用于约束两个组件的中心，使其中心对齐。在设置组件之间的约束时，对于具有回转体特征的组件，设置中心约束可以使被装配对象的中心与装配组件对象中心重合，从而限制组件在整个装配体中的相对位置。该约束方式包括 4 个子类型，各子类型的含义如下所述。

"1 对 1"约束类型用于将配对组件中的一个对象中心定位到基础组件中的一个对象中心上，并且这两个对象都必须是圆柱体或轴对称实体，如图 7-13 所示。"1 对 2"约束类型用于将配对组件中的一个对象中心定位到基础组件中的两个对象的对称中心上。"2 对 1"约束类型用于将配对组件中的两个对象的对称中心定位到基础组件的一个对象中心位置处。"2 对 2"约束类型用于将配对组件的两个对象和基础组件的两个对象的对称中心进行中心布置，如图 7-14 所示。

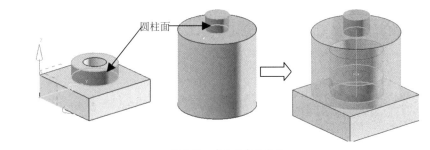

图 7-13 中心约束示意图

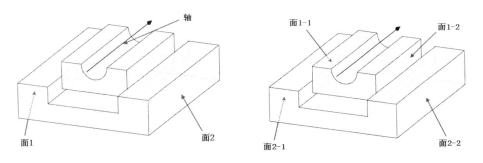

图 7-14 "1 对 2"和"2 对 2"的中心约束示意图

【应用案例 7-1】自底向上装配

自底向上装配机械臂，模型如图 7-15 所示。

图 7-15 机械臂模型

（1）启动 NX1847，新建装配文件"mach_asm.prt"，进入装配模块，打开如图 7-16 所示的"添加组件"对话框。单击（打开文件）图标，弹出如图 7-17 所示的"部件名"对话框，设置路径"…\chapter7\part\机械臂实例.prt"，选择文件"base.prt"。选择"装配位置"为"绝对坐标系-工作部件"，单击"确定"按钮，完成第一个组件的添加。

图 7-16 "添加组件"对话框

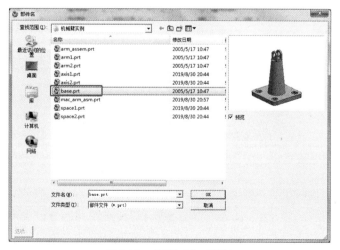

图 7-17 "部件名"对话框

（2）添加组件和约束。单击"装配"选项卡中"组件"命令组中的 （添加）图标，弹出如图7-16所示的对话框。设置路径"…\chapter7\part\机械臂实例.prt"，选择文件"arm1.prt"。"装配位置"不变，选择"约束类型"为接触对齐，选择"方位"为"自动判断中心/轴"，如图7-18所示；选择组件"arm1"的内孔面和原组件"base"的内孔面为约束对象，如图7-19所示；添加的组件发生位置改变，约束结果如图7-20所示。

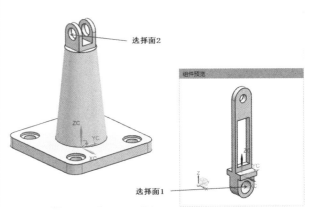

图7-18 "添加组件"对话框　　　　图7-19 选择约束对象

（3）添加约束。选择"约束类型"为中心约束，选择"子类型"为"2对2"，如图7-21所示。连续选择新组件的两个对称面及原组件的两个对称面，如图7-22所示。

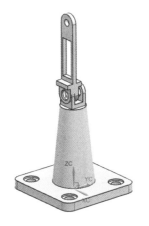

图7-20 约束结果　　　　图7-21 "添加组件"对话框（局部）

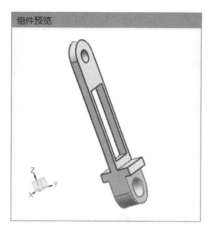

图 7-22 选择组件对称面

（4）添加约束。选择"约束类型"为角度约束，如图 7-23 所示。连续选择新组件及原组件的两个面为约束对象，设置角度为"0"，如图 7-24 所示。使用垂直约束的结果如图 7-25 所示。

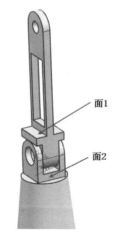

图 7-23 "添加组件"对话框（局部）　　图 7-24 选择约束对象

（5）添加组件和约束。单击"装配"选项卡中"组件"命令组中的 （添加）图标，设置路径"…\chapter7\part\机械臂实例.prt"，选择文件"arm2.prt"。约束的添加与步骤 3~5 相似，设置角度约束为"200"，结果如图 7-26 所示。

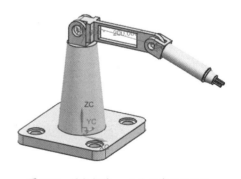

图 7-25 使用垂直约束的结果　　图 7-26 添加组件 arm2 和约束后的结果

(6）添加组件和约束。单击"装配"选项卡中"组件"命令组中的 (添加)图标，设置路径"...\chapter7\part\机械臂实例.prt"，选择文件"axis1.prt"。选择"约束类型"为接触对齐，选择"方位"为"自动判断中心/轴"。选择新组件及原组件的两个面为约束对象，如图 7-27 所示。约束结果如图 7-28 所示。

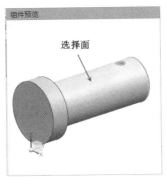
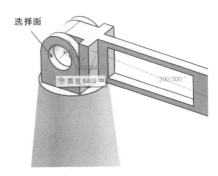

图 7-27　选择约束对象

（7）添加约束。选择"约束类型"为接触对齐，选择"方位"为"接触"，选择新组件及原组件的两个面为约束对象，如图 7-29 所示。

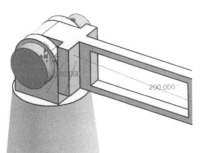

图 7-28　约束结果　　　　　　　　　图 7-29　选择约束对象

（8）添加组件和约束。单击"装配"选项卡中"组件"命令组中的 (添加)图标，设置路径"...\chapter7\part\机械臂实例.prt"，选择文件"space11.prt"。选择"约束类型"为接触对齐，选择"方位"为"自动判断中心/轴"。选择新组件及原组件的两个面为约束对象，如图 7-30 所示。

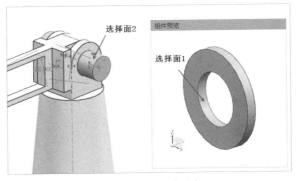

图 7-30　选择约束对象

（9）添加约束。选择"约束类型"为接触对齐，选择"方位"为"接触"，选择新组件及原组件的两个面为约束对象，如图7-31所示。装配结果如图7-32所示。

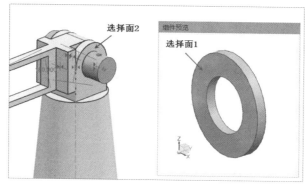

图 7-31 选择约束对象

（10）重复步骤7~10，添加第二个小轴及垫圈。机械臂装配图如图7-33所示。

图 7-32 装配结果　　　　　图 7-33 机械臂装配图

（11）选择"文件"→"保存"命令，保存操作。

7.3.3 引用集

引用集（Reference Set）是在零件中定义的一系列几何体的集合，它代表相应的零部件参与装配，可以用其中的几何体的含义来命名。引用集可以包含以下数据：零部件名称、原点、方向、几何体、坐标系、基准轴、基准平面和属性等。一个零件可以定义包括空集在内的多个引用集。"引用集"对话框如图7-34所示。

虽然对于不同的零件而言，默认的引用集不尽相同，但对应的所有组件都包含两个默认的引用集，即整个部件（Entire Part）和空集（Empty）。

（1）整个部件。

该默认引用集表示整个部件，即引用部件的全部几何数据。在添加部件到装配模型中时，如果不选择其他引用集，则默认使用该引用集，如图7-35所示。

图 7-34 "引用集"对话框

（2）空集。

该默认引用集为空的引用集。空集是任何几何对象的引用集，当部件以空集形式被添加到装配模型中时，在装配模型中看不到该部件。如果部件的几何对象不需要在装配模型中显示，则可以使用空集，以提高显示速度，如图 7-36 所示的弹簧。

图 7-35 整个部件引用集　　　　　　　图 7-36 使用空集的弹簧

除此之外，在不同的环境下合理使用引用集会提高显示性能。使用方法如下所述。

（1）模型（BODY）。

模型引用集包含模型几何体，如实体、片体、轻量级表示，但不包含辅助构造几何体，如草图、基准等。模型引用集通常与大装配结合使用，利用它可以准确计算重量或质量、装配间隙、包容块大小。

（2）制图（DRAWING）。

制图引用集用于存放在制图中出现的几何体，这些几何体需要标注在工程图中，但在其他地方不需要标注。

（3）配对（MATE）。

配对引用集用于存放装配过程中用于配对的基准。如果使用整个部件引用集管理这些配对基准，则绘图区会显得杂乱，而建立只包含所需基准的标注引用集，可以解决该问题。

（4）简化（Simplified）。

如果定义了简化引用集，则用户创建的任何包裹装配或链接的外部面都会自动添加到此引用集中。模型引用集和简化引用集如图7-37所示。

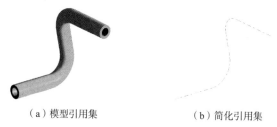

（a）模型引用集　　　　　　（b）简化引用集

图7-37　模型引用集和简化引用集

7.3.3.1　创建引用集

如果要使用引用集管理装配数据，就必须先创建引用集，并且指定引用集是部件还是子装配体，这是因为部件的引用集既可以在部件中建立，也可以在装配体中建立。如果要在装配体中为某部件建立引用集，则应当先使其成为工作部件，"引用集"对话框中的列表框下将增加一个引用集名称。

创建引用集的步骤如下所述。

（1）在装配导航器中，右击需要拥有该引用集的组件或子装配体，然后在弹出的快捷菜单中选择"设为显示部件"命令。

（2）通过抽取要显示在该引用集中的必要曲线、点或片体来准备部件。

（3）选择"装配"→"更多"→"引用集"命令。

（4）在"引用集"对话框中，单击 （添加新的引用集）图标。

（5）在"引用集名称"文本框中输入"简单"。

（6）在"设置"栏中勾选"自动添加组件"复选框，以便在创建新组件时自动将其添加到引用集中。

（7）在图形窗口中选择对象，直到在引用集中包含所需的所有对象。

（8）单击"关闭"按钮。

> **特别提示**
>
> 在创建引用集时，系统对引用集数量没有限制，而且同一个几何体可以属于几个不同的引用集。引用集的名称最多可以有30个字符，同时名称不区分大小写，系统会自动将名称转为大写字母。

【应用案例7-2】创建引用集

本例用来演示如何创建引用集。

（1）启动NX1847，打开案例文件"\chapter7\part\o_ring.prt"，如图7-38所示。

图 7-38　o_ring.prt 文件

（2）选择"菜单"→"格式"→"引用集"命令，在"引用集"对话框中，单击 (添加新的引用集)图标，如图 7-39 和图 7-40 所示。

图 7-39　打开"引用集"

图 7-40　"引用集"对话框

（3）如果希望 NX 软件在创建新组件时自动将其添加到引用集中，则需要在"设置"栏中勾选"自动添加组件"复选框。如果不想使用默认名称，则可以在"引用集名称"文本框中输入新的名称，如图 7-41 所示。

图 7-41　修改引用集名称

（4）选择 O 形环草图，在"引用集名称"文本框中输入"SKETCH-1"，按 Enter 键，并在完成对引用集的定义之后，关闭"引用集"对话框。注意勾选"自动添加组件"复选框。这指定了新创建的组件是否会自动添加到高亮的引用集中。而在创建新引用集时，该复选框可以控制是否将现有的组件添加到此新引用集中，如图 7-42 所示。

图 7-42　选择 O 形环草图创建引用集

（5）查看引用集中包含的对象。在"引用集"对话框中选择"SKETCH-1"选项，再单击 ⓘ（信息）图标，可以阅读此引用集中包含的对象，如图 7-43 所示。

图 7-43　查看引用集包含的对象

7.3.3.2　删除引用集

"删除引用集"命令用于删除组件或子装配体中已建立的引用集。在"引用集"对话框中，选择需要删除的引用集后，单击 ⊠（删除）图标，即可将该引用集删除。

7.3.3.3 替换引用集

在装配导航器中，将光标放在相应组件节点上，按鼠标右键，并在弹出的快捷菜单中选择"替换引用集"命令。

删除引用集和替换引用集如图 7-44 所示。

图 7-44 删除引用集和替换引用集

【应用案例 7-3】替换引用集

本例用于演示如何替换引用集。

（1）启动 NX1847，打开案例文件"\chapter7\part\base_asm.prt"。

（2）选择"装配"→"查找组件"→"从列表"命令，并查看所提供的信息。该信息窗口列出了此装配中的所有组件。"查找组件"对话框如图 7-45 所示。

图 7-45 "查找组件"对话框

（3）展开装配导航器中的所有节点。双击"base"使其成为工作部件，如图7-46所示。替换引用集只对工作部件的子对象或装配导航器中选定节点的子对象起作用。

图7-46 设"base"为工作部件

（4）在装配导航器中右击"base"，并在弹出的快捷菜单中选择"替换引用集"→"MODEL"命令，如图7-47所示。注意基准平面和草图曲线几何体未显示且无法访问。

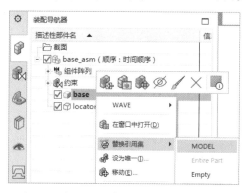

图7-47 将"base"替换引用集为"MODEL"

（5）大范围更改引用集。在装配导航器中按 Ctrl 键并单击"base""locator"节点，则它们会被选中并高亮显示。右击高亮的节点，并在弹出的快捷菜单中选择"替换引用集"→"MODEL"命令，如图7-48所示。至此，装配中的所有组件都具有了 MODEL 引用集。

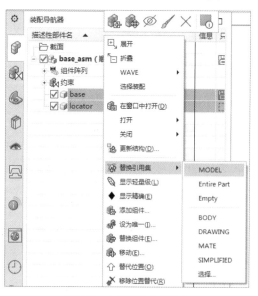

图7-48 大范围更改引用集

（6）可以按照需要，对任意数量的组件和子装配体使用这种方法。在更改引用集时，如果任意组件不具备将要替换成的引用集名称，则都将会收到信息提示。

7.4 WAVE 几何链接器

WAVE（What-if Alternative Value Engineering）是一种实现产品装配的各组件间关联建模的技术。WAVE 技术是在传统的参数化建模技术基础上，克服了传统的参数化建模技术存在的缺陷而发展起来的一门技术，可以将传统的参数化建模技术提高到系统与产品级设计的高度。

WAVE 几何链接器是用于组件之间进行几何体关联性复制的工具，一般来讲，几何体的关联性复制可以在任意两个组件之间进行，可以将装配体中一个组件的几何体复制到工作部件中，也可以在装配导航器中将几何体复制到组件或新部件中。链接的几何体主要包括 9 种类型，对于不同的链接对象而言，对话框中部的选项会有些不同，如图 7-49 所示。

对话框中的类型下拉列表用于指定链接的几何对象，常用的类型包括复合曲线、点、基准、草图、面、面区域、体，如图 7-50 所示。

图 7-49 "WAVE 几何链接器"对话框　　图 7-50 链接的几何对象类型

（1）复合曲线：用于建立链接曲线。选择该类型，并结合使用选择过滤器，从其他组件上选择线或边缘，单击"确定"按钮，即可将所选线或边缘链接到工作部件中。

（2）点：用于建立链接点。在选择该类型时，对话框中部会变为显示点的选择类型，按照一定的点的选取方式从其他组件上选择一点，单击"确定"按钮，即可将所选点或由所选点连成的线链接到工作部件中。

（3）基准：用于建立链接基准平面或基准轴。在选择该类型时，对话框中部会变为显示基准的选择类型，按照一定的基准选取方式从其他组件上选择基准平面或基准轴，即可将所选基准平面或基准轴链接到工作部件中。

（4）草图：用于建立链接草图。选择该类型，再从其他组件上选择草图，即可将所选草图键接到工作部件中。

（5）面：用于建立链接面。在选择该类型时，对话框中部会变为显示面的选择类型，按照一定的面选取方式从其他组件上选择一个或多个实体表面，即可将所选表面链接到工作部件中。

（6）面区域：用于建立链接区域。选择不相邻的两个面，系统会自动遍历组件上的一个或多个实体表面，并将所选表面链接到工作部件中。

（7）体：用于建立链接实体。选择该类型，再从其他组件上选择实体，即可将所选实体链接到工作部件中。

（8）镜像体：用于建立镜像链接实体。选择该类型，再选择实体，即可建立原实体的镜像链接实体。

使用 WAVE 几何链接器可以将不同的几何对象与装配体中的工作部件链接，可以对几何对象和被链接的对象之间的关系进行各种形式的控制和设置，下面介绍几个常用的选项。

（1）关联：该选项表示所选对象与原几何体保持关联，否则，会建立非关联特征，即产生的链接特征与原对象不关联。

（2）隐藏原先项：该选项表示在产生链接特征后，隐藏原来的对象。

（3）固定于当前时间戳记：该选项用于控制从"父"零件到"子"零件的链接跟踪（Tracking）。在勾选该选项时，关联性复制的几何体会保持当时状态，并且随后添加的特征对复制的几何体不产生作用。如果原几何体由于增加特征而变化，则复制的几何体不会更新。在不勾选该选项时，如果原几何体由于增加特征而变化，则复制的几何体会同时更新。

（4）设为与位置无关：该选项用于控制链接的几何体与原几何体的依附性。勾选该选项，则链接的几何体可以自由移动，改变其位置。不勾选该选项，则链接的几何体与原几何体的位置始终关联，其位置不能改变。

【应用案例 7-4】 WAVE 几何链接器

本例用来演示几何链接器的基本使用方法。

（1）启动 NX1847，打开案例文件"\chapter7\part\wave_tube.prt"，缸体模型如图 7-51 所示。

图 7-51 缸体模型

（2）单击"装配"选项卡，进入装配环境。单击 （新建父对象）图标，弹出如图 7-52 所示的对话框,在"名称"文本框中输入文件名"wave_tube_asm.prt",单击"确定"按钮。

(3)单击 (新建)图标,新建装配组件,在"名称"文本框中输入文件名"tube_seat",单击"确定"按钮,如图 7-53 所示。使用相同的方法,建立组件"tube_cover",含有"空"组件的装配导航器如图 7-54 所示。

图 7-52 "新建父对象"对话框

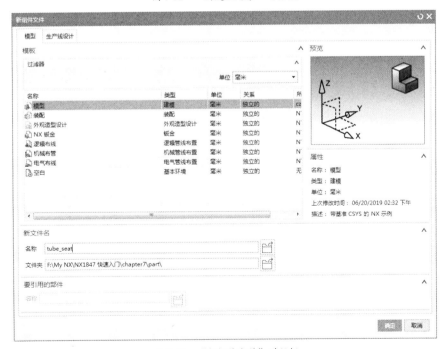

图 7-53 "新组件文件"对话框

（4）在装配导航器中双击组件"tube_seat"，或者右击该组件，在弹出的快捷菜单中选择"设为工作部件"命令。同时在绘图区中，组件"wave_tube"变为半透明显示状态，组件"tube_seat"变为工作部件，如图 7-55 所示。

图 7-54　含有"空"组件的装配导航器

图 7-55　组件"box_seat"变为工作部件

（5）单击"装配"选项卡，单击"常规"命令组中的 WAVE 几何链接器 图标，弹出"WAVE 几何链接器"对话框，在类型下拉列表中选择"面"选项，如图 7-56 所示。选择缸体模型的上表面为链接面，如图 7-57 所示，单击"确定"按钮。

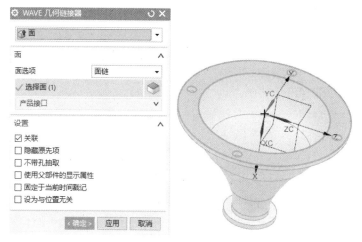
图 7-56　"WAVE 几何链接器"对话框　　　图 7-57　选择链接面

（6）部件导航器中会新增"链接面"特征，如图 7-58 所示。

（7）在"主页"选项卡中单击 （拉伸）图标，选择"曲线规则"为"面的边"。拾取缸体模型中的链接面，将开始值设为"0"，结束值设为"2"，如图 7-59 所示。单击"确定"按钮，生成组件"tube_seat"。

图 7-58　新增加的"链接面"特征

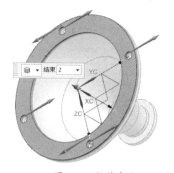
图 7-59　拉伸实体

（8）同样的方法创建组件"tube_cover"。在装配导航器中双击组件"tube_cover"，使其成为工作部件。此时绘图区若不显示刚刚创建的组件"tube_seat"，则可单击鼠标右键，切换其引用集为"整个部件"。

（9）单击"装配"选项卡中的 WAVE 几何链接器 图标，在类型下拉列表中选择"复合曲线"选项，在绘图区中选择密封圈的上边缘棱线和 4 个孔的上边缘棱线，如图 7-60 所示，单击"确定"按钮。

（10）单击"主页"选项卡中的 （拉伸）图标，选择"曲线规则"为"特征曲线"。拾取密封圈模型中链接的曲线，将开始值设为"0"，结束值设为"5"，如图 7-61 所示。单击"确定"按钮，完成拉伸操作，生成组件"tube_cover"。

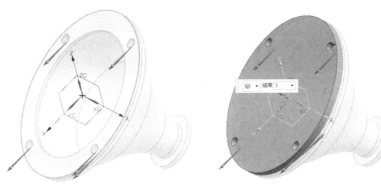

图 7-60　链接密封圈的边缘　　　　图 7-61　拉伸实体

（11）测试各组件的尺寸关联性。打开导航器中的用户表达式，将缸体厚度值由 2 改为 4，再修改"拉伸"对话框中的拉伸参数，结果如图 7-62 所示。

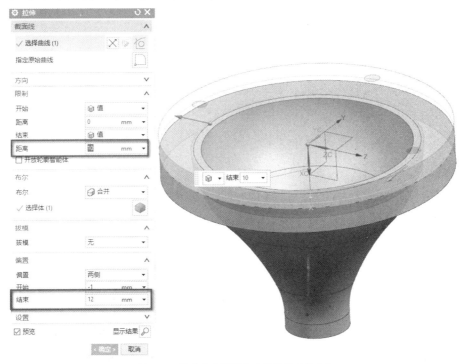

图 7-62　拉伸参数设置和改变参数后的实体

7.5 自顶向下装配

自顶向下装配主要用于上下文设计，即在装配过程中参照其他零部件对当前工作部件进行设计的方法。在装配体的上下文设计中，可以利用链接关系建立从其他部件到工作部件的几何关联。利用这种关联，可引用其他部件中的几何对象到当前的工作部件中，再利用这些几何对象生成几何体。这样，一方面可以提高设计效率，另一方面可以保证部件之间的关联性，便于参数化设计。

第一种自顶向下装配的方法通常需要先建立一个新组件，它不包含任何几何对象，即"空"组件，再使其成为工作部件，具体过程如图 7-63 所示。

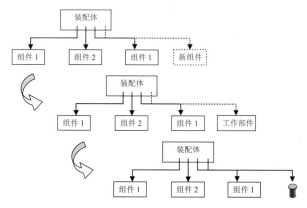

图 7-63 第一种自顶向下装配的方法的具体过程

1. 打开一个文件

该文件可以是一个不包含任何几何体和组件的新文件，也可以是一个含有几何体或装配部件的文件。

2. 创建新组件

选择"菜单"→"装配"→"组件"→"新建组件"命令，或者在"装配"选项卡中单击 ![icon](新建）图标，弹出"新组件文件"对话框，如图 7-64 所示。

在"新组件文件"对话框中的"名称"文本框中输入文件名称，单击"确定"按钮，弹出如图 7-65 所示的"新建组件"对话框，要求用户设置新组件的有关信息。

"新建组件"对话框的各选项说明如下所述。

（1）对象：该选项用于选择对象生成新组件，也可不选择任何对象，在装配中产生新组件，并把几何模型加入新建组件中。

（2）组件名：该选项用于指定组件名称，默认为部件的文件名，该名称可以修改。

（3）引用集：该选项用于指定引用集名称。

（4）图层选项：该选项用于设置产生的组件被添加到装配部件中的哪一层。

（5）组件原点：该选项用于指定组件原点采用的坐标系是工作坐标系还是绝对坐标系。

（6）删除原对象：勾选该选项，则在装配部件中会删除所选几何实体的对象。

在"新建组件"对话框中设置各选项后,单击"确定"按钮。至此,在装配体中产生了一个包含所选几何对象的新组件。新建的组件会出现在装配导航器中,如图 7-66 所示。

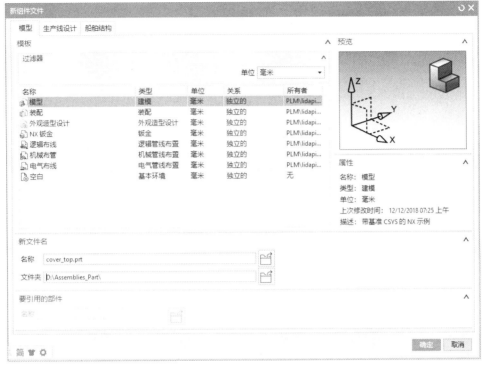

图 7-64 "新组件文件"对话框

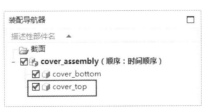

图 7-65 "新建组件"对话框   图 7-66 装配导航器

3. 新组件几何对象的建立和编辑

在新组件产生后,可在其中建立几何对象,首先必须改变工作部件到新组件中。操作如下:选择"菜单"→"装配"→"关联控制"→"设置工作部件"命令,或者在装配导航器中,右击新建的组件,在弹出的快捷菜单中选择"设为工作部件"命令。该部件会自动成为工作部件,而该装配体中的其他部件会变成灰色,如图 7-67 所示。

图 7-67 设置工作部件

在建模操作中，有两种建立几何对象的方法：第一种是直接建立几何对象，如果不要求组件间的尺寸相互关联，则可以将新组件改变为工作部件，然后直接在新组件中使用 NX 建模的方法建立和编辑几何对象。

第二种是建立关联几何对象。如果要求新组件与装配中的其他组件有几何关联性，则应在组件间建立链接关系。在组件间建立链接关系的方法是：保持显示部件不变，按照上述设置工作部件的方法改变工件部件到新组件中，再选择"菜单"→"装配"→"WAVE 几何链接器"命令，或者在"装配"选项卡中选择 WAVE 几何链接器 图标，弹出"WAVE 几何链接器"对话框，如图 7-68 所示，该对话框用于链接其他组件中的点、线、面、体等到当前工作部件中。

图 7-68 "WAVE 几何链接器"对话框

"WAVE 几何链接器"对话框中的类型下拉列表用于指定链接的几何对象，在自顶向下装配中常用的有复合曲线和面。其他选项在 7.4 节有详细介绍。

（1）复合曲线：用于建立链接曲线。选择该类型，并结合使用选择过滤器，从其他组件上选择线或边缘，单击"确定"按钮，即可将所选线或边缘链接到工作部件中，如图 7-69 所示。

第 7 章 装配

图 7-69 "WAVE 几何链接器"对话框(复合曲线)

（2）面：用于建立链接面。在选择该类型时，对话框中部会变为显示面的选择类型，如图 7-70 所示，按照一定的面选取方式从其他组件上选择一个或多个实体表面，单击"确定"按钮，即可将所选表面链接到工作部件中。

图 7-70 "WAVE 几何链接器"对话框(面)

【应用案例 7-5】自顶向下装配

本例用来演示自顶向下装配的过程。

（1）启动 NX1847，进入装配环境，打开案例文件"\chapter7\part\wave_box.prt"，模型如图 7-71 所示。

图 7-71 wave_box 模型

（2）新建父对象"_asm1"，打开装配导航器，将部件"wave_box"设为工作部件，打开部件导航器，注意该部件中只有一个基准坐标系，如图 7-72 和图 7-73 所示。

图 7-72 将部件"wave_box"设为工作部件

图 7-73 部件导航器

（3）将"_asm1"设为工作部件，单击 （新建）图标，新建装配部件，输入文件名"cover"。然后拉伸顶盖侧面，单击 （拉伸）图标，在上边框条的选择范围下拉列表中选择"整个装配"选项，并在该下拉列表相邻的位置单击 （创建部件间链接）图标，使其高亮显示，如图 7-74 所示。

图 7-74 拉伸顶盖侧面前设置

（4）选择部件"wave_box"的外边缘作为链接曲线供顶盖使用。在上边框条的曲线规则下拉列表中选择"相切曲线"选项。选择部件"wave_box"顶部的外侧边缘，在选择第一条边缘后会显示一条部件间复制消息，在"部件间复制"对话框中勾选"不再显示此消息"复选框，并单击"确定"按钮，如图 7-75 所示。

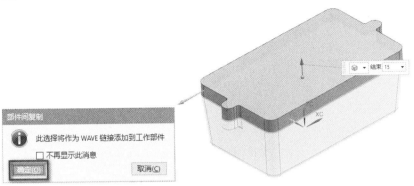

图 7-75　选择部件"up_down_tube"顶部的外侧边缘

（5）在"限制"栏中，在"开始"下的"距离"文本框中输入"0"，在"结束"下的"距离"文本框中输入"8"；在"布尔"栏的"布尔"下拉列表中选择"无"选项；在"拔模"栏的"拔模"下拉列表中选择"从起始限制"选项，在"角度"文本框中输入"-0.2"；在"偏置"栏的"偏置"下拉列表中选择"两侧"选项，并在"开始"文本框中输入"-1.5"，"结束"文本框中输入"1"，如图 7-76 所示，单击"确定"按钮，完成拉伸特征，注意拉伸的方向为 Z 轴正向。第一次拉伸预览图如图 7-77 所示。

图 7-76　拉伸参数设置

图 7-77　第一次拉伸预览图

（6）利用已经存在的拉伸特征为顶盖添加顶面。单击 图标，在选择范围下拉列表中选择"仅在工作部件内部"选项,在曲线规则下拉列表中选择"相切曲线"选项。选择上次拉伸特征最上方的外边缘曲线,如图7-78所示。

图7-78 选择上次拉伸特征最上方的外边缘曲线

(7)拉伸方向为Z轴正向;在"开始"下的"距离"文本框中输入"0",在"结束"下的"距离"文本框中输入"2.5";在"布尔"栏的"布尔"下拉列表中选择"合并"选项,如图7-79所示。单击"确定"按钮,完成顶盖顶面的拉伸,第二次拉伸的预览图如图7-80所示。

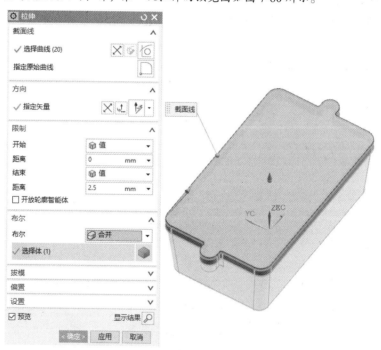

图7-79 拉伸参数设置　　图7-80 第二次拉伸预览图

(8)编辑顶盖的对象显示。选中顶盖,单击 ✎(编辑对象显示)图标,将"透明度"设置为"85",如图7-81所示。这样可以透过顶盖来观察并选择位于顶盖下面的组件的面的边缘,结果如图7-82所示。

图 7-81 "编辑对象显示"对话框

图 7-82 编辑顶盖的对象显示结果

（9）单击 (拉伸)图标，链接顶盖两边的面边缘并拉伸这些边缘生成凸台状特征。在选择范围下拉列表中选择"整个装配"选项，在该下拉列表相邻的位置单击 （创建部件间链接）图标，使其高亮显示，在曲线规则下拉列表中选择"单条曲线"选项。选择部件"wave_box"中如图 7-83 所示的两条边作为截面曲线，拉伸方向为 Z 轴正向。

图 7-83 选择拉伸的两条边

（10）在"限制"栏中，在"开始"下的"距离"文本框中输入"0"，在"结束"下拉列表中选择"直至下一个"选项；在"布尔"栏的"布尔"下拉列表中选择"求和"选项；在"拔模"栏的"拔模"下拉列表中选择"从起始限制"选项，在"角度"文本框中输入"-0.125"，如图 7-84 所示，单击"确定"按钮，完成拉伸。拉伸结果预览图如图 7-85 所示。

图 7-84 拉伸参数设置

图 7-85 拉伸结果预览图

（11）修改主装配体，把部件"wave.box"转为工作部件。对父对象的部分创建操作数据进行更改，相应的部件的尺寸和形状也会随之改变。

7.6 创建组件阵列

组件阵列是一种快速生成组件的方法，同时带有对应的配对条件。也就是说，组件阵列是一种在装配过程中使用对应关联条件以快速生成多个组件的方法。例如，在装配多个螺栓时，可以先使用配对条件（或装配约束）装配其中一个螺栓，再采用组件阵列的方式装配其他的螺栓。因此，采用组件阵列的装配方法可以提高装配效率。

选择"菜单"→"装配"→"组件"→"创建组件阵列"命令，弹出"类选择"对话框。选择组件"PIN"，单击"确定"按钮，弹出"创建组件阵列"对话框，如图 7-86 所示，单击"确定"按钮，完成组件阵列操作。

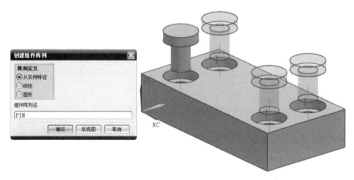

图 7-86 创建组件阵列

7.7 创建镜像装配

在装配过程中，对于沿一个基准平面对称分布的组件而言，可使用"镜像装配"命令一次获得多个特征，并且镜像的组件将按照原组件的约束关系进行定位，因此特别适合装配类似汽车底盘等对称的组件，仅仅需要完成一边的装配即可。

单击"装配"选项卡中"组件"命令组中的 （镜像装配）图标，打开"镜像装配向导"对话框，如图 7-87 所示。

在该对话框中单击"下一步"按钮，选择待镜像的组件，可以选择单个或多个组件，如图 7-88 所示。然后单击"下一步"按钮，选择基准平面为镜像平面，如果没有基准平面，则可单击 （基准平面）图标，创建一个基准平面为镜像平面，如图 7-89 所示。

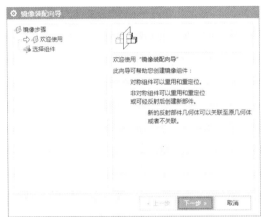

图 7-87 "镜像装配向导"对话框　　　　　图 7-88 选择待镜像的组件

在完成上述步骤后，单击"下一步"按钮，即可在打开的新对话框中进行镜像设置，可设置镜像组件的命名规则和目录规则，如图 7-90 所示。

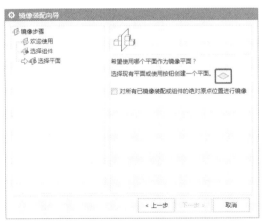
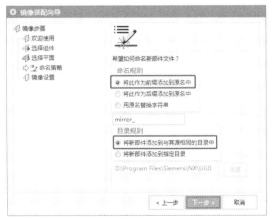

图 7-89 选择或创建镜像平面　　　　　图 7-90 进行镜像设置

在进行镜像设置后，单击"下一步"按钮，可设置要更改的组件，如镜像平面等，如图 7-91 所示，如果不需要更改，则继续单击"下一步"按钮，在该对话框中可指定各个组件的多个定位方式。预览镜像效果如图 7-92 所示。最后单击"完成"按钮，即可获得镜像组件效果。

图 7-91　设置要更改的组件

图 7-92　预览镜像效果

要镜像的组件及完成的组件镜像如图 7-93 和图 7-94 所示。

图 7-93　要镜像的组件

图 7-94　完成的组件镜像

7.8　装配爆炸图

爆炸图是在装配模型中，按装配关系沿指定的轨迹拆分原来位置的图形。创建装配爆炸图，可以方便地查看装配中的零件及相互装配关系，如图 7-95 所示。

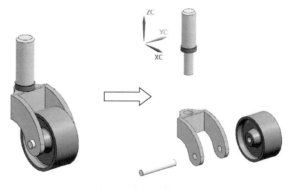
图 7-95　装配爆炸图

7.8.1 建立爆炸图

单击"装配"选项卡中的 (爆炸图)图标,弹出如图 7-96 所示的"爆炸图"命令组,通过该命令组中的命令可以实现爆炸图的创建、编辑和其他各种操作。

1. 创建爆炸图

单击"爆炸图"命令组中的 (新建爆炸)图标,弹出如图 7-97 所示的"新建爆炸"对话框。在"名称"文本框中输入爆炸图名称,单击"确定"按钮即可建立新的爆炸图。

图 7-96 "爆炸图"命令组　　图 7-97 "新建爆炸"对话框

在创建新的爆炸图后,视图并没有发生变化,下面需要使组件爆炸。在 NX 装配中,组件爆炸的方式为自动爆炸,即基于组件关联条件,沿表面的正交方向自动爆炸。

单击"爆炸图"命令组中的 (自动爆炸组件)图标,打开"类选择"对话框,选中所有组件,如图 7-98 所示。单击"确定"按钮,打开"自动爆炸组件"对话框,在"距离"文本框中输入"5",如图 7-99 所示,单击"确定"按钮,即可完成装配体的自动爆炸。创建爆炸图的结果如图 7-100 所示。

图 7-98 选择组件　　图 7-99 "自动爆炸组件"对话框

图 7-100 创建爆炸图的结果

7.8.2 编辑爆炸图

采用自动爆炸方式一般不能得到理想的爆炸效果,通常还需要对爆炸图进行调整。

单击"爆炸图"命令组中的 (编辑爆炸)图标,打开"编辑爆炸"对话框,如图 7-101 所示。选择待移动的组件,在"编辑爆炸"对话框中选中"移动对象"单选按钮,按住鼠标左键拖动相应的坐标轴（此处拖动 Z 轴）至合适位置，即可得到新的爆炸图，如图 7-102 所示。

图 7-101 "编辑爆炸"对话框

图 7-102 新的爆炸图

7.8.3 取消爆炸图

在爆炸操作完成后，如果不需要该操作，则可以取消爆炸图。

单击"爆炸图"命令组中的  图标，选中爆炸的所有组件，即可取消爆炸图。

7.8.4 删除爆炸图

在爆炸操作完成后，如果不需要该操作，则可以删除爆炸图。

单击"爆炸图"命令组中的 图标，弹出"爆炸图"对话框，如图 7-103 所示，选择要删除的爆炸图名称，单击"确定"按钮，即可删除该爆炸图。

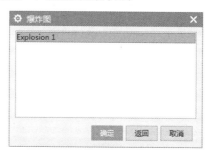

图 7-103 "爆炸图"对话框

7.9 综合实例——钻模夹具装配

本节将结合前面介绍的装配操作方法，以实例的形式介绍创建装配体的具体过程和步骤。

【设计要求】

将钻模夹具装配成如图 7-104 所示的组件，并创建装配爆炸图。

第 7 章 装配

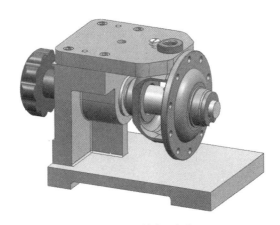

图 7-104 钻模夹具组件

【设计思路】

（1）创建装配文件，并添加夹具体零件（22JIAJUTI.prt）。

（2）装配两个芯轴套零件（ZUOTAO.prt 和 YOUTAO.prt）。

（3）装配钻模板零件（ZUANMOBAN.prt）。

（4）装配芯轴零件（XINZHOU.prt）。

（5）装配待加工零件差速器壳（CHASUQIKE.prt）。

（6）装配快换钻套零件（KUAIZUANTAO.prt）。

（7）装配其他辅助零件（如螺栓、把手等）。

【设计步骤】

1．创建装配文件，并添加夹具体零件

（1）启动 NX1847，选择"菜单"→"文件"→"新建"命令，打开"新建"对话框，选择模板类型为"装配"，在"名称"文本框中输入新建文件名称"ass7_2.prt"，单击"确定"按钮，自动弹出"添加组件"对话框。

（2）添加组件，操作过程如图 7-105 所示。单击 （打开）图标，弹出"部件名"对话框。选择文件"\chapter7\part\ass7_1\22JIAJUTI.prt"，回到"添加组件"对话框。选择"装配位置"为"绝对坐标-显示部件"，接受其他默认设置，单击"确定"按钮，将组件放置在坐标原点。

2．装配两个芯轴套零件

（1）选择"菜单"→"装配"→"组件"→"添加组件"命令，或者单击"装配"选项卡的 （添加）图标，打开"添加组件"对话框。

（2）装配芯轴左轴套。单击 （打开）图标，弹出"部件名"对话框。选择文件"\chapter7\part\ass7_1\ZUOTAO.prt"，回到"添加组件"对话框。选择"装配位置"为"绝对坐标-显示部件"，在"放置"栏选中"移动"单选按钮，激活指定方位，把部件移动到需要装配的位置，如图 7-106 所示。

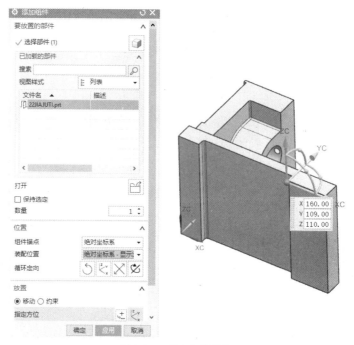

图 7-105　添加组件操作

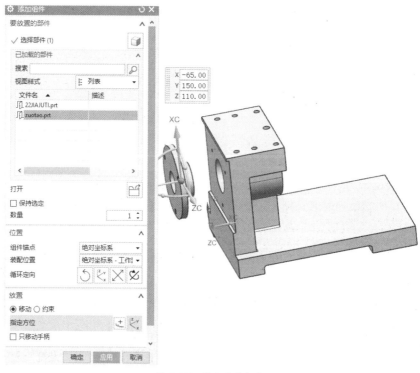

图 7-106　添加轴套组件

（3）修改"放置"为"约束"，在"约束类型"中单击 ⌘（接触对齐）图标，选择"方位"为"自动判断中心/轴"，如图 7-107 所示，分别选择夹具体中心孔和芯轴左轴套的中心线为装配对象进行装配。

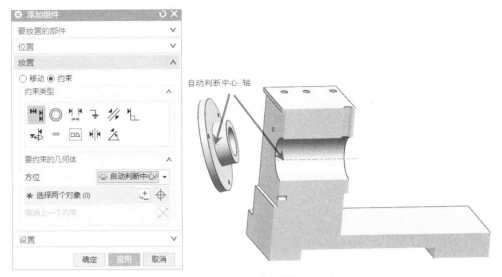

图 7-107　添加接触对齐的第一个约束

（4）重复步骤3，选择"方位"为"接触"或"首选接触"，分别选择夹具体和左轴套的端面为装配对象进行装配，如图7-108所示，单击"应用"按钮，完成组件的装配。

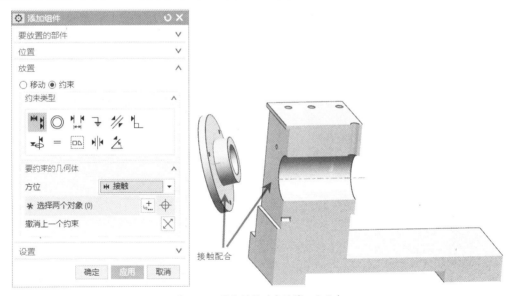

图 7-108　添加接触对齐的第二个约束

（5）重复上述步骤1~4，将芯轴右轴套装配到夹具体中。

（6）在"约束类型"中单击 ![icon]（接触对齐）图标，选择"方位"为"自动判断中心/轴"，分别选择夹具体上的竖直中心孔和芯轴右轴套的径向中心线为装配对象进行装配，即添加竖直孔约束，如图7-109所示，单击"确定"按钮。

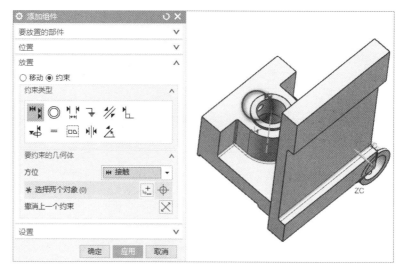

图 7-109　添加竖直孔约束

（7）如图 7-110 所示，完成轴套的装配。

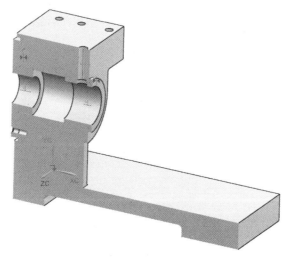

图 7-110　完成轴套的装配

3．装配钻模板零件

（1）选择"菜单"→"装配"→"组件"→"添加组件"命令，或者单击"装配"选项卡的 （添加）图标，打开"添加组件"对话框。

（2）装配钻模板。单击 （打开）图标，弹出"部件名"对话框。选择文件"\chapter7\part\ass7_1\ZUANMOBAN.prt"，回到"添加组件"对话框。选择"装配位置"为"绝对坐标-显示部件"，在"放置"栏选中"移动"单选按钮，激活指定方位，把部件移动到需要装配的位置，如图 7-111 所示。

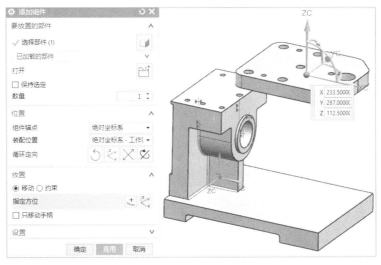

图 7-111 装配钻模板（一）

（3）在"约束类型"中单击 ![icon]（接触对齐）图标，选择"方位"为"自动判断中心/轴"，分别选择夹具体上的螺钉孔轴线和钻模板沉头孔轴线为装配对象进行装配，并重复上述操作。

（4）选择"方位"为"接触"，选择夹具体顶面与钻模板的底面为装配对象进行装配，在必要时，切换配合方向，如图 7-112 所示，单击"确定"按钮，完成组件的装配。

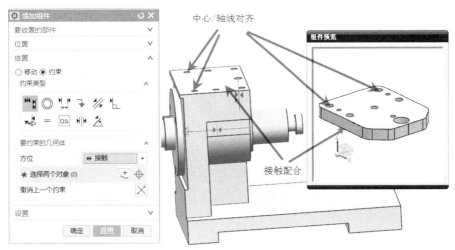

图 7-112 装配钻模板（二）

4．装配芯轴零件

（1）选择"菜单"→"装配"→"组件"→"添加组件"命令，或者单击"装配"选项卡的 ![icon] 图标，打开"添加组件"对话框。

（2）装配芯轴。单击 ![icon]（打开）图标，弹出"部件名"对话框。选择文件"\chapter7\part\ass7_1\XINZHOU.prt"，回到"添加组件"对话框。选择"装配位置"为"绝对坐标-显示部件"，在"放置"栏选中"移动"单选按钮，激活指定方位，把部件移动到需要装配的位置，如图 7-113 所示。

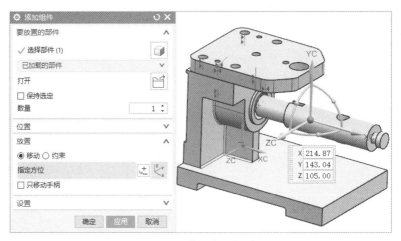

图 7-113 装配芯轴（一）

（3）在"约束类型"中单击 ![icon]（接触对齐）图标，选择"方位"为"自动判断中心/轴"，分别选择夹具体中心孔轴线和芯轴的圆柱面轴线为装配对象进行装配；继续选择"方位"为"自动判断中心/轴"，分别选择芯轴的径向孔轴线和轴套径向孔轴线为装配对象进行装配，如图 7-114 所示，单击"确定"按钮，完成组件的装配。

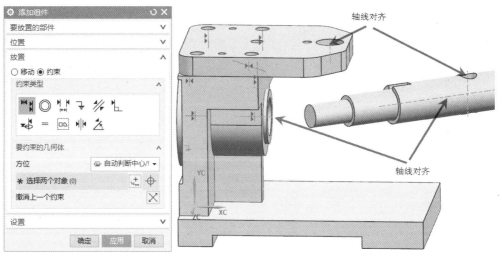

图 7-114 装配芯轴（二）

5. 装配待加工零件差速器壳

（1）选择"菜单"→"装配"→"组件"→"添加组件"命令，或者单击"装配"选项卡的 ![icon]（添加）图标，打开"添加组件"对话框。

（2）装配差速器壳。单击 ![icon]（打开）图标，弹出"部件名"对话框。选择文件"\chapter7\part\ass7_1\CHASUQIKE.prt"，回到"添加组件"对话框。选择"装配位置"为"绝对坐标-显示部件"，在"放置"栏选中"移动"单选按钮，激活指定方位，把部件移动到需要装配的位置，如图 7-115 所示。

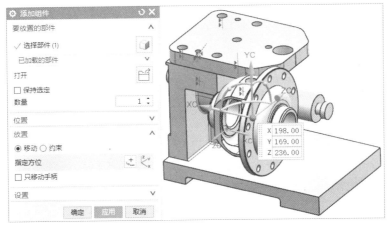

图 7-115 装配差速器壳（一）

（3）在"约束类型"中单击 ![icon]（接触对齐）图标，选择"方位"为"自动判断中心/轴"，分别选择夹具体中心孔轴线和差速器壳中心孔轴线为装配对象进行装配；选择钻模板孔轴线与差速器壳待加工孔轴线为装配对象进行装配，重复上述操作，如图 7-116 所示。

 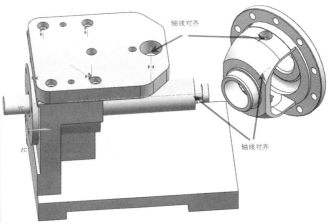

图 7-116 装配差速器壳（二）

（4）在完成装配后，单击"确定"按钮，完成组件的装配，如图 7-117 所示。

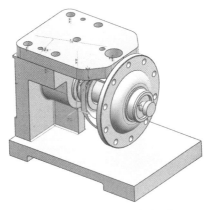

图 7-117 装配差速器壳（三）

6. 装配快换钻套零件

（1）选择"菜单"→"装配"→"组件"→"添加组件"命令，或者单击"装配"选项卡的 图标，打开"添加组件"对话框。

（2）装配快换钻套。单击 （打开）图标，弹出"部件名"对话框。选择文件"\chapter7\part\ass7_1\KUAIZUANTAO.prt"，回到"添加组件"对话框。选择"装配位置"为"绝对坐标-显示部件"，在"放置"栏选中"移动"单选按钮，激活指定方位，把部件移动到需要装配的位置，如图 7-118 所示。

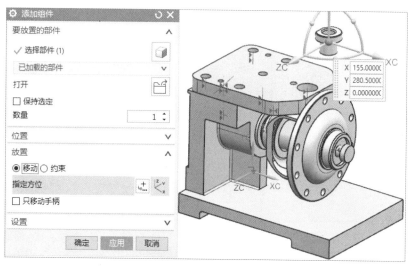

图 7-118 装配快换钻套（一）

（3）添加如图 7-119 所示的装配关系。在完成装配后，单击"确定"按钮，完成组件的装配。

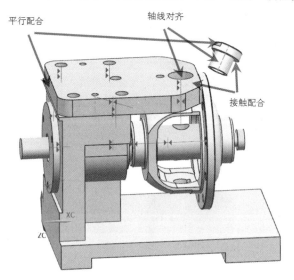

图 7-119 装配快换钻套（二）

7．装配其他辅助零件

（1）选择"菜单"→"装配"→"组件"→"添加组件"命令，或者单击"装配"选项卡的 （添加）图标，打开"添加组件"对话框。

（2）装配螺栓。单击 （打开）图标，弹出"部件名"对话框。选择文件"\chapter7\part\ass7_1\4LUOSHUAN.prt"，回到"添加组件"对话框。选择"装配位置"为"绝对坐标-显示部件"，在"放置"栏选中"移动"单选按钮，激活指定方位，把部件移动到需要装配的位置，如图 7-120 所示。

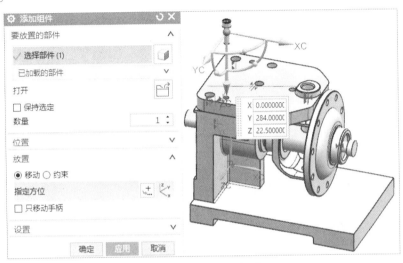

图 7-120　装配螺栓（一）

（3）添加如图 7-121 所示的装配关系。在完成装配后，单击"确定"按钮，完成组件的装配。

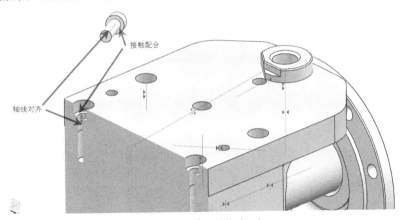

图 7-121　装配螺栓（二）

（4）选择"菜单"→"装配"→"组件"→"阵列组件"命令，或者单击"装配"选项卡的 （阵列组件）图标，弹出"阵列组件"对话框，在"阵列定义"栏的"布局"下拉列表中选择"线性"选项，选择"指定矢量"为 XC 轴，设置"数量"为"2"，"节距"为"71"，勾选"使用方向 2"复选框，选择"指定矢量"为 ZC 轴，设置"数量"为"2"，"节距"为"140"，如图 7-122 所示，单击"确定"按钮，完成 4 个螺栓的装配。

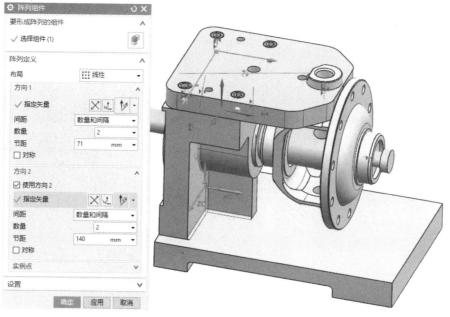

图 7-122 阵列组件

（5）装配把手。选择"菜单"→"装配"→"组件"→"添加组件"命令，或者单击"装配"选项卡的 （添加）图标，打开"添加组件"对话框。单击 （打开）图标，弹出"部件名"对话框。选择文件"\chapter7\part\ass7_1\BASHOU.prt"进行装配，如图 7-123 所示。

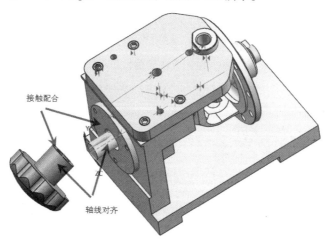

图 7-123 装配把手

（6）装配快换螺母。选择"菜单"→"装配"→"组件"→"添加组件"命令，或者单击"装配"选项卡的 图标，打开"添加组件"对话框。单击 （打开）图标，弹出"部件名"对话框。选择文件"\chapter7\part\ass7_1\KUAIHUANLUOMU.prt"进行装配，如图 7-124 所示。

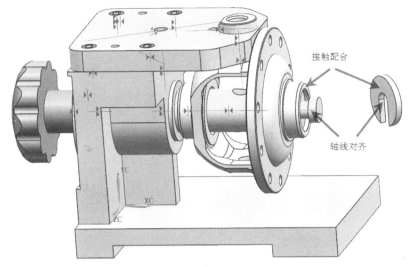

图 7-124 装配快换螺母

（7）装配压紧螺栓。选择"菜单"→"装配"→"组件"→"添加组件"命令，或者单击"装配"选项卡的 （添加）图标，打开"添加组件"对话框。单击 （打开）图标，弹出"部件名"对话框。选择文件"\chapter7\part\ass7_1\LUOSHUAN.prt"进行装配，如图 7-125 所示。

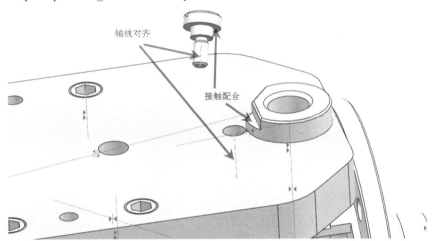

图 7-125 装配压紧螺栓

（8）装配压紧螺钉。选择"菜单"→"装配"→"组件"→"添加组件"命令，或者单击"装配"选项卡的 （添加）图标，打开"添加组件"对话框。单击 （打开）图标，弹出"部件名"对话框。选择文件"\chapter7\part\ass7_1\3LUODING.prt"进行装配，如图 7-126 所示。

（9）阵列组件。选择"菜单"→"装配"→"组件"→"阵列组件"命令，或者单击"装配"选项卡的 （阵列组件）图标，弹出"阵列组件"对话框，在"阵列定义"栏的"布局"下拉列表中选择"参考"选项，单击"确定"按钮，完成组件的阵列，如图 7-127 所示。

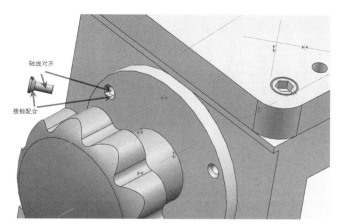

图 7-126 装配压紧螺钉

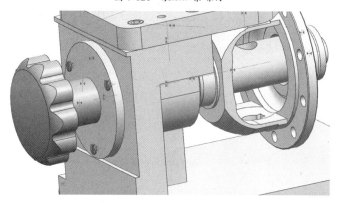

图 7-127 阵列组件

（10）装配定位销。选择"菜单"→"装配"→"组件"→"添加组件"命令，或者单击"装配"选项卡的 （添加）图标，打开"添加组件"对话框，在"打开"栏中勾选"保持选定"复选框。单击 （打开）图标，弹出"部件名"对话框。选择文件"\chapter7\part\ass7_1\XIAO.prt"进行装配，如图 7-128 所示。

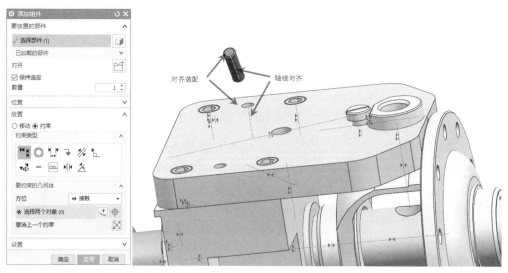

图 7-128 装配定位销

（11）装配挡销。选择"菜单"→"装配"→"组件"→"添加组件"命令，或者单击"装配"选项卡的 (添加)图标，打开"添加组件"对话框。单击 (打开)图标，弹出"部件名"对话框。选择文件"\chapter7\part\ass7_1\DANGXIAO.prt"进行装配，如图7-129所示。

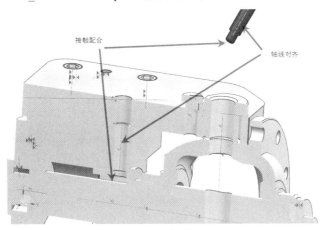

图7-129 装配挡销

（12）选择"菜单"→"文件"→"保存"命令，保存装配体，完成钻模夹具的装配。

8．创建装配爆炸图

（1）单击"装配"选项卡的 (爆炸图)图标，打开"爆炸图"命令组。单击"爆炸图"命令组的 (新建爆炸)图标，打开如图7-130所示的"新建爆炸"对话框，在"名称"文本框中输入爆炸图名称"Explosion 1"，单击"确定"按钮。

图7-130 "新建爆炸"对话框

（2）创建爆炸图，操作过程如图7-131所示。选择"菜单"→"装配"→"爆炸图"→"自动爆炸组件"命令，或者单击"爆炸图"命令组的 (自动爆炸组件)图标，打开"类选择"对话框，选中所有组件，单击"确定"按钮，打开"自动爆炸组件"对话框，在"距离"文本框中输入"200"，单击"确定"按钮。

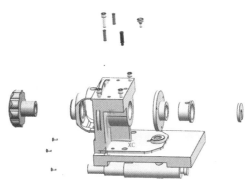

图7-131 创建爆炸图操作

（3）编辑爆炸图操作如图 7-132 所示。选择"菜单"→"装配"→"爆炸图"→"编辑爆炸"命令，或者单击"爆炸图"命令组的 （编辑爆炸）图标，打开"编辑爆炸图"对话框。选择差速器壳，选中"移动对象"单选按钮，选择 XC 轴，在"距离"文本框中输入"400"，单击"确定"按钮，即可得到新的爆炸图。

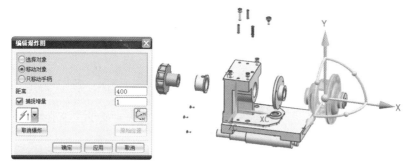

图 7-132　编辑爆炸图操作

（4）参照步骤 3，调整各个组件的距离。由于爆炸图是为了表现各个组件之间的关系，不需要精确控制爆炸的尺寸，所以为了提高效率可以按住鼠标左键直接拖动组件，从而得到如图 7-133 所示的新爆炸图。

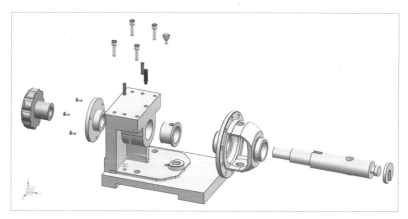

图 7-133　编辑后的新爆炸图

（5）选择"菜单"→"文件"→"保存"命令，保存文件。

本章小结

本章详细介绍了 NX1847 的装配建模功能，在三维建模的基础上，利用 NX 软件的强大功能可以将多个零件装配成一个完整的组件；介绍了常用装配方法，即自底向上装配和自顶向下装配的设计思路，同时合理利用装配导航器可以添加组件及其约束；最后介绍了装配爆炸图的建立和编辑方法。

思考与练习

1. 简述采用自底向上的方法装配组件的过程，以及组件的定位方式。

2．简述装配方法的两种类型，以及各方法的设计思路。

3．简述爆炸图的作用。

4．装配如图 7-134 所示的阀门组件装配体，并创建如图 7-135 所示的爆炸图。（参照文件"\chapter7\part\ex7_1\ex7_1_done.prt"，具体装配关系可参看 ex7_1_done.prt 的装配导航器。）

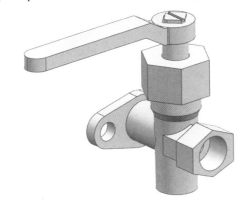

图 7-134 阀门组件装配体

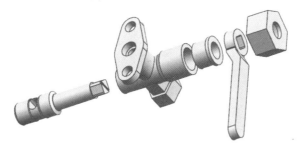

图 7-135 阀门组件装配体爆炸图

第 8 章

NX 工程图

NX 工程图是基于创建三维实体模型的二维投影得到的二维工程图，因此，工程图与三维实体模型是完全关联的，实体模型的尺寸、形状和位置的任何改变，都会引起二维工程图的变化。UG NX 的工程制图模块提供了创建和管理工程图的完整过程和工具。通过直观友好的操作界面，该模块可以方便快捷地建立和管理标准的零件图和装配图，为工程图的生成和管理提供了一个完全自动化的工具。

学习目标

- ◎ 工程图的管理
- ◎ 视图布局的设置方法
- ◎ 视图的添加和管理
- ◎ 剖视图的应用
- ◎ 视图标注功能

8.1 入门引例

【设计要求】

创建如图 8-1 所示的法兰盘工程图。

图 8-1 法兰盘工程图

第 8 章 NX 工程图

【设计思路】

(1) 建立工程图图纸页。

(2) 标题栏和图框图样的调用。

(3) 添加基本视图和剖视图。

(4) 添加尺寸标注。

【设计步骤】

(1) 打开模型文件。启动 NX1847，打开案例文件 "\chapter8\part\intro.prt"，如图 8-1 所示。

(2) 建立工程图图纸页。单击"应用模块"选项卡，在"设计"命令组中单击 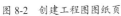（制图）图标，进入制图功能模块，并自动打开"工作表"对话框。

(3) 创建工程图图纸页。选中"使用模板"单选按钮，选择视图为"A3-无视图"。单击"确定"按钮，即可完成工程图图纸页的创建，如图 8-2 所示。

(4) 添加基本视图。单击"视图"命令组的 （基本视图）图标，弹出"基本视图"对话框，如图 8-3 所示。在"模型视图"栏的"要使用的模型视图"下拉列表中选择"前视图"选项，其他选项不变，将光标移至图幅范围内，并在绘图区右侧区域指定基本视图位置，如图 8-4 所示。系统直接弹出"投影视图"对话框，单击"关闭"按钮，退出该对话框。

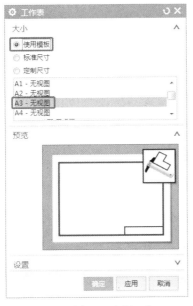

图 8-2 创建工程图图纸页

图 8-3 "基本视图"对话框

(5) 添加剖视图。单击"图纸"命令组中的 （剖视图）图标，弹出"剖视图"对话框，如图 8-5 所示。选择图 8-4 中的视图作为父视图，并利用视图中的圆心定义剖切位置，在左侧的合适位置放置剖视图，结果如图 8-6 所示。

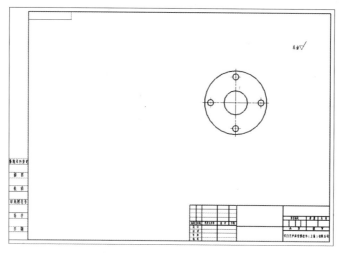

图 8-4 添加基本视图

图 8-5 "剖视图"对话框

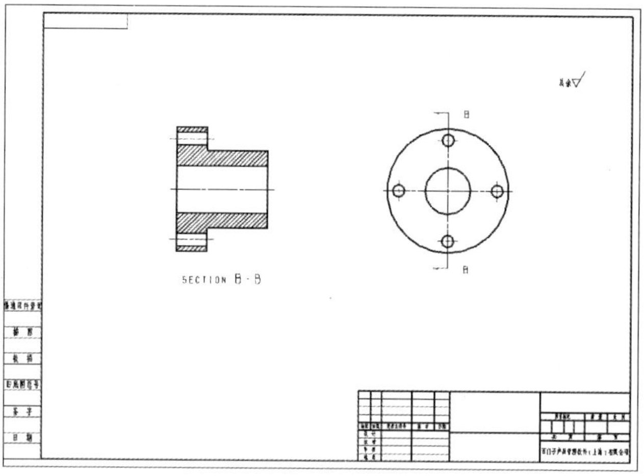

图 8-6 添加剖视图

（6）单击"尺寸"命令组的 （快速）图标，弹出"快速尺寸"对话框，如图 8-7 所示，分别选择主视图中的顶点位置，标注法兰盘的长度尺寸，如图 8-8 所示。

（7）将"快速尺寸"对话框中"测量"栏的"方法"改为"圆柱式"，如图 8-9 所示，分别选择左视图中的顶点位置，标注法兰盘 3 个直径尺寸，效果如图 8-10 所示。

图 8-7 "快速尺寸"对话框　　图 8-8 标注法兰盘的长度尺寸

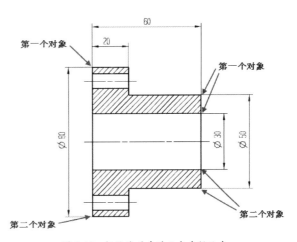

图 8-9 "快速尺寸"对话框　　图 8-10 标注法兰盘的 3 个直径尺寸

（8）将"快速尺寸"对话框中"测量"栏的"方法"改为"直径"，如图 8-11 所示，选择主视图中小圆的中心位置，标注法兰盘的小圆直径尺寸，在弹出的对话框中添加小圆个数，如图 8-12 所示。

（9）选择"文件"→"保存"命令，进行保存操作，结果如图 8-13 所示。

图 8-11 "快速尺寸"对话框　　图 8-12 标注小圆直径尺寸和添加小圆个数

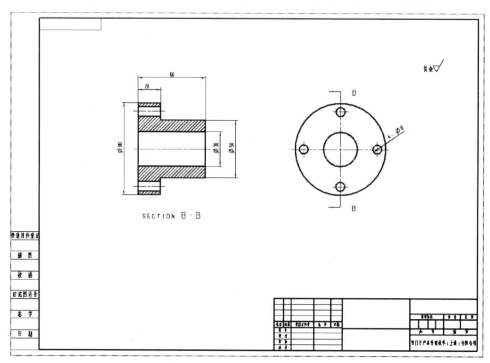

图 8-13 法兰盘工程图

8.2　工程图的管理

在 NX 环境中，一个 3D 模型可以通过不同的投影方法、不同的图样尺寸和不同的比例建立多个工程图。工程图的管理功能包括创建工程图、编辑工程图和删除工程图等基本功能。

8.2.1 创建工程图

在建模环境下完成模型设计后，单击"应用模块"选项卡，在"设计"命令组中单击 ◨（制图）图标，进入制图功能模块，并自动打开"工作表"对话框，也可以在进入工程图模块后，单击 ◧（新建图纸页）图标，打开"工作表"对话框，如图 8-14 所示。在该对话框中指定图纸页名称、图纸页尺寸和投影比例等参数后，即可完成工程图图纸页的创建。这时在绘图工作区会显示新建的工程图，其工程图名称会显示在工作区左下角的位置。

图 8-14 "工作表"对话框

1. 大小

"大小"栏用于指定图纸的尺寸规格，指定方法有以下 3 种。

（1）使用模板：在选择该选项后，"图纸中的图纸页"下的列表框可用，可从该列表框中选择图纸页模板。

（2）标准尺寸：在选择该选项后，"大小"下拉列表和"比例"下拉列表可用，可从这些下拉列表中选择标准大小的图纸页。

（3）定制尺寸：在选择该选项后，允许自定义图纸页的高度和长度。

2. 名称

"图纸中的图纸页"下的列表框会列出部件文件中的所有图纸页,在"图纸页名称"文本框中可输入新建工程图的名称。

3. 设置

(1)单位:设定工程图的单位。

(2)投影:提供视图的投影角度选项,即 ⌐⊙(第一象限角投影)和 ⊙¬(第三象限角投影)。按我国制图标准,一般选择第一象限角投影的投影方式。

(3)始终启动图纸视图命令:决定是否在图纸页创建完毕后直接启动图纸视图命令。

【应用案例 8-1】创建工程图

(1)打开主模型文件。启动 NX1847,打开案例文件"\chapter8\part\卡座.prt",主模型如图 8-15 所示。

(2)创建工程图图纸页。单击"应用模块"选项卡,在"设计"命令组中单击 ▢(制图)图标,进入制图功能模块,并自动打开"工作表"对话框。

(3)在"工作表"对话框中,选中"标准尺寸"单选按钮,在"大小"下拉列表中选择"A3-297×420"选项,设置"比例"为"1:1",其他选项保持默认设置,单击"确定"按钮,即可完成工程图图纸页的创建操作,如图 8-16 所示。

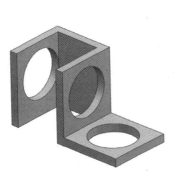

图 8-15 主模型

图 8-16 创建工程图图纸页操作

(4)选择"文件"→"保存"命令,进行保存操作。

8.2.2 编辑工程图

在创建工程图的过程中,如果想更换一种表现三维模型的方式(如增加剖视图等),则需要修改原来设置的工程图(如图纸规格、比例不适当),通过编辑功能可以对已有的工程图进行修改。

在制图环境下,单击 (编辑图纸页)图标,弹出"工作表"对话框,如图 8-17 所示。按照前面介绍的创建工程图的方法,在对话框中修改已有工程图的图纸页名称、尺寸、比例和单位等参数。在完成修改后,系统会根据新的工程图参数来更新已有的工程图。

图 8-17 "工作表"对话框

在部件导航器中会记录图纸页的生成过程。单击导航器中的 (部件导航器)图标,在展开的部件导航器中会显示新建工程图中的图纸页,如图 8-18 所示。右击要修改的图纸页,在弹出的快捷菜单中选择"编辑图纸页"命令,即可对其进行编辑。

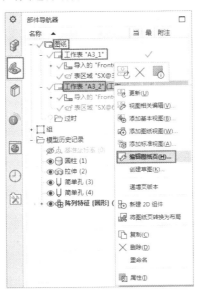

图 8-18 新建工程图中的图纸页

8.2.3 删除工程图

在制图过程中，可能需要删除不需要的视图，方法包括以下 3 种。

（1）在绘图区单击要删除的视图，使该视图高亮显示，然后选择"菜单"→"编辑"→"删除"命令。如果指定的视图是父视图，则其他视图是它的投影图或剖视图，这些视图也会被一同删除。

（2）在导航器中打开"部件导航器"中的"图纸"标签，右击要删除的视图，选择"删除"命令，同时，如果指定的视图是父视图，则其他视图是它的投影视图或剖视图，这些视图也会被一同删除，如图 8-19 所示。

（3）在绘图区右击要删除的视图，在弹出的快捷菜单中选择"删除"命令，如图 8-19 所示。

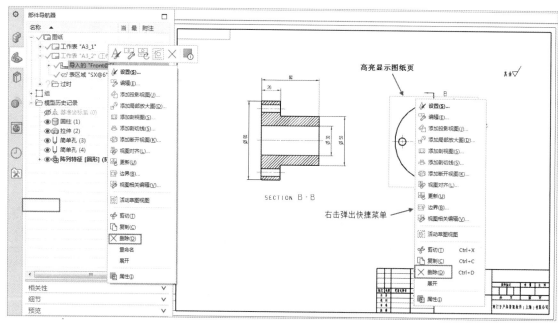

图 8-19　删除工程图中的视图

8.3　工程图的设置

为了提高工程图的制图效率，同时符合制图的习惯，在添加工程图之前，应当先设置工程图的有关参数，以满足设计要求。

8.3.1　工程图背景

NX 工程图背景默认颜色为灰色，在实际工作中，往往需要白色的工程图背景。单击"视图"选项卡中的 （首选项）图标，或者选择"菜单"→"首选项"→"可视化"命令，系统会弹出"可视化首选项"对话框，如图 8-20 所示。选择"颜色"→"图纸布局"标签，切换到"图纸和布局颜色"标签栏，单击"背景"后面的色块按钮，弹出"颜色"对话框，如图 8-21 所示，选择需要设置的背景颜色，这里选择白色，单击两次"确定"按钮，完成工程图背景的设置。

图 8-20 "可视化首选项"对话框　　　　　图 8-21 颜色设置

8.3.2 制图首选项

在制图环境下，选择"菜单"→"首选项"→"制图"命令，弹出"制图首选项"对话框，可以设置尺寸、注释、符号、图纸格式和图纸视图等，如图 8-22 所示。本节介绍常用的制图首选项设置。

> **特别提示**
>
> 如果要对以前创建的视图进行设置，则需要右击单视图边框，在弹出的快捷菜单中选择"设置"命令（或者双击左侧导航栏中的视图名称），再在弹出的"设置"对话框中进行设置。

图 8-22 "制图首选项"对话框

1. 文字

在"制图首选项"对话框中选择"文字"标签,可以设置文字的对齐方式,包括"对齐位置"和"文字对正",以及相关文本参数,包括"高度""NX 字体间隙因子""标准字体间隙因子"等,如图 8-23 所示。

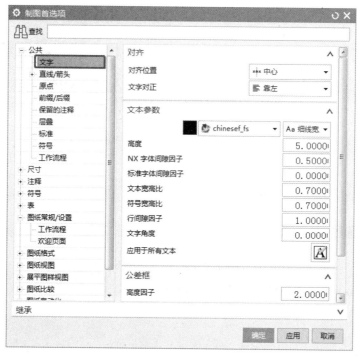

图 8-23 "文字"标签

(1)文字位置:用于设置在视图中输入文本时基准点的插入位置,以确定在放置文本时对齐基准点的位置。文本被包含在一个名为文本框的虚拟矩形中。此矩形上有 9 个位置可用于定位并对齐注释对象,包含文本在内的所有注释对象都可以使用此矩形在图纸上定位并与其他文本对齐。系统提供了 9 种对齐位置,用户可以从其下拉列表中选择。

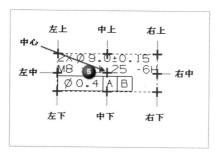

图 8-24 文字位置

(2)文字对正:用于设置在视图中输入多行文字时的文本对齐方式,系统提供了"靠左""中心""靠右"3 种文本对齐方式,用户可以从其下拉列表中选择。

(3)文本参数:设置文本对象的颜色、字体和字体类型。文本的字体类型较多,通常选择默认的

"chinesef_fs"选项,其他选项可保持默认设置。

- 高度:控制以英寸或毫米为单位的字符文本高度,视部件的单位类型而定。
- NX 字体间隙因子:控制文本字符串中的 NX 字符间隙,其给定值为当前字体的字符间隙的倍数。
- 标准字体间隙因子:控制文本字符串中的标准字符间隙,其给定值为当前字体的字符间隙的倍数。
- 文本宽高比:控制文本宽度与文本高度之比。

2. 直线/箭头

在"制图首选项"对话框中选择"直线/箭头"标签,可以设置箭头类型,颜色、线型和线宽,以及格式等,如图 8-25 所示。

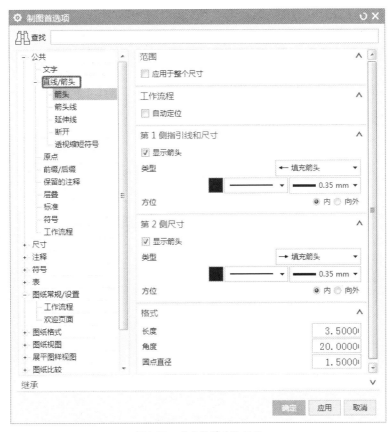

图 8-25 "直线/箭头"标签

(1)箭头类型:设置箭头的样式。单击"填充箭头"的下拉按钮,可以在下拉列表中选择箭头的类型,如图 8-26 所示。

(2)颜色、线型和线宽:设置箭头的线条颜色、线型和线宽。单击线型和线宽的下拉按钮,可以在下拉列表中设置箭头的线型和线宽等箭头参数,如图 8-27 所示。

图 8-26 选择箭头类型

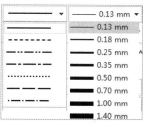

图 8-27 设置箭头参数

（3）格式：设置箭头的长度、角度。

3. 公差

"公差"标签可以用来指定尺寸公差的显示格式。尺寸可以显示为带有公差值和不带公差值，或者显示为限制和拟合尺寸，如图 8-28 所示。指定尺寸公差值的精度为 0~6 位。

图 8-28 "公差"标签

"限制和配合"栏用于为限制和拟合尺寸指定显示的限制和拟合公差类型，具体含义如图 8-29 所示。

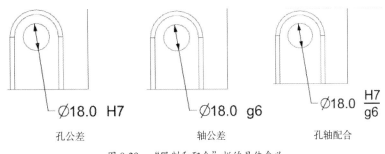

图 8-29 "限制和配合"栏的具体含义

4．文本

"文本"标签可以用来设置文本的单位、方向和位置、附加文本、尺寸文本、公差文本等参数，如图 8-30 所示。

图 8-30 "文本"标签

（1）单位：设置主尺寸的测量单位，小数位数。

（2）方向和位置：指定除坐标尺寸外的所有尺寸的尺寸文本的方向和位置。常用的文本方向和位置有 3 种，如图 8-31 所示。

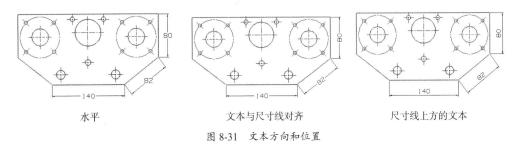

图 8-31 文本方向和位置

（3）附加文本和尺寸文本：设置附加文本和尺寸文本的颜色、线型和线宽。

5. 图纸视图

（1）工作流程：设置视图的边界显示、颜色、样式等。这里主要介绍视图边界的显示。在 NX1847 创建视图后，默认的选项为不显示视图边界，如果需要显示，则勾选图 8-32 中的"显示"复选框即可。

图 8-32 "图纸视图"标签

（2）可见线：设置工程图的各个视图中可见线的显示方式，可以设置可见线的各个参数，包括颜色、线型和线宽等，如图 8-33 所示。

（3）隐藏线：设置视图中隐藏线的外观。如果勾选"处理隐藏线"复选框，则可以通过其他隐藏线选项设置隐藏线；如果不勾选"处理隐藏线"复选框，则视图中将显示所有隐藏线，如图 8-34 和图 8-35 所示。

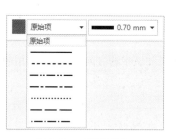 

图 8-33 可见线设置　　　　　　图 8-34 隐藏线设置

不显示隐藏线　　　　　　显示隐藏线

图 8-35 不显示和显示隐藏线的效果

(4)虚拟交线：设置虚拟交线的显示方式。勾选"显示虚拟交线"复选框可以设置虚拟交线的颜色、线型和线宽等，并显示虚拟交线，如图 8-36 和图 8-37 所示。取消勾选"显示虚拟交线"复选框，视图中将不显示虚拟交线。

图 8-36　虚拟交线设置　　　　图 8-37　显示虚拟交线

(5)螺纹：设置内部和外部螺纹在制图视图中的显示，是根据建模应用模块中创建的符号螺纹特征来渲染的，如图 8-38 所示。

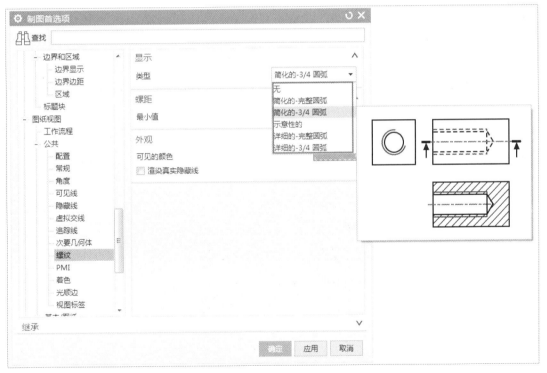

图 8-38　"螺纹"标签

(6)光顺边：控制其相邻面具有相同切边的两个曲面相交而产生的边的显示。当勾选"光顺边"复选框时，才能设置各个选项；当取消勾选"光顺边"复选框时，视图中将不显示光顺边，如图 8-39 所示。

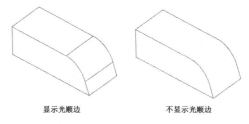

图 8-39　显示和不显示光顺边的效果

8.4　视图的管理

生成各种投影视图是创建工程图最核心的问题，制图模块提供了各种视图管理功能，如添加视图、删除视图、移动或复制视图、对齐视图和编辑视图等。利用这些功能，可以方便地管理工程图中所包含的各类视图，并修改各视图的缩放比例、角度和状态等参数，下面对各项操作分别进行说明。

8.4.1　基本视图

基本视图可以是独立的视图，也可以是其他视图类型（如剖视图）的父视图。一旦放置了基本视图，就会自动转至投影视图模式。可以在一张图纸上创建一个或多个基本视图。

单击"应用模块"选项卡，在"设计"命令组中单击 (制图)图标，进入制图功能模块，并自动打开"工作表"对话框。或者在制图环境下，单击 (新建图纸页)图标，弹出如图 8-40 所示的对话框。选中"使用模板"单选按钮，选择视图为"A3-无视图"。单击"确定"按钮，即可完成工程图的创建操作。

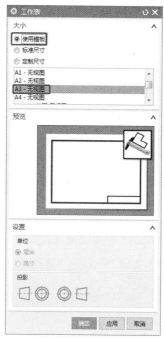

图 8-40　"工作表"对话框

单击"视图"命令组的 （基本视图）图标，弹出"基本视图"对话框，如图8-41所示。在"模型视图"栏的"要使用的模型视图"下拉列表中选择"俯视图"选项，其他选项不变，将光标移至图幅范围内，在绘图区左侧区域指定基本视图的位置。系统直接弹出"投影视图"对话框，单击"关闭"按钮，退出该对话框。

图8-41 "基本视图"对话框

（1）部件：用于选择部件，以添加基本视图。

（2）视图原点：用于指定基本视图的放置位置。

（3）模型视图：选择添加的视图，包括6个基本视图和2个轴测图，默认为俯视图，该视图为随后添加正交视图的父视图。

（4）比例：在向图纸添加视图之前，为基本视图指定一个特定的比例。在"比例"下拉列表中选择相应的数值，可以实现图形的缩小和放大。

8.4.2 投影视图

可以从任何父视图创建投影视图。单击"视图"命令组的 图标，弹出如图8-42所示的"投影视图"对话框。

（1）父视图：单击 图标，选择视图区域中的某一基本视图为父视图。

（2）铰链线：在"矢量选项"下拉列表中提供了两种方法来定义投影视图的铰链线。

（3）视图原点：用于指定投影视图的放置位置，各选项与如图8-41所示的"基本视图"对话框中的"视图原点"栏类似。

（4）移动视图：单击 图标，选择视图区域中的任何视图，在屏幕上拖动并将其放置在适当位置，即可实现视图的移动。

图 8-42　"投影视图"对话框

【应用案例 8-2】添加基本视图和投影视图

（1）打开案例文件"\chapter8\part\卡座.prt"，弹出"工作表"对话框。选中"使用模板"单选按钮，选择视图为"A3-无视图"。单击"确定"按钮，完成工程图的创建。

（2）添加基本视图。单击"视图"命令组中的 （基本视图）图标，弹出"基本视图"对话框，所有选项不变，将光标移至图幅范围内，按照习惯指定主视图的放置位置为图幅的左上部，生成主视图，并直接弹出"投影视图"对话框。

（3）添加投影视图。移动光标，添加剩余的两个投影视图，按 Esc 键退出。

（4）改变视图背景。单击"可视化"命令组中的 （首选项）图标，在弹出的"可视化首选项"对话框中选择"颜色"→"图纸布局"标签，单击"背景"后面的色块按钮，设置背景颜色为白色，如图 8-43 所示。

（5）打开图层。单击"视图"选项卡中的"可见性"命令组中的 （图层设置）图标，勾选图层170的复选框，使该图层可见，结果如图 8-44 所示。

图 8-43 "图纸布局"选项卡

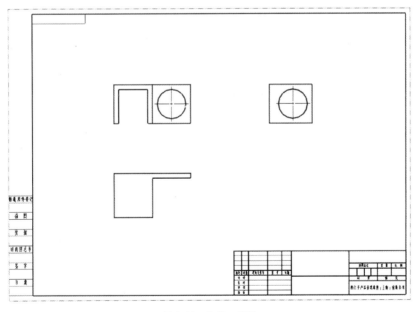

图 8-44 生成工程图

8.4.3 移动或复制视图

单击"视图"命令组的 (移动/复制视图)图标,弹出"移动/复制视图"对话框,如图 8-45 所示,可以将视图移动或复制到另一个图纸页上。

在对话框上部的列表框中,包含了在该图纸页中创建的所有视图,选择要移动或复制的视图,然后单击对话框中部的按钮,即可移动或复制视图。在"移动/复制视图"对话框中,提供了 5 种移动或复制视图的方式,以及一些其他选项。

(1)至一点 : 在选择要移动或复制的视图后,单击此按钮,可以在图纸中移动视图至指定点。

(2)水平 : 在选择要移动或复制的视图后,单击此按钮,只能沿水平方向移动视图。

(3)竖直 : 在选择要移动或复制的视图后,单击此按钮,只能沿竖直方向移动视图。

(4)垂直于直线 : 在选择要移动或复制的视图后,单击此按钮,选择一条参考直线,可以沿垂直于参考直线的方向移动或复制视图。

(5)到另一图纸 : 在选择要移动或复制的视图后,单击此按钮,将弹出"视图至另一图纸"对话框,如图 8-46 所示。在该对话框中选择图纸后,单击"确定"按钮,即可将视图移动或复制到选择的图纸上。

图 8-45 "移动/复制视图"对话框

图 8-46 "视图至另一图纸"对话框

(6)复制视图:在选择要移动或复制的视图后,勾选此复选框,将复制视图。

(7)距离:勾选此复选框,然后在"距离"文本框中输入数值,将只能按照设置距离来移动或复制视图。

(8)取消选择视图:单击此按钮,将取消选择视图。

8.4.4 对齐视图

单击"视图"命令组的 (视图对齐)图标,弹出"视图对齐"对话框,如图 8-47 所示,可以使选中的视图与某一视图沿水平或垂直方向对齐。

图 8-47 "视图对齐"对话框

"视图对齐"对话框提供了以下 5 种视图对齐方式。

（1）自动判断：在选择该对齐方式后，系统会根据选择基准点的不同，用自动推断方式对齐视图。

（2）水平：在选择该对齐方式后，系统会将各视图的基准点进行水平对齐。

（3）竖直：在选择该对齐方式后，系统会将各视图的基准点进行竖直对齐。

（4）垂直于直线：在选择该对齐方式后，系统会将各视图的基准点垂直于某一直线进行对齐。

（5）叠加：在选择该对齐方式后，系统会将各视图的基准点进行重合对齐。

由于基准点是视图对齐的参考点，"视图对齐"对话框提供了以下 3 种对齐基准点的方式。

（1）对齐至视图：该选项用于选择视图沿水平或垂直方向与另一视图对齐。

（2）模型点：该选项用于选择模型中的一点作为基准点。

（3）点到点：该选项用于按点到点的方式对齐各视图中所选择的点。在选择该选项时，用户需要在各对齐视图中指定对齐基准点。

8.4.5 更新视图

在工程图的设计过程中，如果三维模型发生改变，则对应的工程图需要进行更新。

单击"视图"命令组的 （更新视图）图标，弹出"更新视图"对话框，如图 8-48 所示，选中要更新的视图，单击"确定"按钮，即可完成视图的更新。也可以右击要更新的视图边界，在弹出的快捷菜单中选择"更新"命令。

图 8-48 "更新视图"对话框

8.4.6 局部放大图

利用"局部放大图"命令可以创建圆形、矩形和自定义形状边界的局部视图,从而将已添加的视图中无法表达清楚的局部视图按比例放大。单击"视图"命令组中的 (局部放大图)图标,弹出"局部放大图"对话框,如图 8-49 所示。

图 8-49 "局部放大图"对话框

首先设置局部放大图的边界类型,一种是圆形边界,另一种是矩形边界,用户可以根据需要进行设置；其次指定父视图及父视图中的原点位置，并输入放大比例，在绘图区合适位置指定局部放大图的视图位置。

局部放大图的添加步骤可以概括为以下内容。

（1）选择视图边界类型。

（2）在视图需要被放大的区域的中心附近选择或创建一点以作为局部放大图的中心。

（3）移动鼠标将需要放大的区域全部包含在圆形边界内，单击鼠标左键以定义边界。

（4）选择放大比例。

（5）移动光标至合适的位置，单击鼠标左键确定局部放大图的放置位置。

8.5 剖视图的应用

本节介绍向工程图中添加剖视图、阶梯剖视图、半剖视图、旋转剖视图和断开剖视图等的方法。添加剖视图的操作过程可概括为：先指定父视图，再指定剖面位置，最后指定视图的放置位置。

8.5.1 剖视图

在工程实际中，大部分的机械零件仅依靠投影视图难以表达完整信息，需要借助剖视图来展现零件内部的形状。

单击"视图"命令组的 ▦（剖视图）图标，弹出"剖视图"对话框。创建剖视图的步骤是选择父视图、指定剖切位置、定义铰链线、放置剖视图。下面介绍创建剖视图的具体操作步骤。

步骤1：在"视图"命令组中单击 ▦（剖视图）图标，在图纸中选择要剖切的视图。

步骤2：选择父视图，定义铰链线图标为自动激活，也可以自定义铰链线方向。在指定方向后，在选择的父视图中会出现方向矢量符号，捕捉要剖切的位置为剖切点。

步骤3：在定义剖切线之后，放置剖视图的图标会自动激活。将光标移动到绘图工作区，窗口中会显示剖视图边框，该视图只能沿定义的投影方向移动。用户将视图边框拖动到理想位置，系统即可将简单剖视图定位在工程图中。

【应用案例8-3】创建剖视图

（1）打开案例文件"\chapter8\part\ex8_3.prt"，实体模型如图8-50所示，单击"应用模块"选项卡，在"设计"命令组中单击 ▣（制图）图标，进入制图功能模块，并自动打开"工作表"对话框。

图 8-50 实体模型

（2）创建工程图纸。选中"使用模板"单选按钮，选择视图为"A3-无视图"，单击"确定"按钮。

（3）添加基本视图。单击"视图"命令组中 （基本视图）图标，弹出"基本视图"对话框，如图 8-51 所示，在"模型视图"栏的"要使用的模型视图"下拉列表中选择"前视图"选项，在"比例"下拉列表中选择"1:2"选项，将光标移至图幅范围内，单击绘图区右侧区域，指定视图原点，生成视图，然后直接弹出"投影视图"对话框，单击"关闭"按钮即可。

图 8-51 "基本视图"对话框

（4）添加剖视图。单击"视图"命令组中 （剖视图）图标，弹出"剖视图"对话框，如图 8-52 所示。指定生成的视图中心为截面线段位置，将光标向左水平移动，指定剖视图的放置位置，如图 8-53 所示。单击鼠标左键，完成剖视图绘制。

（5）选择"菜单"→"文件"→"保存"命令，保存文件。

图 8-52 "剖视图"对话框

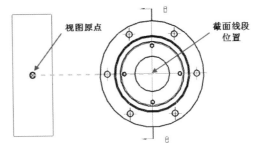

图 8-53 添加剖视图

8.5.2 阶梯剖视图

在工程实际中,对于比较复杂的机械零件而言,如模具模板,这些零件上面有多个孔,需要借助阶梯剖视图来展现零件的完整信息。

单击"视图"命令组的 ▦ (剖视图)图标,弹出"剖视图"对话框。创建阶梯剖视图的步骤与剖视图类似,但是需要多次增加截面线段的位置,具体方法通过实例说明。

【应用案例 8-4】创建阶梯剖视图

(1)打开案例文件"\chapter8\part\ex8_4.prt",实体模型如图 8-54 所示,单击"应用模块"选项卡,在"设计"命令组中单击 ▦ (制图)图标,进入制图功能模块,并自动打开"工作表"对话框。

(2)创建工程图纸。选中"使用模板"单选按钮,选择视图为"A4-无视图",单击"确定"按钮。

(3)添加基本视图。单击"视图"命令组的 ▦ (基本视图)图标,弹出"基本视图"对话框,如图 8-55 所示,在"模型视图"栏的"要使用的模型视图"下拉列表中选择"俯视图"选项,在"比例"下拉列表中选择"1:1"选项,将光标移至图幅范围内,单击绘图区上部区域,指定视图原点,生成视图,然后直接弹出"投影视图"对话框,单击"关闭"按钮即可。

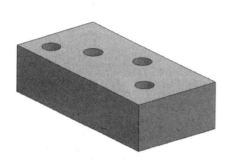

图 8-54 实体模型

图 8-55 "基本视图"对话框

（4）添加阶梯剖视图。单击"视图"命令组的 ⬚（剖视图）图标，弹出"剖视图"对话框，如图 8-56 所示。指定"截面线段"的第一个位置（孔中心），如图 8-57 所示。

图 8-56 "剖视图"对话框

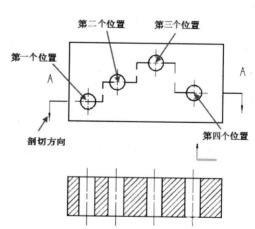

图 8-57 添加阶梯剖视图

（5）继续单击"剖视图"对话框中"截面线段"栏中的 ⊕ 图标，在绘图区单击第二个位置（孔中心），作为剖视图的剖切点。

（6）按此方法，重复步骤5，依次选择第三个和第四个位置（孔中心）。

（7）单击"视图原点"栏中的 ■（指定位置）图标，移动光标至主视图下方，指定合适位置，生成剖视图。

（8）选择"菜单"→"文件"→"保存"命令，保存文件。

🔔 特别提示

对于阶梯剖视图的生成，也可以先完成剖视图，再编辑"截面线段"，完成阶梯剖视图。如图8-58所示，右击"截面线段"，选择"编辑"命令，单击"剖视图"对话框中"截面线段"栏的 ⊕ 图标，依次选择图8-57中的其余3个孔中心，即可生成阶梯剖视图。

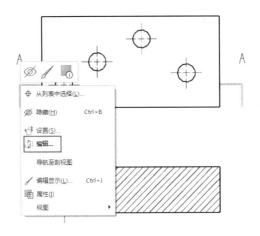

图8-58 编辑"截面线段"

8.5.3 半剖视图

从父视图中可以创建一个投影的半剖视图，添加半剖视图的步骤包括选择父视图、指定铰链线、指定弯折位置、指定剖切位置指定箭头位置和设置剖视图位置。

单击"视图"命令组的 ■（剖视图）图标，弹出"剖视图"对话框，修改"截面线"栏中的"方法"为"半剖"。

📖 【应用案例8-5】创建半剖视图

（1）打开案例文件"\chapter8\part\半剖.prt"，如图8-59所示，单击"应用模块"选项卡，在"设计"命令组中单击 ■（制图）图标，进入制图功能模块，并自动打开"工作表"对话框。

（2）创建工程图纸。选中"使用模板"单选按钮，选择视图为"A4-无视图"，单击"确定"按钮。

（3）添加基本视图。单击"视图"命令组的 ■（基本视图）图标，弹出"基本视图"对话框，如图8-60所示，在"模型视图"栏的"要使用的模型视图"下拉列表中选择"仰视图"选项，在"比例"下拉列表中选择"1:1"选项，将光标移至图幅范围内，单击绘图区左下方区域，指定视图原点，生成视图，然后直接弹出"投影视图"对话框，单击"关闭"按钮即可。

图 8-59　实体模型　　　　图 8-60　"基本视图"对话框

（4）添加半剖视图。单击"视图"命令组的 ▦（剖视图）图标，弹出"剖视图"对话框，修改"截面线"栏中的"方法"为"半剖"，如图 8-61 所示，指定生成的基本视图中右下方的两个象限点为"截面线段"的位置，将光标向上垂直移动，指定半剖视图的放置位置，如图 8-62 所示。单击鼠标左键，完成半剖视图的绘制。

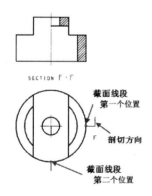

图 8-61　"剖视图"对话框　　　　图 8-62　添加半剖视图

（5）创建剖视图。以步骤4创建的视图为父视图，按照"案例8-3"中的方法创建剖视图，结果如图8-63所示。

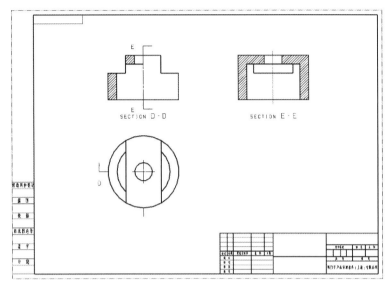

图8-63　创建剖视图结果

（6）选择"菜单"→"文件"→"保存"命令，保存文件。

8.5.4　旋转剖视图

对于旋转剖视图而言，剖切线符号包含两条支线，它们围绕通常位于圆柱形或锥形部件的轴上的公共旋转点旋转。每条支线包含一个或多个剖切段，并通过圆弧折弯段互相连接。旋转剖视图可以在公共平面上展开所有单个的剖切段。

单击"视图"命令组的 ⬚（剖视图）图标，弹出"剖视图"对话框，修改"截面线"栏中的"方法"为"旋转"。创建旋转剖视图的步骤与半剖视图类似，具体方法通过实例说明。

【应用案例8-6】创建旋转剖视图

（1）打开案例文件"\chapter8\part\旋转.prt"，如图8-64所示，单击"应用模块"选项卡，在"设计"命令组中单击 ⬚（制图）图标，进入制图功能模块，并自动打开"工作表"对话框。

（2）创建工程图纸。选中"使用模板"单选按钮，选择视图为"A3-无视图"，单击"确定"按钮。

（3）添加基本视图。单击"视图"命令组的 ⬚（基本视图）图标，弹出"基本视图"对话框，如图8-65所示，在"模型视图"栏的"要使用的模型视图"下拉列表中选择"俯视图"选项，在"比例"下拉列表中选择"2:1"选项，将光标移至图幅范围内，单击绘图区左侧区域，指定视图原点，生成视图，然后直接弹出"投影视图"对话框，单击"关闭"按钮即可。

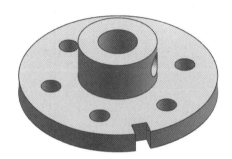

图 8-64　实体模型

图 8-65　"基本视图"对话框

（4）右击生成的基本视图边界位置，在弹出的快捷菜单中选择"设置"命令，如图 8-66 所示，弹出如图 8-67 所示的"设置"对话框。取消勾选"隐藏线"标签中的"处理隐藏线"复选框，结果如图 8-68 所示，视图中会显示隐藏的孔。

（5）单击"注释"命令组的 （2D 中心线）图标，弹出如图 8-69 所示"2D 中心线"对话框。选择刚刚显示的孔的两条轮廓线，生成该孔的中心线。

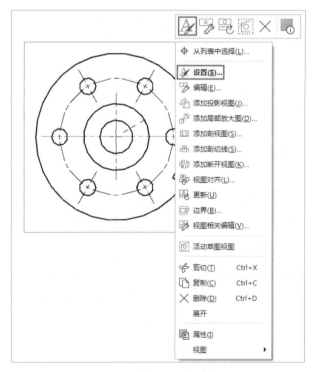

图 8-66　选择"设置"命令

图 8-67 "设置"对话框

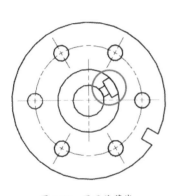

图 8-68 显示隐藏线

图 8-69 "2D 中心线"对话框

（6）添加旋转剖视图。单击"视图"命令组的 ▦（剖视图）图标，弹出如图 8-70 所示"剖视图"对话框，修改"截面线"栏中的"方法"为"旋转"。指定生成的基本视图中心点为旋转点的位置，显示的孔轮廓线与圆的交点为支线 1 的位置，外轮廓缺口直线中点为支线 2 的位置，如图 8-71 所示。单击鼠标左键，完成剖视图的绘制，剖切线方向可通过对话框中的"反转剖切方向"修改。

（7）选择"菜单"→"文件"→"保存"命令，保存文件。

图 8-70 "剖视图"对话框

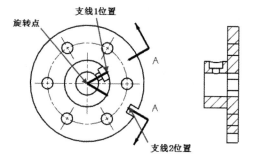

图 8-71 确定旋转点和支线的位置

8.5.5 断开剖视图

选择"菜单"→"插入"→"视图"→"断开剖视图"命令,或者单击"图纸"命令组的 (断开视图)图标,可以创建断开剖视图。

【应用案例 8-7】创建断开剖视图

(1)打开案例文件"\chapter8\part\断开剖.prt",实体模型如图 8-72 所示,单击"应用模块"选项卡,在"设计"命令组中单击 (制图)图标,进入制图功能模块,并自动打开"工作表"对话框。

(2)创建工程图纸。选中"使用模板"单选按钮,选择视图为"A3-无视图",单击"确定"按钮。

(3)添加基本视图。单击"视图"命令组的 (基本视图)图标,弹出"基本视图"对话框,在"模型视图"栏的"要使用的模型视图"下拉列表中选择"俯视图"选项,在"比例"下拉列表中选择"1:1"选项,将光标移至图幅范围内,单击绘图区中部区域,指定视图原点,生成视图,然后直接弹出

"投影视图"对话框,单击"关闭"按钮即可。

(4)添加断开剖视图。单击"视图"命令组的 (断开视图)图标,弹出如图 8-73 所示"断开视图"对话框。指定基本视图上光轴区域的两个点为"锚点"的位置,如图 8-74 所示。单击鼠标左键,完成断开剖视图的绘制,如图 8-75 所示。

图 8-72 实体模型

图 8-73 "断开视图"对话框

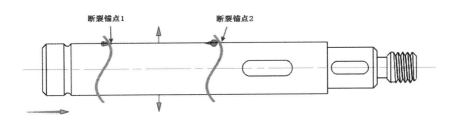
图 8-74 指定锚点

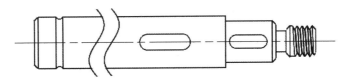
图 8-75 断开剖视图

(5)选择"菜单"→"文件"→"保存"命令,保存文件。

8.6 工程图的标注

工程图的标注功能是反映零件尺寸和公差信息的最重要的方式，本节会介绍在工程图中使用标注功能的方法。利用标注功能，可以向工程图中添加尺寸、形位公差、制图符号和文本注释等内容。

在进行 NX1847 工程图的标注时，可以使用"尺寸"命令组和"注释"命令组，如图 8-76 和图 8-77 所示。

图 8-76 "尺寸"命令组　　图 8-77 "注释"命令组

8.6.1 尺寸标注

尺寸标注用于标识工程图中图形尺寸的大小，工程图中的标注会直接引用三维模型中的尺寸，当对应的三维模型发生改变后，更新工程图视图，工程图会自动与实体模型进行关联变化。

1. 尺寸标注

在对工程图进行尺寸标注时，利用"快速尺寸"命令可满足大部分的需求。单击"尺寸"命令组的 （快速）图标，弹出"快速尺寸"对话框，如图 8-78 所示。

图 8-78 "快速尺寸"对话框

工程图模块所提供的尺寸标注的命令及其作用和操作要点如表 8-1 所示。

表 8-1　尺寸标注的命令及其作用和操作要点

图标及命令	作用和操作要点
自动判断	创建一个智能推断的尺寸，尺寸类型由选择的对象类型和光标的位置决定。这个功能在大多数条件下适用
水平	用于标注视图上的水平尺寸。在选择该选项后，选择待标注的点或线，在适当的位置单击以定义尺寸放置位置，即可完成水平标注
竖直	用于标注视图上的竖直尺寸。在选择该选项后，选择待标注的点或线，在适当的位置单击以定义尺寸放置位置，即可完成竖直标注
点到点	用于标注视图上所选平行线间的距离尺寸。在选择该选项后，选择待标注的平行线，在适当的位置单击以定义尺寸放置位置，即可完成点到点（平行）标注
垂直	用于标注视图上两对象间的垂直距离尺寸。在选择该选项后，先后选择待标注的线性对象和点对象，在适当的位置单击以定义尺寸放置位置，即可完成垂直标注
圆柱式	用于标注视图上所选圆柱的直径尺寸。在选择该选项后，选择待标注的圆柱面，在适当的位置单击以定义尺寸放置位置，即可完成圆柱式标注
斜角	用于标注视图上两直线对象间的角度尺寸。在选择该选项后，选择待标注的线性对象，在适当的位置单击以定义尺寸放置位置，即可完成斜角标注
斜倒角	用于标注视图上倒角对象的尺寸。在选择该选项后，直接选择倒角对象，在适当的位置单击以定义尺寸放置位置，即可完成斜倒角标注
径向	用于标注视图上所选圆或圆弧的半径尺寸。在选择该选项后，选择待标注圆或圆弧，在适当的位置单击以定义尺寸放置位置，即可完成径向（半径）标注。该选项在标注圆弧时，其箭头线不会延伸至圆心位置
直径	用于标注视图上所选圆或圆弧的直径尺寸。在选择该选项后，选择待标注圆或圆弧，在适当的位置单击以定义尺寸放置位置，即可完成直径标注。该选项在标注圆弧时，会自动沿圆弧的曲率绘制延伸线，并标注此圆弧的直径
厚度	用于标注视图上两条曲线（包括样条曲线）之间的厚度尺寸。从第一条曲线的选取点作法线，取法线和第二条曲线之间的交点与第一条曲线上的选取点之间的距离为厚度尺寸。在选择该选项后，分别选择两条曲线，在适当的位置单击以定义尺寸放置位置，即可完成厚度标注
弧长	用于标注视图上圆弧的弧长。在选择该选项后，选择待标注圆弧，在适当的位置单击以定义尺寸放置位置，即可完成弧长标注
坐标	用于在标注工程图中定义一个原点的位置，作为一个距离的参考点位置，从而可以明确地给出所选对象的水平或竖直坐标。在选择该选项后，先选择一个点为坐标原点，会自动生成过原点的两条直线，分别为水平基线和竖直基线；指定待标注对象，在适当的位置单击以定义尺寸放置位置，即可完成坐标标注

2. 快速尺寸标注

选择任意尺寸标注的命令，会打开如图 8-79 所示的工具栏，该工具栏的各部分功能如下所述。

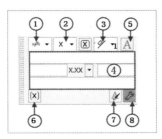

图 8-79 快速尺寸标注工具栏

1) 标注方法

快速尺寸标注方法与图 8-78 所示的一样,用户可从"方法"下拉列表中选择其中一种,也可使用默认的"自动判断",大部分的公差都可满足(圆柱式公差需专门指定)。

2) 公差类型

公差类型用于设置公差在进行尺寸标注时的显示方式。在如图 8-79 所示的快速尺寸标注工具栏中可以选择公差类型,常用的公差类型包括:等双向公差,可以设置公差的精度和公差值,如图 8-80 所示;双向公差,可以输入公差的上限值和下限值,并设置公差精度,如图 8-81 所示。

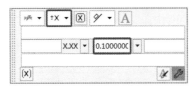   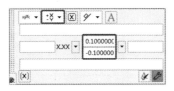

图 8-80 等双向公差   图 8-81 双向公差

3) 文本设置

文本设置用于设置尺寸文本与尺寸线的放置类型。不同的放置方法可在"制图首选项"对话框中预先设置,这里可在实际标注中修改,如图 8-82 所示。

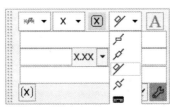

图 8-82 文本设置

4) 前/后缀

为尺寸标注添加前/后缀。如标注孔的个数。

5) 编辑附加文本

可以通过"附加文本"对话框编辑修改附加文本,如图 8-83 所示。

图 8-83 "附加文本"对话框

6）参考尺寸

单击 x （参考尺寸）图标，当前尺寸转换为参考尺寸，不再具有控制尺寸的作用。

7）文本设置

设置文本、尺寸、前/后缀的大小、格式等。

8）编辑模式

【应用案例 8-8】尺寸标注

（1）打开案例文件"\chapter8\part\半剖"，工程图如图 8-84 所示。

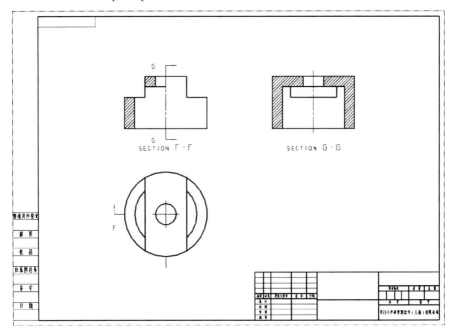

图 8-84 工程图

（2）单击"尺寸"命令组的 ![icon]（快速尺寸）图标，弹出"快速尺寸"对话框，如图 8-85 所示。

图 8-85　"快速尺寸"对话框

（3）在"测量"栏的"方法"下拉列表中选择"自动判断"选项，可完成工程图中水平和垂直的尺寸标注。

（4）在"测量"栏的"方法"下拉列表中选择"圆柱式"选项，可标注左视图中小孔直径及公差。单击左视图中小孔的两个外轮廓的点，使光标在合适区域停顿 1 秒，出现快速尺寸标注工具栏，即可标注小孔直径及公差，如图 8-86 所示。选择"双向公差"选项，在"公差"文本框中输入公差的上限值"0.01"和下限值"0"，选择公差小数位数为"2"，如图 8-87 所示。

（5）继续标注其他尺寸，结果如图 8-88 所示。

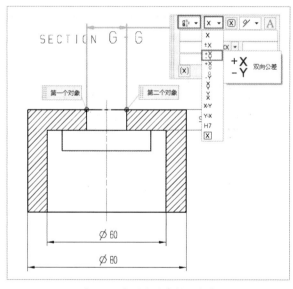

图 8-86　标注小孔直径及公差

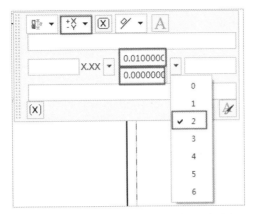

图 8-87 设置公差的上限值、下限值和小数位数

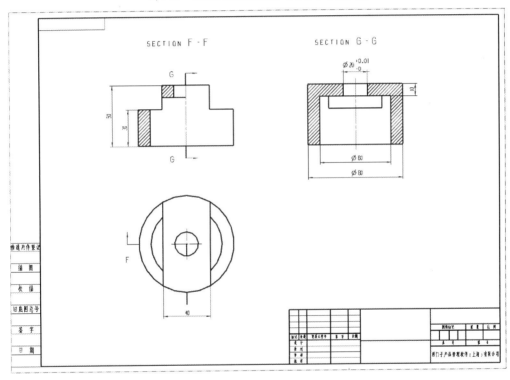

图 8-88 尺寸标注结果

8.6.2 注释编辑器

单击"注释"命令组的 **A**（注释）图标，弹出"注释"对话框，可以直接在文本框中输入文本，然后指定位置，将文本放置在图纸中，如图 8-89 所示。

（1）原点：可对制图注释使用更精确的放置方法。使用"原点工具"对话框中的选项可放置相对于几何体的注释或尺寸、其他注释或尺寸、视图，如图 8-90 所示。原点工具的一个特定用法是将某个线性尺寸的箭头与平行线性尺寸的箭头对齐。

（2）指引线：用于在现有的制图对象（如注释、标签、ID 符号和形位公差符号）上添加指引线，并设定指引线的形式。

（3）文本输入："文本输入"栏如图 8-91 所示，用于输入文本和设置文本格式，并控制组成注释的字符（如注释、标签、形位公差、尺寸等）。

（4）符号：符号类别如图 8-92 所示，下面介绍制图符号和形位公差符号。

- 制图符号：在"类别"下拉列表中选择"制图"选项，可以通过当前对话框添加各种制图符号，如图 8-92 所示。用户可在对话框中单击某制图符号图标，将其添加到注释编辑区，添加的符号会在预览区显示。如果要改变符号的字体和大小，则可以通过上方的"格式设置"栏进行编辑。在添加制图符号后，可以选择一种定位制图符号的方法，将其放到视图中的指定位置。
- 形位公差符号：在"类别"下拉列表中选择"形位公差"选项，可以向视图中添加形位公差符号、基准符号、标注格式和公差标准，如图 8-93 所示。

图 8-89　"注释"对话框

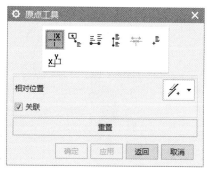

图 8-90　"原点工具"对话框

图 8-91　"文本输入"栏

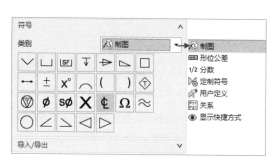

图 8-92　符号类别（制图符号）

图 8-93 符号类别（形位公差符号）

（5）设置：设置文本注释的参数选项，如文本字体、粗体方式，以及是否垂直放置文本。

8.6.3 粗糙度注释

单击"注释"命令组的 √（表面粗糙度）图标，弹出"表面粗糙度"对话框，如图 8-94 所示。

图 8-94 "表面粗糙度"对话框

该对话框由 5 部分组成。

（1）原点：用于设定表面粗糙度符号的对齐方式。

（2）指引线：用于设定指引线类型和符号，以及添加折线。

（3）属性：用于选择表面粗糙度的基本类型和参数。根据零件表面的不同要求，在"除料"下拉列表中选择合适的粗糙度类型，随着所选粗糙度类型的不同，中部所显示的标注参数（如 a1、a2、b、c、d、e、f1、f2）也不同。各参数的数值可以在下拉列表中选取，也可以自行输入。在"除料"下拉列表中选择"需要除料"选项，中部所显示的标注参数如图 8-95 所示。

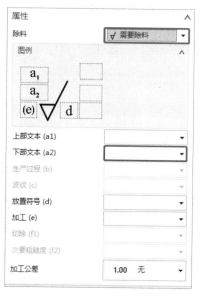

图 8-95　标注参数（需要除料）

（4）继承：用于继承所选择的表面粗糙度的各个属性。

（5）设置：用于指定标注表面粗糙度符号时是否带括号；设定表面粗糙度符号的方向；设置表面粗糙度参数的样式。

8.6.4　中心线

"注释"命令组中的中心线标注，用于向现有视图中创建线性中心线、环形中心线、圆柱中心线和对称中心线等。

1. 中心标记 ⊕

该类型用于创建通过点或圆弧的中心标记，如图 8-96 所示。操作产生的中心线与选择的圆弧或控制点是关联的。

2. 螺栓圆中心线

该类型用于通过点或圆弧创建完整或不完整的螺栓圆。螺栓圆的半径始终等于从螺栓圆中心到选取的第一个点的距离。选择同一圆周上的 3 个以上的圆弧中心或控制点，即可按指定参数插入环形中心线，如图 8-97 所示。操作产生的中心线与选择的圆弧或控制点是关联的。

3. 2D 中心线

使用曲线或控制点来限制中心线的长度，从而创建 2D 中心线。如图 8-98 所示，如果使用控制点来定义中心线（从圆弧中心到圆弧中心），则产生线性中心线。

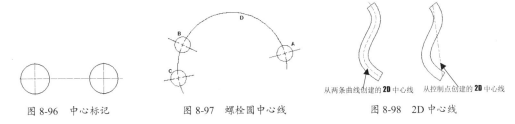

图 8-96　中心标记　　　图 8-97　螺栓圆中心线　　　图 8-98　2D 中心线

4. 3D 中心线

该类型用于在扫掠面或分析面上创建 3D 中心线，如圆柱面、锥面、直纹面、拉伸面、回转面、环面等，可采用多种选取方式来产生圆柱中心线。

（1）选择圆柱面的两端面产生圆柱中心线：设置点位置方式为圆心，再在视图中选择圆柱面的两端面即可。

（2）直接选择圆柱面产生圆柱中心线：设置点位置方式为圆柱面，再在视图中选择圆柱面，并指定圆柱中心线的起始位置和终止位置即可。

（3）在非圆柱面上产生中心线：设置点位置方式为控制点，再在视图中选择所需的两个几何对象中的控制点即可。

8.7　综合实例——壳体工程图

本节将结合前面介绍的知识，以实例的形式介绍工程图创建的具体过程和步骤。

【设计要求】

创建如图 8-99 所示的壳体工程图。

图 8-99　壳体模型

【设计思路】

（1）创建工程图图纸页。

（2）添加基本视图、旋转剖视图和局部放大图。

（3）添加尺寸标注。

（4）添加表面粗糙度标注。

（5）添加中心线。

（6）添加标题栏内容。

🖱️【设计步骤】

  1．创建工程图图纸页

（1）打开模型文件。启动 NX1847，打开案例文件 "\chapter8\part\壳体.prt"。

（2）创建工程图图纸页。单击"应用模块"选项卡，在"设计"命令组中单击 🗋（制图）图标，进入制图功能模块，打开"工作表"对话框，选中"使用模板"单选按钮，选择视图为"A3 无视图"，如图 8-100 所示。单击"确定"按钮，完成工程图图纸页的创建操作。

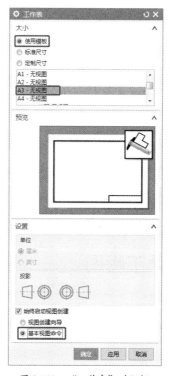

图 8-100　"工作表"对话框

  2．添加基本视图、旋转剖视图和放大视图

（1）添加俯视图。单击"视图"命令组的 🖼（基本视图）图标，弹出"基本视图"对话框，在"模型视图"栏的"要使用的模型视图"下拉列表中选择"俯视图"选项，其他选项不变，将鼠标移至图幅范围内，按照习惯指定视图放置位置在图幅的左上部，并直接弹出"投影视图"对话框，按 Esc 键退出。

（2）添加正等测图。再次单击"视图"命令组的 🖼（基本视图）图标，弹出"基本视图"对话框。在"模型视图"栏的"要使用的模型视图"下拉列表中选择"正等测图"选项，单击鼠标左键将其添加至绘图区合适位置，如图 8-101 所示。

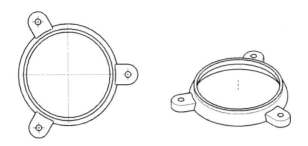

图 8-101 添加的基本视图

（3）添加旋转剖视图。单击"视图"命令组中的 (剖视图) 图标，弹出"剖视图"对话框，在"截面线"栏的"方法"下拉列表中选择"旋转"选项，如图 8-102 所示。选择父视图，指定圆心为旋转点，并定义剖切线。在适当位置放置剖视图，并在添加完毕后按 Esc 键退出，如图 8-103 所示。

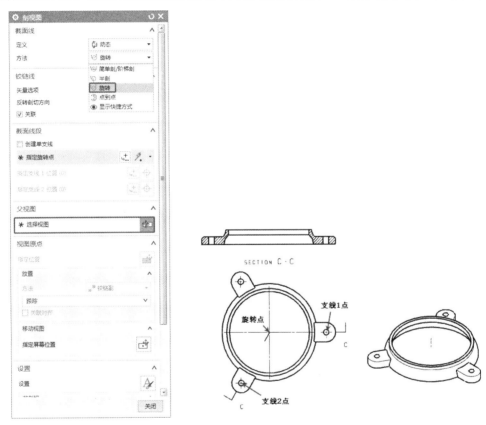

图 8-102 "剖视图"对话框　　图 8-103 添加旋转剖视图

（4）添加局部放大图。单击"视图"命令组中的 (局部放大图) 图标，弹出"局部放大图"对话框，如图 8-104 所示。在旋转剖视图需要被放大的区域的中心附近选择或创建点为放大视图的中心，移动鼠标将需要放大的区域全部包含在圆形边界内，单击鼠标左键以定义圆形边界，接受默认的放大比例为 2∶1，单击鼠标左键将局部放大图放置于合适的位置，按 Esc 键退出对话框，如图 8-105 所示。

图 8-104 "局部放大图"对话框

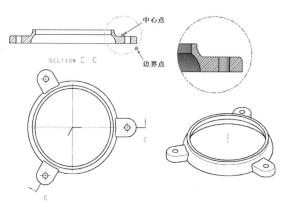

图 8-105 添加局部放大图

3. 添加尺寸标注

（1）单击"尺寸"命令组中的 （径向）图标，在弹出的对话框中，选择测量方法为"直径"，选择俯视图中的各个圆，标注其直径尺寸；单击"尺寸"命令组的 （径向）图标，选择俯视图中的圆弧，标注其半径尺寸，如图 8-106 所示。

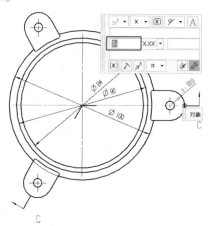

图 8-106 为俯视图添加尺寸标注

（2）单击"尺寸"命令组中的 （径向）图标，选择局部放大图中的圆角，标注半径值 R2；标注 R12、R5 和 R15，如图 8-107 所示。

（3）单击"尺寸"命令组中的 （竖直）图标，选择剖视图中的水平轮廓线，标注其竖直距离，标注结果如图 8-108 所示。

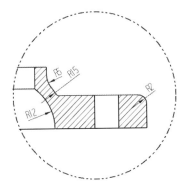

图 8-107 为局部放大图添加尺寸标注

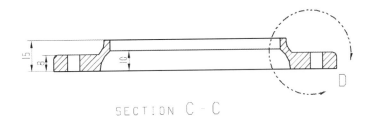

图 8-108 为剖视图添加尺寸标注

4. 添加表面粗糙度标注

(1) 单击"注释"命令组中的 √ (表面粗糙度) 图标, 弹出如图 8-109 所示的对话框。在"属性"栏的"除料"下拉列表中选择"需要除料"选项, 设置"下部文本(a_2)"为"0.8", 设置"角度"为"-90", 勾选"反转文本"复选框, 在适当的位置单击鼠标左键, 以确定粗糙度符号的位置和方向, 即可完成粗糙度符号的添加。

(2) 设置"下部文本(a_2)"为"1.6", 设置"角度"为"180", 勾选"反转文本"复选框, 标注壳体底部粗糙度。结果如图 8-110 所示。

5. 添加中心线

(1) 单击"注释"命令组的中心线下拉菜单中的 ⊕ (2D 中心线) 图标, 弹出如图 8-111 所示的对话框, 选择"从曲线"选项, 选择孔壁投影线以生成中心线, 双击壳体中心线, 适当延长长度, 如图 8-112 所示。

(2) 删除俯视图中凸耳的现有中心线。选择 3 条中心线, 按 Delete 键删除。

(3) 单击"注释"命令组的中心线下拉菜单中的 ○ (圆形中心线) 图标, 选择 3 个凸耳圆心以生成中心线, 标注其直径为"120"。

(4) 单击"视图"选项卡, 打开"图层设置"对话框, 勾选图层 170 和 173 的复选框, 单击"关闭"按钮。结果如图 8-113 所示。

图 8-109 "表面粗糙度"对话框

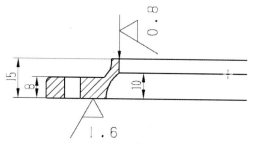

图 8-110 添加表面粗糙度标注

图 8-111 "2D 中心线"对话框

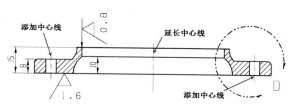

图 8-112 添加中心线

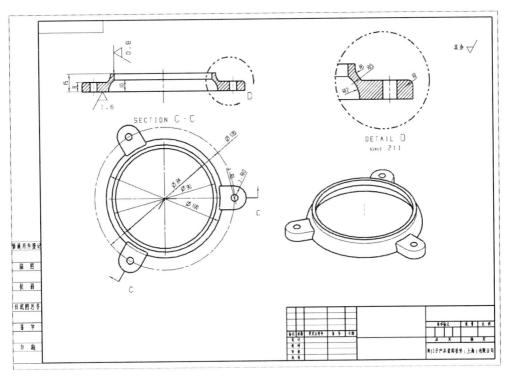

图 8-113 壳体工程图

6. 添加标题栏内容

标题栏文本框信息如图 8-114 所示。

图 8-114 标题栏文本框信息

(1) 双击标题栏中的"零件名称",在弹出的信息框中修改内容"<WRef1*0@DB_PART_NAME>"为"壳体",如图 8-115 所示。

图 8-115 修改"零件名称"

(2) 修改"材料"及"代号",方法与修改"零件名称"相似。

(3) 标题栏的右下角为设计单位,也可以修改。结果如图 8-116 所示。

图 8-116 修改后的标题栏

7. 保存文件

选择"菜单"→"文件"→"保存"命令，保存文件。

 本章小结

本章介绍了 NX1847 工程图的建立和编辑方法，包括工程图的管理、工程图的设置、视图的管理、剖视图的应用和工程图的标注等内容，并以一个实例讲述了工程图的应用方法。

 思考与练习

1．简述使用 NX1847 进行工程制图的一般过程。

2．剖视图、半剖视图、旋转剖视图和阶梯剖视图等视图的适用情况有何不同？添加各种剖视图的操作有何异同？

3．如何将制图与建模配合起来，以提高工程设计效率？

4．为如图 8-117 所示的泵体创建工程图（参照文件"\chapter8\exercise\op8_1.prt"）。

"操作提示"
- 创建工程图图纸页。
- 添加基本视图、投影视图、剖视图和局部放大图。
- 添加尺寸标注和表面粗糙度标注。

图 8-117 泵体

5．为如图 8-118 所示的矩形零件创建工程图（参照文件"\chapter8\exercise\op8_2.prt"）。

"操作提示"
- 创建工程图图纸页。
- 添加基本视图和阶梯剖视图。
- 添加尺寸标注和表面粗糙度标注。

图 8-118 矩形零件

6．为如图 8-119 所示的法兰盘创建工程图（参照文件"\chapter8\exercise\op 8_3.prt"）。

"操作提示"
- 创建工程图图纸页。
- 添加基本视图和半剖视图。
- 添加尺寸标注和表面粗糙度标注。

图 8-119 法兰盘

7．为如图 8-120 所示的齿轮轴创建工程图（参照文件"\chapter8\exercise\op 8_4.prt"）。

"操作提示"
- 创建工程图图纸页。
- 添加基本视图和各剖面视图。
- 添加尺寸标注和表面粗糙度标注。

图 8-120 齿轮轴

第 9 章

同步建模

同步建模技术的出现是 CAD 三维设计历史中的一个里程碑。由 Siemens PLM Software 推出的同步建模技术在交互式三维实体建模中是一个成熟的、突破性的技术飞跃。新技术在参数化、基于历史记录建模的基础上获得了长足进步，同时与先前技术共存。同步建模技术实时检查产品模型当前的几何条件，并且将它们与设计人员添加的参数和几何约束合并在一起，以便评估、构建新的几何模型并编辑模型，无须重复全部历史记录。

学习目标

- 特征建模与同步建模
- 设计改变命令的使用方法
- 重用数据命令的使用方法
- 几何约束变换命令的使用方法
- 尺寸约束变换命令的使用方法

9.1 三维实体建模方法

几何建模方法在经历线框建模、曲面建模后，形成实体建模方法。该方法使几何模型在计算机内部形成较多的信息，便于在 CAD/CAM 后续环节的使用，比如重心、体积、表面积计算，CAE 分析及数控加工操作。

9.1.1 三维实体在计算机内部的表示方法

三维实体在计算机内的表示方法有许多种，常用的有边界表示法、构造实体几何表示法、空间单元表示法等，并且正向着多重模式发展。下面介绍几种常用的表示方法。

1. 边界表示法（Boundary Representation）

边界表示法，简称 B-Rep 法，它的基本思想是，一个形体可以通过包容它的面来表示，而每一个面可以通过构成此面的边来描述，并且边通过点来定义，点通过 3 个坐标值来定义。如图 9-1 所示的三维实体的 B-Rep 法，就是将物体按照实体、面、边、顶点描述的，在计算机内部就存储了这种网状的数据结构。

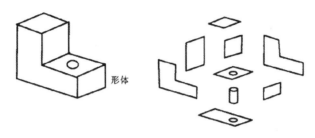

图 9-1　三维实体的 B-Rep 法

B-Rep 法强调了形体外表的细节，它详细记录了构成形体的所有几何元素的几何信息和拓扑信息，可以直接存储构成形体的各个面、面的边界及各个顶点的定义参数，这样有利于以面和边为基础进行各种运算和操作。

B-Rep 法的优点：（1）显式表示形体的点、边、面等几何元素，不需要计算边界，形体显示速度快；（2）容易确定几何元素间的链接关系；（3）可进行多种操作和运算，如线框图的绘制、有限元网格的划分、表面积及其他属性的计算、数控加工走刀轨迹计算、浓淡图像生成等。B-Rep 法的缺点：（1）数据结构复杂，存储空间大，维护内部数据困难；（2）无法提供关于实体生成过程的信息，修改形体的操作比较难实现；（3）不能保证所表示的形体一定有效，需要使用专门程序来保证 B-Rep 法表示形体的有效性和正确性等。

2. 构造立体几何法（Constructive Solid Geometry）

构造立体几何法，简称 CSG 法，是一种通过布尔运算将简单的基本体素拼合成复杂实体的描述方法。数据结构为树状结构，树叶为基本体素或变换矩阵，节点为运算，最上面的节点对应着被建模的物体，如图 9-2 所示。

CSG 法相对于 B-Rep 法的主要特点：CSG 法对物体模型的描述与该物体的生成顺序密切相关，即存储的主要是物体的生成过程。如图 9-2 所示，同一个物体完全可以通过定义不同的基本体素，经过不同的集合运算加以构造。

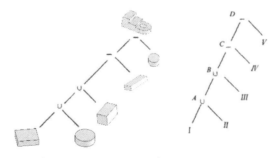

图 9-2　CSG 表示法

3. 混合模式（Hybrid Model）

混合模式是基于 B-Rep 法与 CSG 法，在同一系统中将两者结合起来，共同表示实体的方法。混合模式以 CSG 法为系统外部模型，以 B-Rep 法为系统内部模型，CSG 法适合作为用户接口，而在计算机内部会转化为 B-Rep 法的数据模型，等同于在 CSG 树状结构的节点上扩充边界法的数据结构。

混合模式是在 CSG 法的基础上进行的逻辑扩展，发挥主导作用的是 CSG 结构，B-Rep 法的存在减少了中间环节的数学计算量，可以完整地表达物体的几何、拓扑信息，便于构造产品模型。

4. 空间单元表示法

空间单元表示法，也叫分割法，其基本思想是通过一系列空间单元构成的图形来表示物体。这些单元是具有一定大小的平面或立方体，在计算机内部主要是通过定义各单元的位置是否被实体占有来表达物体的。

空间单元表示法要求具有大量的存储空间，同时它的算法比较简单，可以作为物理特性计算和有限元网格划分的基础。空间单元表示法的最大优点是便于进行局部修改及几何运算，用来描述比较复杂，尤其是内部有孔或者具有凹凸等不规则表面的实体。空间单元表示法不能表达一个物体两部分之间的关系，也没有关于点、线、面的概念。

9.1.2 特征建模概述

特征建模技术的出现被誉为 CAD/CAM 发展的里程碑，它的出现和发展为解决 CAD/CAPP/CAM 集成提供了理论基础和方法。特征是一种综合概念，它作为"产品开发过程中各种信息的载体"，除了包含零件的几何拓扑信息，还包含设计制造等过程所需要的一些非几何信息，如材料信息、尺寸信息、形状公差信息、热处理及表面粗糙度信息，以及刀具信息等。因此特征包含丰富的工程语义，是在更高层次上对几何形体上的凹腔、孔、槽等的集成描述。

由于从不同的应用角度研究特征，必然会引起特征定义的不统一。根据产品生产过程阶段不同，可以将特征区分为设计特征、制造特征、检验特征、装配特征（如位置关系、配合约束关系、链接关系、运动关系）等。根据描述信息内容不同，可以将特征区分为形状特征、精度特征、材料特征、技术特征等。

9.1.3 同步建模概述

同步建模技术是一种设计改变的方法，它强调修改一个模型的当前状态而不考虑该模型是如何构建的，以及该模型的由来、相关性或特征历史。模型可以是读入的、非相关的、无历史的或有完全特征历史的一个本地 NX 模型。

在 NX11 版本之前，用户有两种建模模式可以选择：历史记录模式（History Mode）和无历史记录模式（History-Free Mode）。在历史记录模式下，用户创建的特征会按顺序显示在部件导航器中，在编辑修改时，找到相应的特征，编辑其参数即可。从 NX11 开始，无历史记录模式被禁止使用。如果在早期版本上保存了无历史记录模式的部件，用户可以继续在无历史记录模式下编辑，并且有权限使用无历史记录模式下特有的命令。

9.2 设计改变命令

在设计过程中,我们无法避免地要对设计过程进行编辑修改,以满足零部件的功能要求。同步建模的一个重要作用就是方便快捷地实现这一目的,通过修改零部件中已存面与相邻面之间的关系来调整结构形状。

9.2.1 移动面

使用"移动面"命令可以移动实体上的一个或多个表面,并且可以自动识别和重新生成倒圆面,利用线性或角度变换方法移动选择的面,在下游应用模块(如模具、加工及仿真)中直接对模型进行更改,而无须考虑特征历史记录。

同步建模可以应用在以下场合中。

- 将一组面重新定位到不同位置以满足设计意图。
- 重新定位装配体的多个组件中的一系列面(所有组件与装配都必须在无历史记录模式下)。
- 更改无历史记录的钣金件的折弯角。
- 绕给定的轴和点旋转一个面或一组面。例如,更改键槽的角度位置。
- 将整个实体的方位更改为不同的方位,而不考虑其历史记录。

在"同步建模"命令组中单击 （移动面）图标,或者选择"菜单"→"插入"→"同步建模"→"移动面"命令,弹出"移动面"对话框,如图9-3所示。

图9-3 "移动面"对话框

1. 选择面

"选择面"用于选择要移动的一个或多个面。要使多个部件中的面可选,所有组件都必须在无历史记录模式下，并且选择范围必须设置为整个装配或工作部件和组件内部。

在利用鼠标左键选择面时，可结合上边框条中的面规则下拉列表选择"单个面""相切面"等，如图 9-4 所示。

图 9-4 面规则下拉列表

2．面查找器

"面查找器"中包含 3 个选项卡：结果、设置和参考。

（1）"结果"选项卡：列出了选择的建议面。当光标移动到列表中的选项上时，相应的面会在图形窗口中高亮显示。可以勾选相应的复选框以选择高亮显示的面。

（2）"设置"选项卡：列出了可以用来选择相关面的几何条件。如果选择一个几何条件，则"结果"选项卡会列出选中的面。

（3）"参考"选项卡：列出了可以参考的坐标系。

3．变换

在通过"移动面"命令选择面之后，可以使用尺寸和角度手柄在图形窗口中设置方向和位置参数。

（1）线性方向设置。双击尺寸手柄的距离轴（杆），或者单击 图标来定义方向，如图 9-5 所示。

（2）角度方向设置。单击尺寸手柄的角度轴（环），然后通过单击对象或使用 OrientXpress 来定义方向，如图 9-6 所示。

（3）手柄位置设置。通过单击组合的线性/角度手柄上的点并选中它，或者拖动到一个新的点，将其移到新位置，如图 9-7 所示。

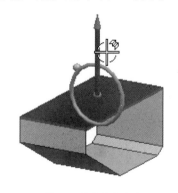 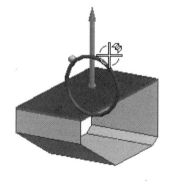 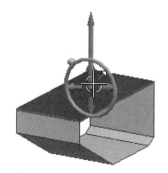

图 9-5 线性方向设置　　　图 9-6 角度方向设置　　　图 9-7 手柄位置设置

（4）角度和线性变换。拖动圆环上的角度手柄以在角度方向变换选定的面，如图 9-8 所示。拖动距离手柄以在线性方向变换选定的面，如图 9-9 所示。

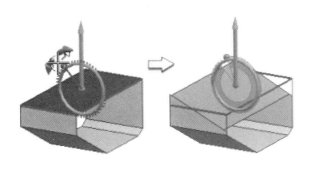

图 9-8　角度变换

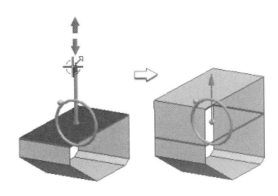

图 9-9　线性变换

在选择要移动的面后,"移动面"对话框提供了 10 种运动方法,可以结合"指定距离矢量"和"指定枢轴点"来调整,如图 9-10 所示。

图 9-10　"移动面"对话框

(1)距离-角度(Distance-Angle):提供单一线性变换、单一角度变换或两者皆有的变换方法。在"距离"和"角度"文本框中输入相应的数值或默认值即可。

(2)距离(Distance):定义沿某一矢量移动一定距离的变换。在"距离"文本框中输入相应的数值或默认值即可。

（3）角度（Angle）：定义绕一轴的旋转角的变换。

（4）点之间距离（Distance between Points）：沿一轴在一原点和一测量点间距离定义变换。

（5）径向距离（Radial Distance）：在一测量点和一轴间距离定义变换。其中，距离是法向于轴测量的。

（6）点到点（Point to Point）：定义在两点间，从一点到另一点的变换。

（7）根据三点旋转（Rotate by Three Points）：定义绕一轴旋转、角度在三点间测量的变换。

（8）将轴与矢量对齐（Align Axis to Vector）：定义绕一支点旋转一轴，使该轴与一参考矢量平行的变换。

（9）坐标系到坐标系（CSYS to CSYS）：定义在两个坐标系间，从一坐标系到另一坐标系的变换。

（10）增量XYZ（Delta XYZ）：过使用直角坐标系（XC、YC和ZC）指定距离和方向的变换。

【应用案例 9-1】

本例用来说明如何使用面查找器及"移动面"对话框的"距离"和"角度"选项来移动选定的面。

（1）打开案例文件"\chapter9\part\face.prt"，零件模型如图9-11所示。

图9-11 零件模型

（2）在"同步建模"命令组中单击 （移动面）图标，或者选择"菜单"→"插入"→"同步建模"→"移动面"命令。

（3）在上边框条中，设置面规则为"单个面"，并选择要移动的面，如图9-12所示。

图9-12 选择要移动的面

（4）在"面查找器"的"结果"选项卡中，勾选"相切"复选框。零件模型上与上一步中选中的面相切的面反色,在此变为被选状态,如图 9-13 和图 9-14 所示。

图 9-13 勾选"相切"复选框

图 9-14 选中的面

(5)在"面查找器"的"结果"选项卡中,勾选"共轴"复选框。零件模型上与上一步中选中的面共轴的面反色,在此变为被选状态,如图 9-15 和图 9-16 所示。

图 9-15 勾选"共轴"复选框

图 9-16 选中的面

（6）将距离轴手柄的圆锥头拖动到要将面移动到的点，或者在"距离"文本框中键入值。

（7）单击"确定"或"应用"按钮，移动选定的面，结果如图 9-17 所示。

图 9-17　移动选中的面后的结果

9.2.2　拉出面

使用"拉出面"命令可以从面区域中派生体积，然后使用此体积修改模型。它会保留已拉出面的区域，并且不修改相邻面。该命令虽然类似于"移动面"命令，但"拉出面"命令可以用于添加或减去一个新体积，而"移动面"命令则用于修改现有的体积。其操作结果类似于使用"实体建模"部分的"拉伸"命令的结果。

在"同步建模"命令组中单击 （拉出面）图标，或者单击"菜单"→"插入"→"同步建模"→"拉出面"命令，弹出"拉出面"对话框，如图 9-18 所示。

图 9-18　"拉出面"对话框

选择要拉出的面，如图 9-19 所示，拖动距离手柄，或者在"距离"文本框中输入数值，完成拉出面操作，结果如图 9-20 所示。

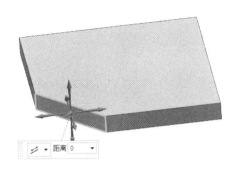
图 9-19 选择要拉出的面

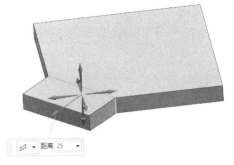
图 9-20 完成拉出面操作的结果

"拉出面"对话框提供的运动方法包含"距离"、"点之间的距离"、"径向距离"和"点到点",其操作方法与"移动面"对话框中的相似。

9.2.3 偏置区域

使用"偏置区域"命令可以从当前位置偏置一组面并调整相邻面,可以通过一个步骤偏置一组面或整个体,并且可以自动重新生成相邻圆角。

该命令便于在零件设计完毕后进行模具或铸件的设计。该命令类似于"实体建模"部分的"偏置面"命令,不同的是,使用"偏置面"命令无法自动生成相邻面的圆角。

在"同步建模"命令组中单击 (偏置区域)图标,或者选择"菜单"→"插入"→"同步建模"→"偏置区域"命令,弹出"偏置区域"对话框,如图 9-21 所示。

图 9-21 "偏置区域"对话框

选择要偏置的面,如图 9-22 所示,拖动距离手柄,或者在"距离"文本框中输入数值,完成偏置区域操作,结果如图 9-23 所示。

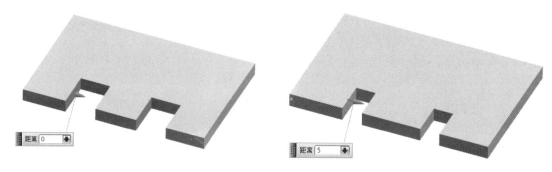

图 9-22 选择要偏置的面　　　　　　　　图 9-23 偏置区域操作的结果

9.2.4 替换面

使用"替换面"命令可以用一组面替换另一组面。该命令可以实现以下功能。

- 使用一个或多个面或单个基准平面替换一组面，所选的替换面可以来自不同的体，也可以来自与要替换的面相同的体。
- 可以替换实体面或片体面。
- 可以替换具有开放边界的面。
- 当替换面是单个面时，自动重新对相邻的圆角进行倒圆。
- 替换面可以延伸以使其与体完全相交。
- 可以对替换面进行偏移。
- 可以在非参数化模型上使用"替换面"命令。

在"同步建模"命令组中单击 (替换面)图标，或者选择"菜单"→"插入"→"同步建模"→"替换面"命令，弹出"替换面"对话框，如图 9-24 所示。

图 9-24 "替换面"对话框

在选择要替换的面后，单击鼠标中键或左键激活"替换面"选项，然后选择替换面，结果如图 9-25 和 9-26 所示。

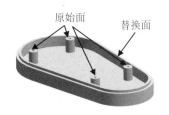

图 9-25 选择替换面　　　图 9-26 偏置值为零的结果

当在"偏置"下的"距离"文本框中输入数值后,要替换的面将在替换面的基础上产生新的距离,如图 9-27 所示。

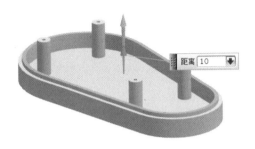

图 9-27 偏置值为 10 的结果

9.2.5 调整面大小

使用"调整面大小"命令可以更改圆柱面、圆锥面或球面的直径,并自动更新相邻的圆角面。该命令可以实现以下功能。

- 更改一组圆柱面,使它们具有相同的直径。
- 更改一组圆锥面,使它们具有相同的半角。
- 更改一组球面,使它们具有相同的直径。
- 使用任意参数更改重新创建相连的圆角。

"调整面大小"命令无法用于部件导航器中列出的特征。

【应用案例 9-2】

本例用来演示如何更改不包含参数的圆柱面的大小。

(1)打开案例文件"\chapter9\part\Resize_face.prt",零件实体如图 9-28 所示。

图 9-28 零件实体

（2）在"同步建模"命令组中单击 (调整面大小) 图标，或者选择"菜单"→"插入"→"同步建模"→"调整面大小"命令，弹出"调整面大小"对话框，如图9-29所示。

（3）选择要调整大小的圆柱面，如图9-30所示。

（4）在"直径"文本框中输入面直径的新值。

（5）单击"确定"或"应用"按钮，如图9-31所示。

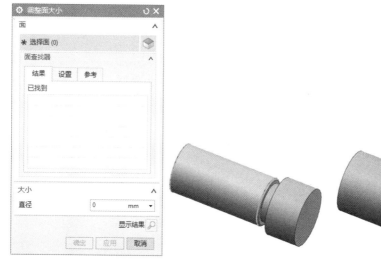

图 9-29 "调整面大小"对话框　　图 9-30 选择要调整大小的圆柱面　　图 9-31 调整面大小的结果

9.2.6 调整圆角大小

使用"调整圆角大小"命令可以更改圆角面的半径，可以不考虑它们的特征历史记录。"调整圆角大小"命令用于被转换的文件及非参数化的实体。该命令常用于注塑件和铸件的设计。

在"同步建模"命令组中单击 (调整圆角大小) 图标，或者选择"菜单"→"插入"→"同步建模"→"调整圆角大小"命令，弹出如图9-32所示的对话框。

图 9-32 "调整圆角大小"对话框

在选择要调整的圆角后，"半径"文本框中会显示当前圆角的大小。重新输入数值，模型即可自动调整圆角半径，并改变与之相邻的面的相交状态，如图9-33和图9-34所示。

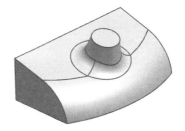

图 9-33 选择要调整的圆角　　　　　　　图 9-34 调整圆角大小后的结果

9.2.7 调整倒斜角大小

使用"调整倒斜角大小"命令可以更改倒斜角的大小或类型(对称偏置、非对称偏置、偏置和角度)。在使用此命令时,选择的面需要遵循以下原则。

- 必须是平面或圆柱面。
- 必须是固定的宽度。
- 不能是由其他倒角构造的面。

在"同步建模"命令组中单击 (调整倒斜角大小)图标,或者选择"菜单"→"插入"→"同步建模"→"调整倒斜角大小"命令,弹出如图 9-35 所示的对话框。

图 9-35 "调整倒斜角大小"对话框

在选择要调整的倒斜角后,"横截面"下拉列表中会显示当前倒斜角的类型,"偏置 1"、"偏置 2" 和"角度"文本框中会显示当前倒斜角的大小。重新选择横截面类型并输入数值,模型即可自动调整倒斜角的类型和大小,并改变与之相邻的面的相交状态,如图 9-36 和图 9-37 所示。

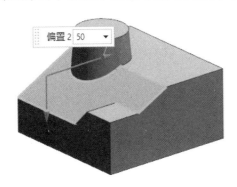
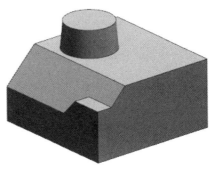

图 9-36 选择要调整的倒斜角　　　　　　图 9-37 调整倒斜角后的结果

9.2.8 删除面

使用"删除面"命令可以删除选定的几何体或孔。该命令可以用来自动修复或保留删除面在模型中留下的开放区域，保留相邻圆角，或者将单个体分割为多个体。

在历史建模过程中，在删除一个面之后，"删除面"特征会出现在模型的历史记录中。与任何其他特征一样，该特征可以被编辑或删除。

在"同步建模"命令组中单击 （删除面）图标，或者选择"菜单"→"插入"→"同步建模"→"删除面"命令，会弹出如图 9-38 所示的对话框，可以在此选择删除面类型，如图 9-39、图 9-40 和图 9-41 所示。

图 9-38　"删除面"对话框　　　　图 9-39　删除面类型为"圆角"时的对话框

图 9-40　删除面类型为"孔"时的对话框　　图 9-41　删除面类型为"圆角大小"时的对话框

1. 类型

（1）面：用于选择一个或多个要删除的面。

（2）圆角：用于选择要删除的圆角面。圆角可以是恒定半径的或可变半径的圆角，也可以是凹口的圆角。

（3）孔：用于选择要删除的孔。

（4）圆角大小：用于选择小于或等于输入半径值的圆角面。

2. 面

当删除面类型为"面"时，设置面规则为"单个面"，选择要删除的面，如图 9-42 所示，弹出如

图 9-43 所示的"警报"对话框。继续选择面,直到被选择的面与零件表面可以形成一个虚拟的实体即可。设置面规则为"键槽面",如图 9-44 所示,选择要删除的一个面,结果如图 9-45 所示。

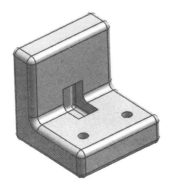

图 9-42 选择要删除的面　　　　　　　图 9-43 "警报"对话框

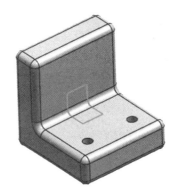

图 9-44 设置面规则为"键槽面"　　　图 9-45 删除面结果

当删除面类型为"圆角"时,可以设置面规则为"单个面"或"相连圆角面",再选择单个圆角面或相连的多个圆角面,结果如图 9-46 和 9-47 所示。

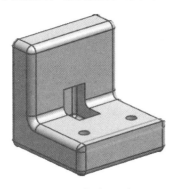

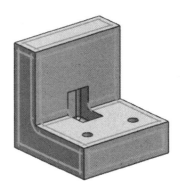

图 9-46 选择单个圆角面　　　　　　　图 9-47 选择相连的多个圆角面

当删除面类型为"孔"时,在"要删除的孔"栏中会显示"按尺寸选择孔"复选框,在"孔尺寸<="文本框中输入一个直径的数值,则小于或等于该尺寸的孔会被选中。

在如图 9-40 所示的对话框中,勾选"按尺寸选择孔"复选框,并在"孔尺寸<="文本框中输入"10",单击鼠标左键或按 Enter 键,选择一个孔表面,结果如图 9-48 所示。

当删除面类型为"圆角大小"时，可以在"圆角大小<="文本框中输入一个半径的数值，则小于或等于该尺寸的圆角会被选中。在如图 9-41 所示的对话框中，在"圆角尺寸<="文本框中输入"5"，单击鼠标左键或按 Enter 键，选择一个圆角表面，结果如图 9-49 所示。

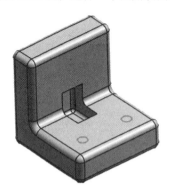
图 9-48　删除孔结果

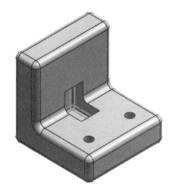
图 9-49　删除圆角结果

9.3　重用数据命令

在同步建模技术中，使用重用（Reuse）数据命令可以重用一个零件中的一个面或一组面。使用重用数据命令可以方便地修改一个模型，这个模型可以是读入的、非相关的、无特征的，或者可以是一个 NX 模型。

9.3.1　复制面

使用"复制面"命令可以从体中复制一组面。复制的面集形成片体，可以将其粘贴到相同的体或不同的体中。

在"同步建模"命令组中单击 （复制面）图标，或者选择"菜单"→"插入"→"同步建模"→"重用"→"复制面"命令，弹出如图 9-50 所示的对话框。

"复制面"对话框中的内容与"移动面"对话框中的相似。在结合面规则下拉列表选择要复制的面后，"面查找器"中会出现不同性质的复选框，便于面集的复制和粘贴。在"变换"栏的"运动"下拉列表中包含 9 个选项，含义与"移动面"对话框中的"运动"选项一样，这里不再赘述。

在"粘贴"栏中有一个"粘贴复制的面"复选框，在勾选该复选框后，表示选定的面会经过指定的运动方式，在新的位置与实体进行布尔操作（布尔合并或布尔减去），否则，复制的面会独立于实体之外，形成一个独立的片体。

图 9-50 "复制面"对话框

【应用案例 9-3】

本例用来说明如何复制与粘贴面。

(1) 打开案例文件 "\chapter9\part\copy_paste.prt"，实体模型如图 9-51 所示。

图 9-51 实体模型

(2) 在"同步建模"命令组中单击 (复制面) 图标，或者选择"菜单"→"插入"→"同步建模"→"重用"→"复制面"命令。

(3) 在上边框条中，设置面规则为"筋板面"，并选择复制面，如图 9-52 所示。

图 9-52 选择复制面

（4）在"变换"栏的"运动"下拉列表中选择"距离"选项作为方法。

（5）在"距离"文本框中输入"50"，或者在图形窗口中将箭头拖动一段所需的距离。

（6）在"粘贴"栏中勾选"粘贴复制的面"复选框，复制的面将自动延伸，如图 9-53 所示；不勾选该复选框，结果如图 9-54 所示，此时复制的面独立于实体之外。

图 9-53　复制面结果（一）　　　　图 9-54　复制面结果（二）

（7）单击"确定"或"应用"按钮。

9.3.2　剪切面

使用"剪切面"命令可以从体中复制一组面，然后从体中删除这些面，该命令是"复制面"命令和"删除面"命令的结合。也可以使用同样的命令将剪切面粘贴在相同的体中。

【应用案例 9-4】

（1）打开案例文件"\chapter9\part\copy_paste.prt"，实体模型如图 9-55 所示。

图 9-55　实体模型

（2）在"同步建模"命令组中单击 (剪切面)图标，或者选择"菜单"→"插入"→"同步建模"→"重用"→"剪切面"命令。

（3）在上边框条中，设置面规则为"筋板面"并选择剪切面，如图9-56所示。

图9-56 选择剪切面

（4）在"变换"栏的"运动"下拉列表中选择"距离"选项作为方法。

（5）在"距离"文本框中输入"50"，或者在图形窗口中将箭头拖动一段所需的距离。

（6）在"粘贴"栏中勾选"粘贴复制的面"复选框，复制的面将自动延伸，结果如图9-57所示。此时剪切的面独立于实体之外。

图9-57 剪切面结果

（7）单击"确定"或"应用"按钮。

9.3.3 粘贴面

使用"粘贴面"命令可以将片体粘贴到实体中，使片体与实体进行布尔操作（布尔合并或布尔减去）形成新的实体。片体可以是通过"剪切面"或"复制面"命令得到的，也可以是已经存在的片体。

在"同步建模"命令组中单击 (粘贴面)图标，或者选择"菜单"→"插入"→"同步建模"→"重用"→"粘贴面"命令，弹出如图9-58所示的对话框。

"粘贴面"对话框中的目标体和工具体与普通布尔操作中的含义一样，但目标体是一个实体，工具体是一个片体。在"粘贴选项"下拉列表中包含3个选项："自动"、"加上"和"减去"。其中，"自动"选项用于将选定的片体自动粘贴到目标体上。系统将所需的增加或减去体积属性添加在边界上，并自动进行增加或减去的操作。当工具体源自"剪切面"或"复制面"命令时，此选项最好用。如果工具体不是源自"剪切面"或"复制面"命令的,则 NX 软件中可能会缺少用于确定增加或减去体积属性的必要信息,这时,用户必须选择"加上"或"减去"选项。

图 9-58 "粘贴面"对话框

【应用案例 9-5】

在应用案例 9-4 中步骤 6 结果的基础上进行粘贴面操作。

(1)在"同步建模"命令组中单击 (粘贴面)图标,或者选择"菜单"→"插入"→"同步建模"→"重用"→"粘贴面"命令。

(2)选择实体为目标体。

(3)选择剪切后形成的片体为工具体。选择"粘贴选项"为"自动"。

(4)单击"确定"或"应用"按钮,结果如图 9-59 所示。

图 9-59 粘贴面结果

9.3.4 镜像面

使用"镜像面"命令可以复制一组面,相对于一个平面或基准平面对其进行镜像,并将其粘贴到同一个实体或片体中。

在"同步建模"命令组中单击 (镜像面)图标,或者选择"菜单"→"插入"→"同步建模"→"重用"→"镜像面"命令,弹出如图 9-60 所示的对话框。

图 9-60 "镜像面"对话框

面的选择依然可以借助于面规则下拉列表和"镜像面"对话框中的选项,选择单个面或其他形式的面集。在"镜像平面"栏的"平面"下拉列表中有两个选项:"现有平面"和"新平面"。

【应用案例 9-6】

本例用来说明如何创建一组镜像面,根据定义的平面来完成镜像操作。

(1)打开案例文件"\chapter9\part\mirror_face.prt",实体模型如图 9-61 所示。

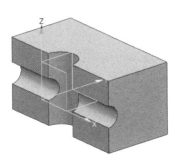

图 9-61 实体模型

(2)在面规则下拉列表中选择"单个面"选项,选择要镜像的面,如图 9-62 所示。

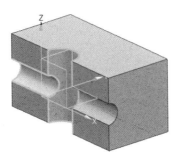

图 9-62 选择要镜像的面

（3）在"镜像平面"栏的"平面"下拉列表中选择"现有平面"选项，选择基准平面为 XZ 面，结果如图 9-63 所示。

图 9-63　镜像结果

（4）单击"确定"或"应用"按钮。

9.3.5　阵列面

使用"阵列面"命令可以以矩形、圆的形式复制一组面，或者镜像一组面，并将其添加到体中。"阵列面"命令不同于"阵列特征"命令，具体表现在以下几个方面。

- 可以选择一组要复制的面，而不是一组特征。
- 结果是只有一个特征，而不是多个特征的实例化副本。

在"同步建模"命令组中单击 （阵列面）图标，或者选择"菜单"→"插入"→"同步建模"→"重用"→"阵列面"命令，弹出如图 9-64 所示的对话框。

图 9-64　"阵列面"对话框

阵列面类型包含 8 种：矩形阵列、圆形阵列、多边形阵列、平面螺旋阵列、沿曲线阵列、常规阵列、参考阵列和螺旋线阵列。这些阵列的含义及方法与"实体建模"部分的相似，如图 9-65 所示。

图 9-65　阵列面类型

【应用案例 9-7】

本例用来说明如何创建面的矩形阵列。

（1）打开案例文件"\chapter9\part\pattern_face.prt"，三维实体如图 9-66 所示。

（2）在"同步建模"命令组中单击 （阵列面）图标，或者选择"菜单"→"插入"→"同步建模"→"重用"→"阵列面"命令。

（3）设置面规则为"凸台面或腔面"，选择图中圆形凸台的任何一个面，凸台面会自动全部高亮。

（4）指定"方向 1"和"方向 2"的矢量、数量和节距。阵列结果如图 9-67 所示。

图 9-66　三维实体

图 9-67　阵列结果

（5）单击"确定"或"应用"按钮。

9.4 几何约束变换命令

几何约束变换命令通过约束一个面来移动其他的面，实现两者之间的某种约束关系。

9.4.1 设为共面

使用"设为共面"命令来移动一个或一组面，可以使其与另一个面或基准平面共面。

在"同步建模"命令组中单击 （设为共面）图标，或者选择"菜单"→"插入"→"同步建模"→"相关"→"设为共面"命令，弹出如图 9-68 所示的对话框。

图 9-68 "设为共面"对话框

1．运动面

运动面就是要移动的平面，通过移动可使其与选定的固定面共面。

2．固定面

固定面为平面或基准平面，会在选定的运动面变换成与其共面的过程中保持固定。固定面可以与运动面属于同一个体，也可以属于不同的体。

3．运动组

"运动组"用于根据与运动面的相关性，指定要移动的其他平面。运动面可用作"面查找器"和共面变换的种子面。通过"运动组"指定的面必须与运动面位于同一个体上。

4．面查找器

"面查找器"用于根据面的几何形状与选定面的比较结果来选择面，其包含的"结果"选项卡、"设置"选项卡和"参考"选项卡与前面的"移动面"对话框中的含义一致。

【应用案例 9-8】

本例用来说明如何使现存的两个面共面。

（1）打开案例文件 "\chapter9\part\coplanar.prt"，实体模型如图 9-69 所示。

（2）在"同步建模"命令组中单击 （设为共面）图标，或者选择"菜单"→"插入"→"同步建模"→"相关"→"设为共面"命令。

（3）选择运动面和固定面（见图 9-69），结果如图 9-70 所示。

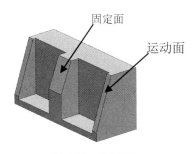

图 9-69 实体模型　　　　图 9-70 共面结果

（4）单击"确定"或"应用"按钮。

9.4.2 设为共轴

使用"设为共轴"命令可以将一个面与另一个面或基准轴设为共轴。

在"同步建模"命令组中单击 （设为共轴）图标，或者选择"菜单"→"插入"→"同步建模"→"相关"→"设为共轴"命令，弹出如图 9-71 所示的对话框。

图 9-71 "设为共轴"对话框

"设为共轴"对话框中的各选项与"设为共面"对话框中的相似。

【应用案例 9-9】

本例用来说明如何使现存的两个面共轴。

(1)打开案例文件"\chapter9\part\coaxial.prt",实体模型如图 9-72 所示。

(2)在"同步建模"命令组中单击 (设为共轴)图标,或者选择"菜单"→"插入"→"同步建模"→"相关"→"设为共轴"命令。

(3)选择凸台外周面作为运动面,选择孔面或基准轴作为固定面,结果如图 9-73 所示。

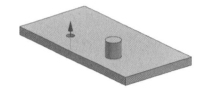

图 9-72 实体模型

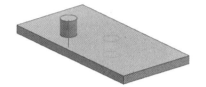

图 9-73 共轴结果

(4)单击"确定"或"应用"按钮。

9.4.3 设为相切

使用"设为相切"命令可以将一个面设为与另一个面或基准平面相切,可选择的面的类型包含平面、圆柱面、球面、圆锥面、圆环面和基准平面。

在"同步建模"命令组中单击 (设为相切)图标,或者选择"菜单"→"插入"→"同步建模"→"相关"→"设为相切"命令,弹出如图 9-74 所示的对话框。

图 9-74 "设为相切"对话框

"设为相切"对话框中的各选项与"设为共面"对话框中的相似。其中,"通过点"栏用于指定转换时的运动面必须要经过的一个点,可以使转换更加可控和可预测,但此选项并不是必需的。

【应用案例 9-10】

本例用来说明如何使现存的两个面相切。

(1) 打开案例文件"\chapter9\part\tagent.prt",实体模型如图 9-75 所示。

图 9-75 实体模型

(2) 在"同步建模"命令组中单击 (设为相切)图标,或者选择"菜单"→"插入"→"同步建模"→"相关"→"设为相切"命令。

(3) 选择运动面和固定面,结果如图 9-76 所示。

(4) 在实体的边缘指定一个点作为相切点,结果如图 9-77 所示。

图 9-76 相切结果　　　　　　　图 9-77 指定相切点

(5) 单击"确定"或"应用"按钮。

9.4.4 设为对称

使用"设为对称"命令可以将一个面设为与另一个面关于对称平面对称。

在"同步建模"命令组中单击 (设为对称)图标,或者选择"菜单"→"插入"→"同步建模"→"相关"→"设为对称"命令,弹出如图 9-78 所示的对话框。

"设为对称"对话框中的"运动面"、"固定面"及"运动组"栏的含义与"设为共面"对话框中的相似,但选择的运动面和固定面的类型要一致。对称面是指实体上存在或新建的平面,设为对称操作会以此面为对称面固定一侧的实体并将其对称到另一侧。

图 9-78 "设为对称"对话框

【应用案例 9-11】

本例用来说明如何使现存的两个面对称。

（1）打开案例文件"\chapter9\part\symmetric.prt"，实体模型如图 9-79 所示。

图 9-79 实体模型

（2）在"同步建模"命令组中单击 ![icon]（设为对称）图标，或者选择"菜单"→"插入"→"同步建模"→"相关"→"设为对称"命令。

（3）选择运动面、对称面和固定面，如图 9-80 和图 9-81 所示。

（4）单击"确定"或"应用"按钮。

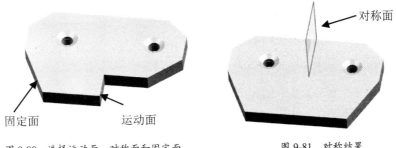

图 9-80 选择运动面、对称面和固定面　　　　图 9-81 对称结果

9.4.5 设为平行

使用"设为平行"命令可以将一个平面设为与另一个平面或基准平面平行。

在"同步建模"命令组中单击 (设为平行)图标,或者选择"菜单"→"插入"→"同步建模"→"相关"→"设为平行"命令,弹出如图 9-82 所示的对话框。

图 9-82 "设为平行"对话框

"设为平行"对话框中的"运动面"、"固定面"及"运动组"栏的含义与"设为共面"对话框中的相似。"通过点"用于指定应用变换时运动面必须穿过的点。此选项并不是必需的,指定通过点可以使变换更清晰并得到想要的结果。

【应用案例 9-12】

本例用于说明如何使现存的两个面平行。

（1）打开案例文件"\chapter9\part\ parallel.prt"，实体模型如图 9-81 所示。

（2）在"同步建模"命令组中单击 （设为平行）图标，或者选择"菜单"→"插入"→"同步建模"→"相关"→"设为平行"命令。

（3）选择运动面、固定面和固定点，结果如图 9-84 所示。

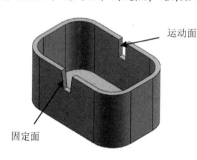

图 9-83　实体模型　　　　　　　图 9-84　平行结果

（4）单击"确定"或"应用"按钮。

9.4.6　设为垂直

使用"设为垂直"命令可以将一个平面设为与另一个平面或基准平面垂直。

在"同步建模"命令组中单击 （设为垂直）图标，或者选择"菜单"→"插入"→"同步建模"→"相关"→"设为垂直"命令，弹出如图 9-85 所示的对话框。

图 9-85　"设为垂直"对话框

"设为垂直"对话框中的"运动面"、"固定面"、"通过点"及"运动组"栏的含义与"设为平行"对话框中的相似。

【应用案例 9-13】

本例用来说明如何使现存的两个面垂直。

(1) 打开案例文件"\chapter9\part\vertical.prt",实体模型如图 9-86 所示。

(2) 在"同步建模"命令组中单击 (设为垂直) 图标,或者选择"菜单"→"插入"→"同步建模"→"相关"→"设为垂直"命令。

(3) 选择运动面、固定面和固定点,结果如图 9-87 所示。

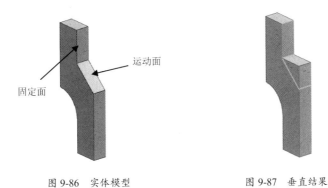

图 9-86 实体模型　　图 9-87 垂直结果

(4) 单击"确定"或"应用"按钮。

9.5　尺寸约束变换命令

尺寸约束变换命令通过在实体上增加线性或角度等尺寸约束改变实体某一部位。

9.5.1　线性尺寸

使用"线性尺寸"命令可以将线性尺寸添加到面的边,并更改尺寸的值,从而移动一组面。

在"同步建模"命令组中单击 (线性尺寸)图标,或者选择"菜单"→"插入"→"同步建模"→"尺寸"→"线性尺寸"命令,弹出如图 9-88 所示的对话框。

(1) 原点:用于指定尺寸的原点或基准平面。在激活该选项后,可利用上边框条中的 (捕捉点)图标,方便选择对象。

(2) 测量:用于指定尺寸的测量点,该点或边是可以移动的点或边。在激活该选项后,可利用上边框条中的 (捕捉点)图标,方便选择对象。

(3) 位置:用于相对于选定对象指定尺寸的位置。可以通过单击定位平面与方向手柄,并拖动尺寸线或输入数值来更改移动对象的位置。选择不同的移动对象和方向,可以改变移动对象的线性位置或角度位置。

图 9-88 "线性尺寸"对话框

(4) 要移动的面：用于选择要移动的一个或多个面。在选定原点后，可在此显示选定对象的数量，激活该选项可继续增加要移动的对象。

(5) 面查找器：包含"结果"、"设置"和"参考"3 个选项卡，用法及含义同前。

(6) 距离：用于指定要移动的对象的移动数值。在不同的情况下，该值可能是线性尺寸，也可能是角度尺寸。

【应用案例 9-14】

本例用来说明如何通过修改线性尺寸更改实体。

(1) 打开案例文件"\chapter9\part\dimension.prt"，实体模型如图 9-89 所示。

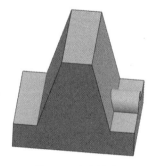

图 9-89 实体模型

(2) 在"同步建模"命令组中单击 （线性尺寸）图标，或者选择"菜单"→"插入"→"同步建模"→"尺寸"→"线性尺寸"命令。

（3）选择原点和测量对象，系统默认的移动方向为水平方向，在"距离"文本框中输入"60"，结果如图 9-90 所示。

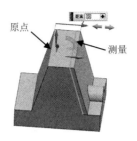

图 9-90　修改线性尺寸结果

（4）单击"确定"或"应用"按钮。

9.5.2　角度尺寸

使用"角度尺寸"命令可以向模型添加角度尺寸并更改该值，从而移动一组面。

在"同步建模"命令组中单击 △（角度尺寸）图标，或者选择"菜单"→"插入"→"同步建模"→"尺寸"→"角度尺寸"命令，弹出如图 9-91 所示的对话框。

图 9-91　"角度尺寸"对话框

"角度尺寸"对话框中的前5项与"线性尺寸"对话框中的含义一致。

（1）角度：指定原点对象和测量对象之间的角度。可以通过在"角度"文本框中输入角度值或拖动角度手柄来移动选定的面。

（2）内错角：将当前角度值转换为其补值。例如，当前角度为90°，选择此选项会将其转换为相对的值（270°）。

【应用案例9-15】

本例用来说明如何通过修改角度尺寸来改变实体。

（1）打开案例文件"\chapter9\part\dimension.prt"，实体模型如图9-92所示。

（2）在"同步建模"命令组中单击 (角度尺寸)图标，或者选择"菜单"→"插入"→"同步建模"→"尺寸"→"角度尺寸"命令。

（3）选择原点和测量对象，指定尺寸放置位置，并在"角度"文本框中输入"40"。修改角度结果如图9-93所示。

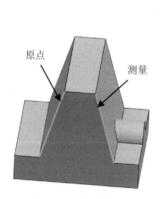

图9-92 实体模型

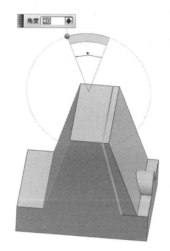

图9-93 修改角度尺寸结果

（4）单击"确定"或"应用"按钮。

9.5.3 径向尺寸

使用"径向尺寸"命令可以通过添加径向尺寸并修改其值来移动一组圆柱面或球面，或者具有圆周边的面。

在"同步建模"命令组中单击 (径向尺寸)图标，或者选择"菜单"→"插入"→"同步建模"→"尺寸"→"径向尺寸"命令，弹出如图9-94所示的对话框。

第 9 章　同步建模

图 9-94　"半径尺寸"对话框

【应用案例 9-16】

本例用来说明如何修改径向尺寸。

（1）打开案例文件 "\chapter9\part\ dimension.prt"。

（2）在"同步建模"命令组中单击 ![icon]（径向尺寸）图标，或者选择"菜单"→"插入"→"同步建模"→"尺寸"→"径向尺寸"命令。

（3）选择修改对象，并输入半径或直径值，修改径向尺寸结果如图 9-95 所示。

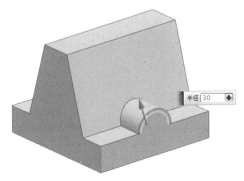

图 9-95　修改径向尺寸结果

（4）单击"确定"或"应用"按钮。

 本章小结

本章详细讲解了同步建模的常用命令，包括设计改变命令，如移动面、拉出面、偏置区域、替换面等；重用数据命令，如复制面、镜像面和阵列面等；还讲解了几何约束交换命令、尺寸约束变换命令的使用方法，旨在帮助我们熟练掌握同步建模的命令，提高产品设计、模具设计的效率。

 思考与练习

1. 简述三维实体在计算机内部的表示方法。
2. 简述同步建模的优势。

反侵权盗版声明

电子工业出版社依法对本作品享有专有出版权。任何未经权利人书面许可,复制、销售或通过信息网络传播本作品的行为;歪曲、篡改、剽窃本作品的行为,均违反《中华人民共和国著作权法》,其行为人应承担相应的民事责任和行政责任,构成犯罪的,将被依法追究刑事责任。

为了维护市场秩序,保护权利人的合法权益,我社将依法查处和打击侵权盗版的单位和个人。欢迎社会各界人士积极举报侵权盗版行为,本社将奖励举报有功人员,并保证举报人的信息不被泄露。

举报电话:(010)88254396;(010)88258888

传　　真:(010)88254397

E-mail: dbqq@phei.com.cn

通信地址:北京市万寿路173信箱　电子工业出版社总编办公室

邮　　编:100036